ARKitとUnityではじめる

AR アプリ開発

The Augmented Reality
Application Development
by ARKit & Unity

薬師寺国安・著
Kuniyasu Yakushiji

秀和システム

はじめに

　「ARKit」とは、iPhoneやiPad (iOS) で動作するARアプリを開発するためのフレームワークです。ARアプリを1から開発するとなると大変ですが、このフレームワークを利用すると、基本的なARに必要な機能を簡単に構築きます。さらに、iOS11以降で標準で搭載されているため無料で利用できます。

　今のARKitでは、地面や机の上といった水平面しか認識できず、壁や置いてある物を認識できません。但し、まもなくリリースされるであろう、iOS11.3とARKit 1.5においては壁の認識や配置物の認識が可能になっています。現状ではβ版が公開されています。

　そのため、空間の認識能力ではHoloLensやTangoの方が上だと言えましたが、HoloLensは高価で、GoogleはTangoの開発を中止し、ARCoreにシフトしました。

　では、ARKitの強みはどこにあるのでしょうか。それはiOS11以降を搭載した機種で、具体的には「iPhone 6s以降のiPhone、iPad Pro、第5世代以降のiPad」で特別なハードの追加がなく標準的に動作できるという点にあります。

　世界的にみるとAndroidのシェアが群を抜いていますが、ここ日本だけは特別で、iPhoneのシェアが世界で最も高い国となっています。そういったお国柄ですので、今後、日本においてARKitは爆発的に普及する可能性を秘めています。

　皆さんも、そんなARKitに、この書籍を通して触れていただきたいと思います。きっと、楽しくて愉快な夢のある世界が広がっていますよ。

2018年2月吉日
薬師寺国安

Contents 目　次

はじめに... 3

01 ARKitの開発環境の構築　　7

01 ARKitでできること 8
02 Xcodeのインストール 12
03 Visual Studio for Macのインストール（任意）....................... 14
04 Unity 2017.3のインストール 15

02 ARKitのPluginを使う　　27

01 プロジェクトの作成 28
02 Asset StoreからARKitのPluginを取り込む....................... 29
03 UnityARkitSceneのサンプルファイルを動かす 31
04 ビルドしてみる 32

03 平面の床を認識するには　　41

01 プロジェクトの作成 42
02 端末にビルドする 48
03 アプリに信頼を与える 50

04 uGUIボタンを使用する　　55

01 プロジェクトの作成 56
02 プログラムを書く 62
03 端末にビルドする 69

05 モデルにアニメーション（Animation）を追加するには　　73

01 プロジェクトの作成 74
02 プログラムを書く 89
03 端末にビルドする 97

06 モデルにアニメーター（Animator）を追加するには　99

01 プロジェクトの作成 100
02 プログラムを書く 117
03 端末にビルドする 121

07 モデルを空に飛ばしてみよう　123

01 プロジェクトの作成 124
02 プログラムを書く 135
03 端末にビルドする 141

08 モデルと一緒にダウンロードしたアニメーションの使い方　143

01 プロジェクトの作成 144
02 プログラムを書く 158
03 端末にビルドする 163

09 モデルの各パーツを変化させるには　165

01 プロジェクトの作成 166
02 プログラムを書く 174
03 端末にビルドする 183

10 モデルにパーティクルシステムを適用するには　185

01 プロジェクトの作成 186
02 プログラムを書く 196
03 端末にビルドする 201

11 GameObjectの配列を使うには　203

01 プロジェクトの作成 204
02 プログラムを書く 211
03 端末にビルドする 217

12 Shaderを使って別世界への入り口ドアを作る　219

01 プロジェクトの作成 220
02 端末にビルドする 237
03 Shaderとは 239

13 LookAt関数を使ったモデルの追従　247

01 プロジェクトの作成 248
02 プログラムを書く 259
03 端末にビルドする 263

14 オブジェクトに透明な床とPhysical Materialを使う　265

01 プロジェクトの作成 266
02 プログラムを書く 280
03 端末にビルドする 285

15 モデルを拡大・縮小、回転させる　287

01 プロジェクトの作成 288
02 端末にビルドする 303

A 巻末資料　305

A Unityの画面構成 306

おわりに 311
索引 324

ARKitの開発環境の構築

この章では、Xcodeのインストール方法や、Unity 2017.3のインストール方法について解説します。Visual Studio for Macについては、任意になりますので、インストール方法は省略していますが、本書のUnity 2017.3のエディタとしてはVisual Studio for Macを使用します。

01 ARKitでできること

ARKitは2017年6月5日から9日かけて開催された、「WWDC2017」で発表された技術で、iOS 11以上の端末（iPhoneやiPad）で動作する**AR (Augmented Reality)**アプリ開用のフレームワークです。

拡張現実感（Augmented reality：AR）は、デバイスのカメラからのライブビューに2Dまたは3D要素を追加して、それらの要素を現実の世界に存在するように見せるユーザーエクスペリエンスを記述します。ARKitは、デバイスのモーショントラッキング、カメラシーンのキャプチャ、高度なシーン処理、便利さの表示を組み合わせて、ARエクスペリエンスを構築する作業を簡素化します。

2017年9月19日にiOS 11の正式版がリリースされ、これを搭載した「iPhone 6s以降のiPhone、iPad Pro、第5世代以降のiPad」で、特別なハードを追加しなくても、ARKitが動作します。対応端末が非常に多いことが強みでしょう。

ARKitでできることは下記のようなことです。

 ## 平面の検出

ARエクスペリエンスを作成して、デバイスの背面に向いたカメラを使用して、周囲の世界の仮想コンテンツをユーザーが検知できるようにします。ARセッションを実行し、平面検出を使用し、SceneKitを使用して3Dコンテンツを配置するアプリケーションを作成できます。

取得できるのは、机や床などの平面に限定されます。ただ、ARKit起動後に直ちに水平面が認識されるわけではなく、いろいろ見る角度を変えたり

して検出までに数秒の時間を要します。

　ただ、空間認識においては、Googleが提唱しているARCore同様に、平面の床しか認識することができません。オブジェクトを障害物の背後に表示させるといったことはできないのです。強みは、先にも書きましたが、対応端末が大変に多い点があげられます。とくに日本においては、iPhoneユーザーが多いのも強みになるでしょう。

　2018年2月末の時点ではiOS 11.3のβ版が公開されており、それに伴ってARKit 1.5も公開されています。ARKit 1.5においては水平面の認識だけではなく、壁や室内に配置された物の認識も可能になっています。ただし、iOS 11.3がβ版であるため、本書ではARKit 1.5については取り上げておりません。

現実空間とのスケールの同期

　現実空間とスケールが同期しているため、「床との距離」や「物の長さを測る」といったことが可能になります。

ポジショントラッキング

　現実空間での自分の位置と向きの取得が可能です。カメラとセンサ情報をもとに構成した3D空間内での相対位置が取得可能です。

環境光の取得

　カメラの写している空間の明るさを取得できます。そのため、周囲の明るさによってオブジェクトの明暗が区別できます。

フェイストラッキング

iPhone XのTrueDepthカメラを使用して、ユーザーの顔や表情に反応するARエクスペリエンスを作成します。顔追跡ARセッションによって提供される情報を使用して、3Dコンテンツを配置し、アニメーション化します。

しかし。本書ではiPhone Xには触れていませんので、フェイストラッキング等は行っておりません。

高性能なハードウエア

ARKitには、A9以降のプロセッサを搭載したiOSデバイスが必要です。A8以前のチップを搭載したデバイスでは、iOS11がサポートされていても、ARKitを使用したアプリは動作しません。

現時点でARKitに対応しているiOSデバイスには以下のものがあります。

- iPhone X
- iPhone 8
- iPhone 8 Plus
- iPhone 7
- iPhone 7 Plus
- iPhone 6s
- iPhone 6s Plus
- 12.9インチiPad Pro（第1・2世代）
- 10.5インチiPad Pro
- iPad（第5世代）
- 9.7インチiPad Pro

また、2018年1月26日には、iOS 11.3βが公開され、ARKit 1.5もリリースされました。ARKit 1.5では下記の機能が追加されています。

- 壁など垂直面の検出、トラッキング。壁に仮想物体を貼る等。
- 二次元画像の認識、トラッキング。
- イレギュラーな形状の平面の認識改善。
- カメラを通した映像の解像度が50%向上。オートフォーカスに対応。

　しかし、iOS 11.3の正式版リリースが今後に予定されているようですので、正式版のリリースを待った方が賢明でしょう。

　ARKitと対をなす技術にGoogleのARCoreがあります。2018年2月23日（現地時間）にARCore 1.0が正式にリリースされ、対応端末も増えています。Tango用に発売されていたZenfone ARもARCoreに対応したようで、喜んでいるユーザも多いようです。

　ARKitは、Unity、Xcodeで開発が可能ですが、本書ではUnityを使った開発方法を紹介していきます。

　ARKitの詳細については、下記のURLを参照してください（図01-01）。

https://developer.apple.com/arkit/

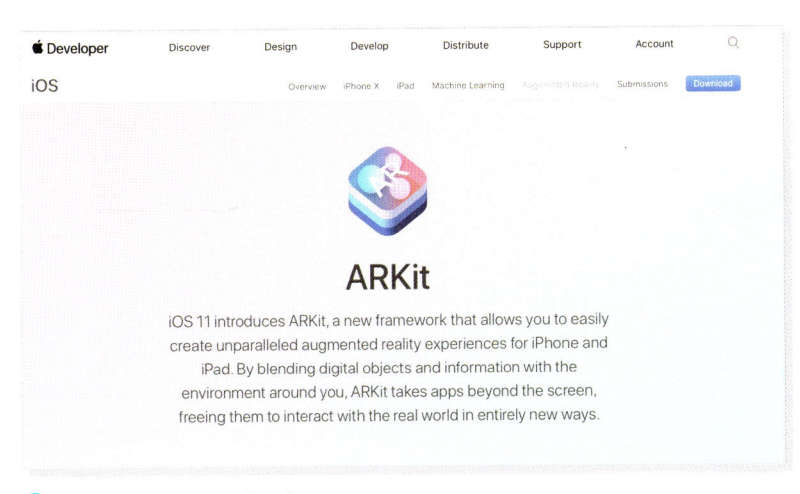

⬆ 図01-01　ARKitのページ

ARKitを、Unityを使って開発しビルドすると端末には図01-02の左図のようなアイコンが追加されます。XcodeとSwiftを使って開発しビルドした場合は右図のようなアイコンが追加されます。

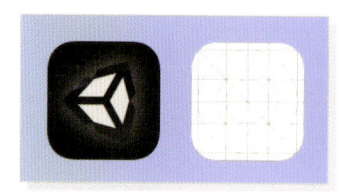

⬆ 図01-02　端末に表示されるアイコン

筆者の環境はMacBook Pro Version macOS High Sierra 10.13.3です。また使用するのはiPadの9.7インチおよびiPhone 7 Plusです。OSのVersionはiPadでは、11.2.6、iPhone 7 Plusでも11.2.6になります。

本書のメインは、ARKitです。また、開発はUnityで行います。よってUnityの操作にある程度熟知されている方を対象にしています。操作方法や、語彙の詳細な説明はしていませんので、ご了承お願いします。

まず、開発環境の構築から解説していきましょう。

ARKitの開発には、Xcode、Unity、Visual Studio for Mac（以後VS2017）が必要です。ただし、VS2017のインストールは任意になります。Unityをインストールすると、コードエディタとしてMonoDevelopがデフォルトでインストールされます。もちろん C#も使えますし、インテリセンスも使えます。筆者は日頃からVS2017を使っていますので、使い慣れているためVisual Studio for Macをインストールして使っています。基本的には好みの問題でどちらを使っても問題はないでしょう。

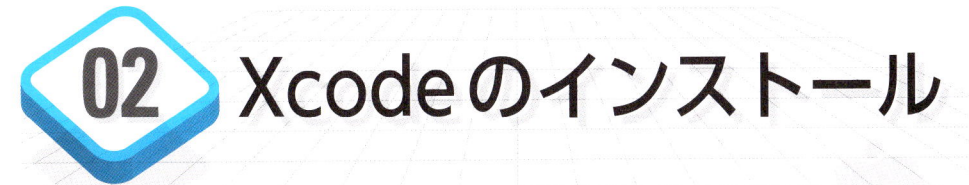

02 Xcodeのインストール

Xcodeのインストール

Appleの開発ツールである**Xcode**をインストールしましょう。
まず、下記のURLに入ります。

https://itunes.apple.com/us/app/xcode/id497799835?ls=1&mt=12

すると図01-03の画面が表示されます。赤い枠で囲った「View in Mac App Store」をクリックします（図01-03）

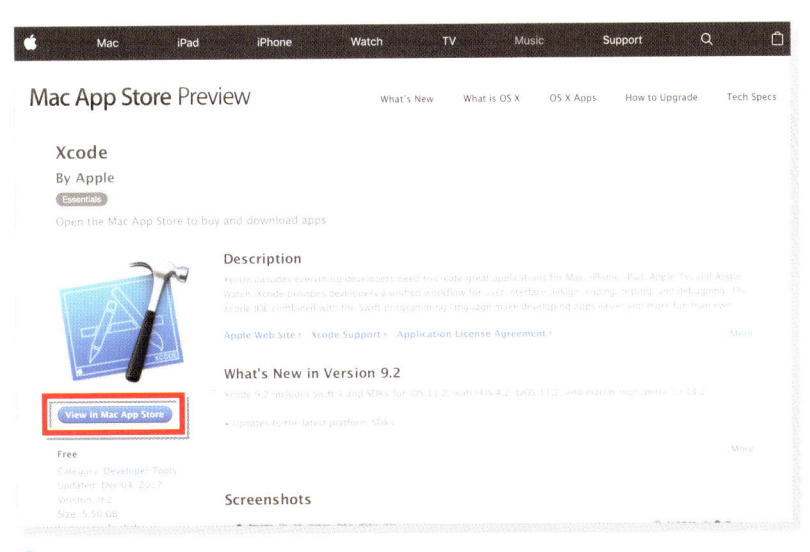

⬆ 図01-03　Mac App Storeに入る

するとXcodeを入手する画面に変わりますので、「入手」をクリックします（図01-04）。これでXcodeのダウンロードとインストールが開始されます。大変に時間がかかるので、じっくりと構えておいてください。

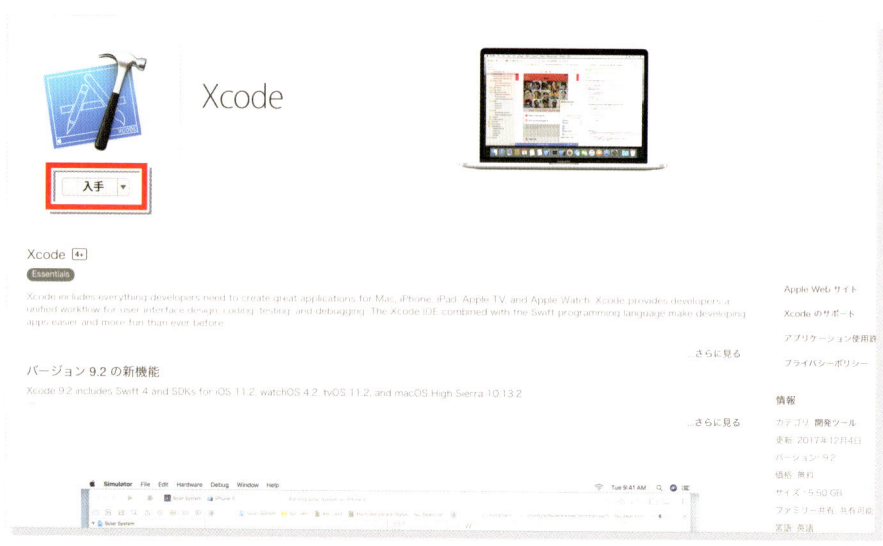

⬆ 図01-04 「入手」をクリック

 # Apple Developer Program

ARKitを作成し端末にビルドする場合、無料の開発者登録をして、ARKitのアプリを端末に登録する場合は3個までしか登録できません。新しく登録する場合は、先に登録しておいたアプリを削除して登録する必要があります。

こういったことは面倒で無制限にアプリを登録したい場合は、「Apple Developer Program-Membership for one year　¥11800（税抜き）」を購入する必要があります。1年ごとの更新です。これに入っていますと、ベータプログラムをいち早く試せたり、Apple Storeに自分の作ったアプリの公開が可能になります（ただしAppleの審査に受かる必要があります）。

デベロッパープログラムへの登録は下記のURLより可能です（図01-05）。

https://developer.apple.com/programs/enroll/jp/

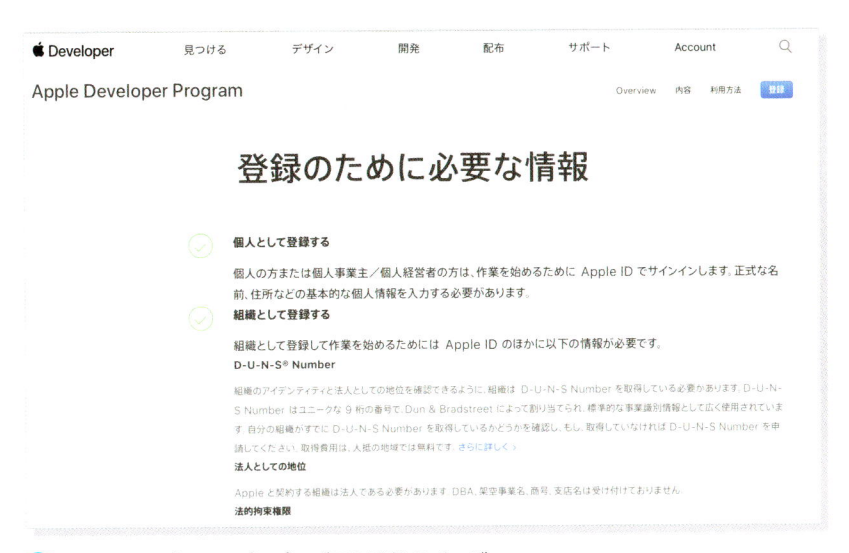

⬆ 図01-05 デベロッパープログラム登録のページ

03 Visual Studio for Mac のインストール（任意）

Visual Studioを使いたい人は、ここで**Visual Studio for Mac**をインストールしましょう。Unityに内蔵されたMonoDevelopを使う人は、このステップは不要です。

下記のURLからインストールします（図01-06）。

https://www.visualstudio.com/ja/vs/visual-studio-mac/

⬆ 図01-06　Visual Studio for Macのダウンロード画面

ダウンロードしたファイルをダブルクリックするとインストールが開始されます。このインストールは任意であるため、インストール画面は省略させていただきます。これからインストールするUnityには、前述もしていますが、デフォルトで、MonoDevelopというエディタが付属しています。これを使用するのであれば、VS2017のインストールは不要となります。

VS2017をUnityのエディタとして使用する場合は、Unityメニューの「Unity」→「Preferences」→「External Tool」から変更することができます。

04 Unity 2017.3のインストール

最後に**Unity**をインストールしましょう。下記のURLに入って「最新版」をクリックします（図01-07）。Unityはしきりに、マイナーバージョンアップや、パッチを公開しています。この書籍が発売される頃には、Unityのバージョンも当然アップしているものと思われます。ここでインストールするバージョンは、原稿執筆時点の2018年2月初め現在の最新バージョンであることをご了承願います。2018年2月末でのUnityのバージョンは2017.3.1f1になっていますが、ここでは、Unity 2017.3.0f3でのインストール方法を解説します。図01-07の画面は、下記のURLに入って、下の方にスクロールダウンした右手に表示されています。

```
https://store.unity.com/ja
```

詳細

過去バージョンの Unity	Unity ベータ版
パッチリリース	プレミアムサポート(英語のみ)
最新版	Unityの機能
動作環境	WebPlayer のダウンロード
販売代理店	

⬆ 図01-07 「最新版」をクリック

すると、Unity 2017.3.0f3のダウンロード画面が表示されますので、「インストーラをダウンロード」をクリックします（図01-08）。

⬆ 図01-08 「インストーラをダウンロード」をクリック

すると、図01-09のようにMac上にダウンロードファイルが表示されますので、これをクリックします。

⬆ 図01-09 Mac上にファイルがダウンロードされた

図01-09からファイル名をクリックするとインストールが開始されます。

Unity Download Assistantの画面が表示されますので、赤い矩形で囲った箇所をクリックします（図01-10）。

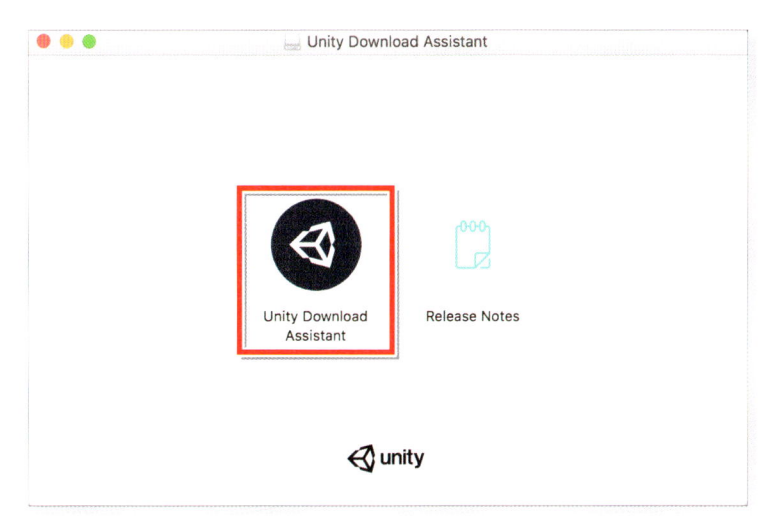

⬆ 図01-10　Unity Download Assistantをクリックする

すると図01-11の画面が開きますので、「開く」をクリックします。

⬆ 図01-11　Unity Download Assistantを開いてもいいかどうかを聞いてくるので「開く」を
クリック

すると、「Welcome to the Unity Download Assistant」の画面が開きますので、「Continue」をクリックします（図01-12）。

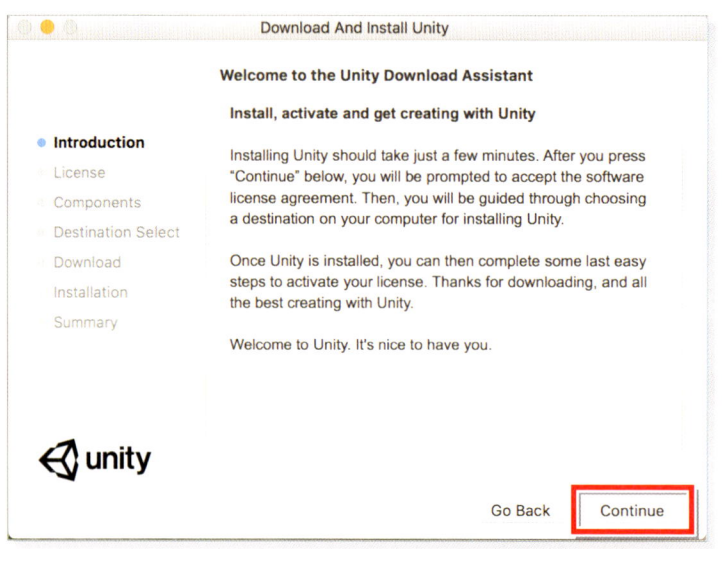

⬆ 図01-12　Welcome to the Unity Download Assistantの画面

　次に、「Software License Agreement」の画面が開きますので、「Continue」をクリックします（図01-13）。

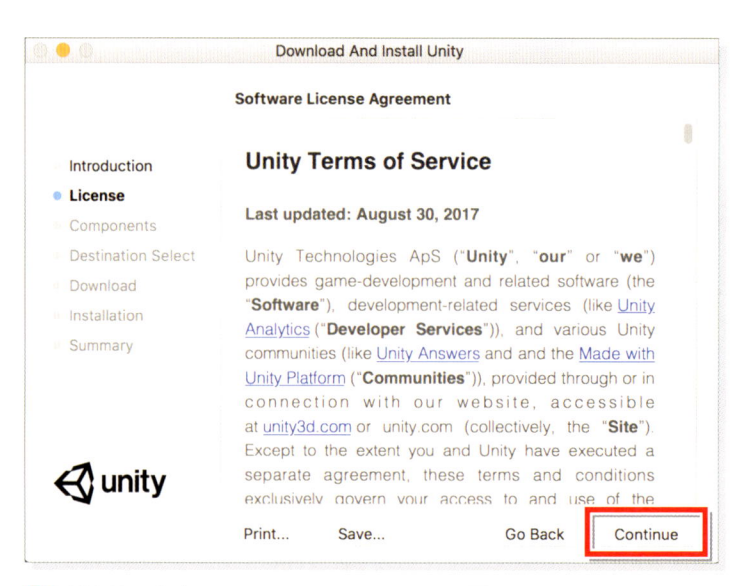

⬆ 図01-13　Software License Agreementの画面

すると、インストールするにあたって、使用許諾に同意するかと聞いてきますので、「Agree」をクリックしてください（図01-14）。

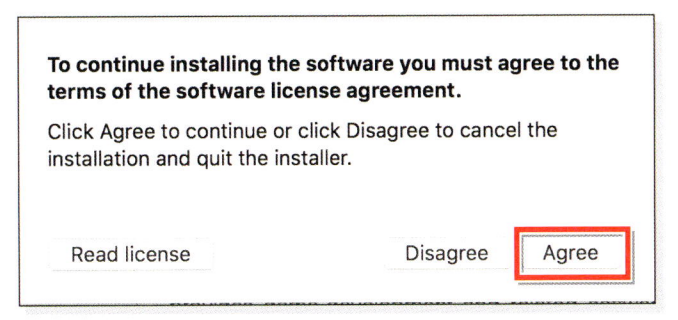

🔼 図01-14　使用許諾の同意を求めてくる

次にインストールするコンポーネントを聞いてきますので、ここでは、「iOS Build Support」にはチェックを入れておく必要がありますので、忘れずにチェックを入れておいてください（図01-15）。

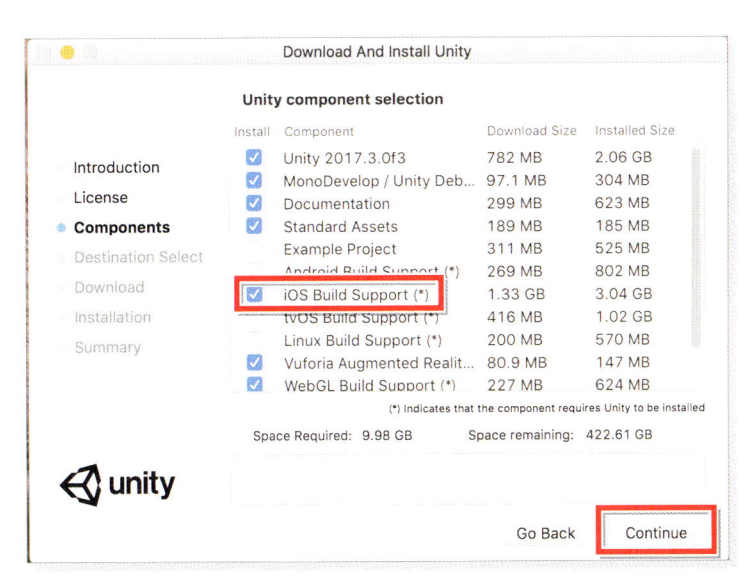

🔼 図01-15　「iOS Build Support」には必ずチェックをいれておく

「Continue」をクリックすると、パスワード入力画面が表示されますので、パスワードを入力して、「OK」をクリックします（図01-16）。

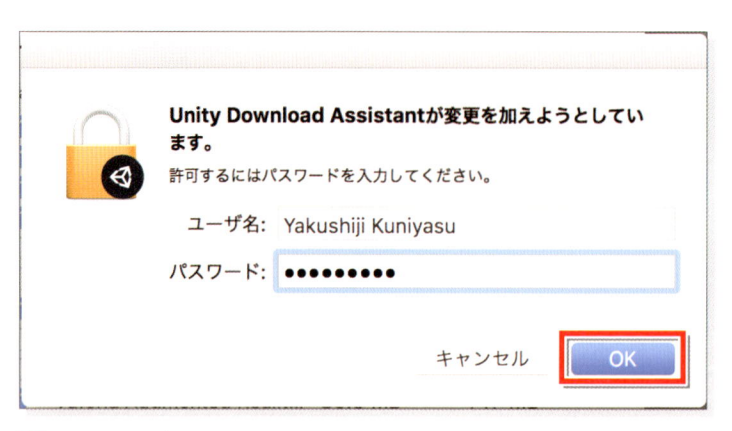

⬆ 図01-16 パスワードを入力する

次に、インストールするディスクを聞いてきますので、そのままで、「Continue」をクリックします（図01-17）。

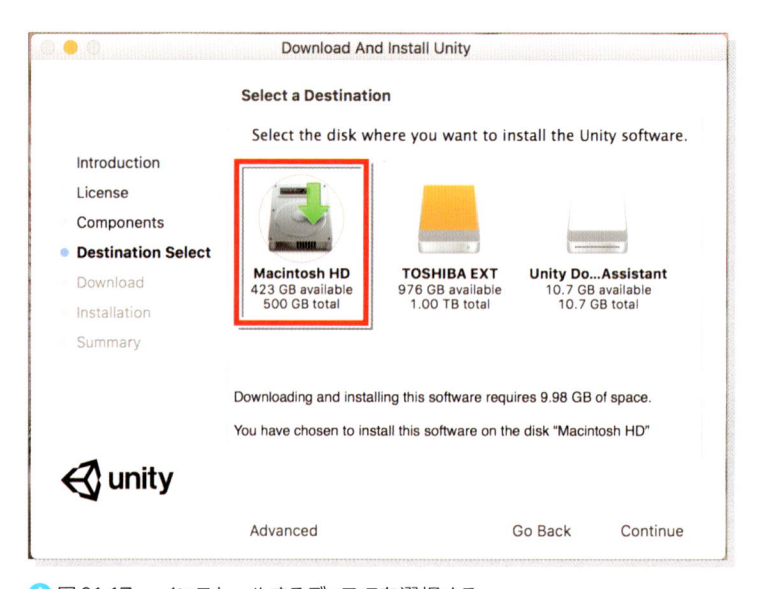

⬆ 図01-17 インストールするディスクを選択する

「Continue」をクリックするとダウンロードとインストールが開始されます（図01-18）。

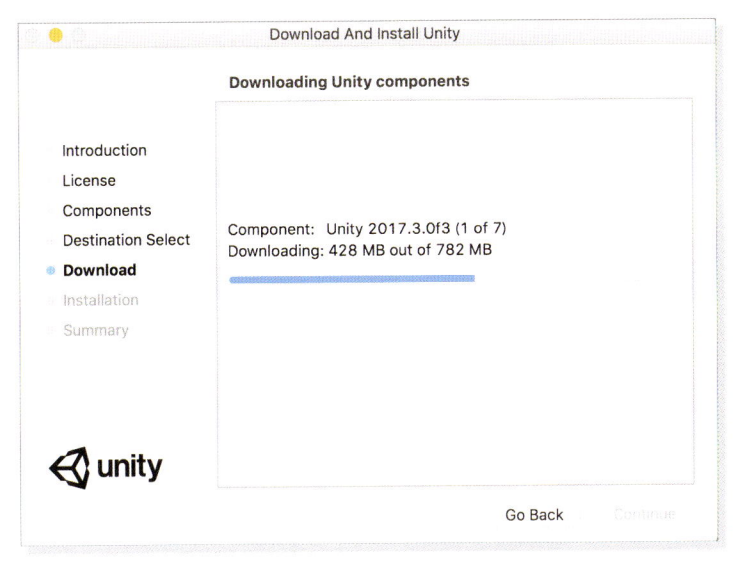

⬆ 図01-18　ダウンロードとインストールが開始される

無事インストールが完了しました（図01-19）。

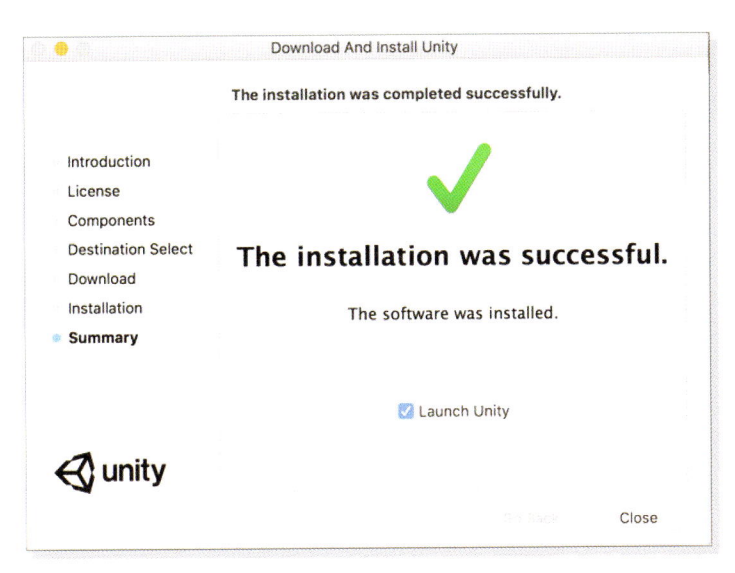

⬆ 図01-19　インストールが完了した

「Launch Unity」にチェックが入った状態で「Close」をクリックすると、Unityが起動し、「Email」と「Password」の入力を求められます。まだUnity IDを作ってない人は赤い矩形で囲った箇所をクリックして作成してください（図01-20）。また、google IDやfacebook IDでもログインは可能です。

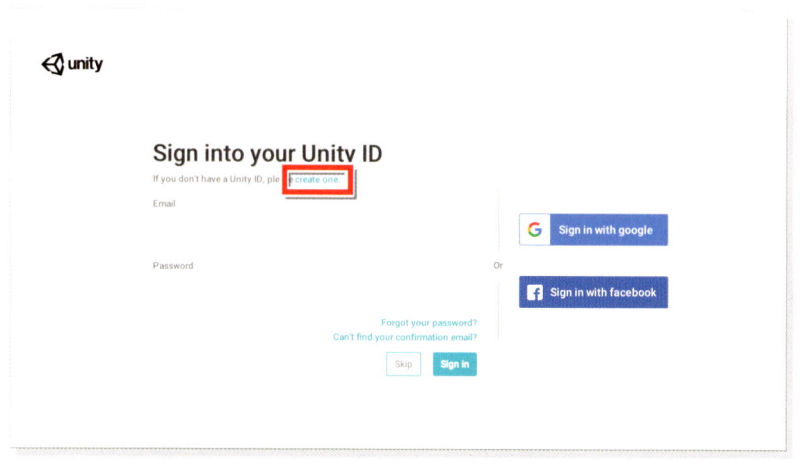

⬆ 図01-20　Unityが起動し、EmailとPasswordを求められる

「License management」の画面が表示されますので、「Unity Personal」を選択します（図01-21）。

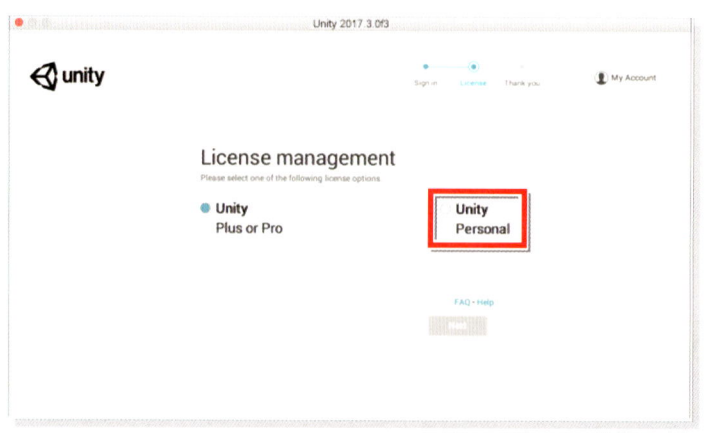

⬆ 図01-21　Unity Personalを選択する

「License agreement」の画面が表示されましたので、一番下にチェックを入れました（図01-22）。

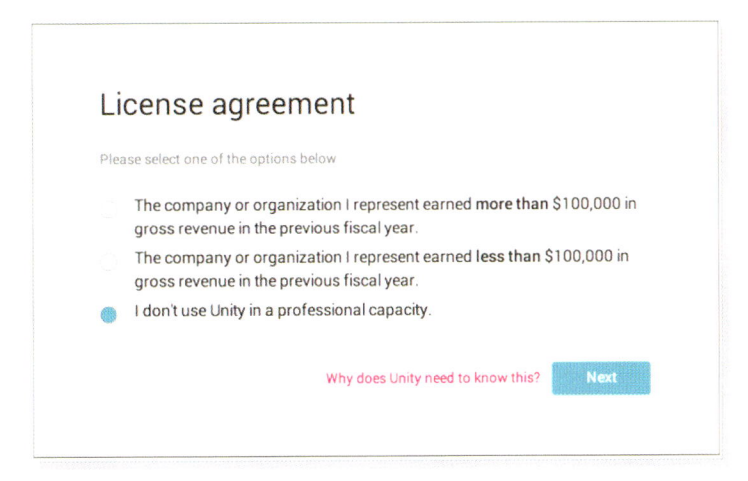

🔼 図01-22　一番下にチェックを入れた

設定が完了してUnityが起動できる状態になりました（図01-23）。

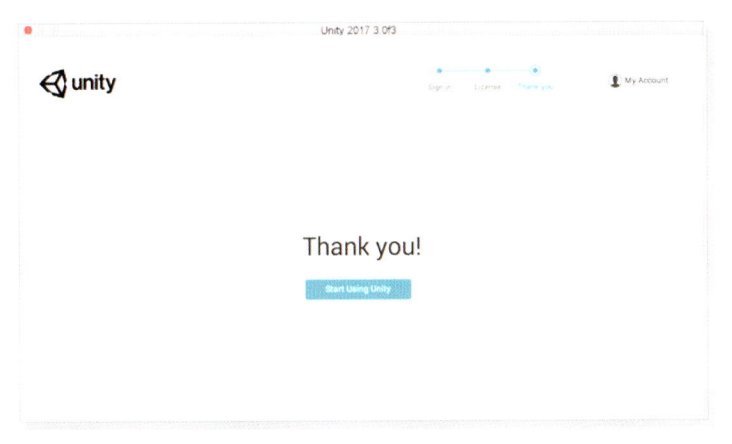

🔼 図01-23　設定が完了した

Unityをインストールすると、Macでは「アプリケーション」フォルダ下に「Unity」というフォルダが作成されて、そこにインストールされます。この状態で、別なバージョンのUnityをインストールすると、同じフォルダ内に上

書きインストールされてしまいます。別なバージョンのUnityを混在させるためには、先にインストールしておいたUnityのフォルダ名をバージョン付きのフォルダ名に変更しておくといいでしょう。そうすれば上書きインストールは回避でき、複数のバージョンのUnityを混在させることができます（図01-24）。

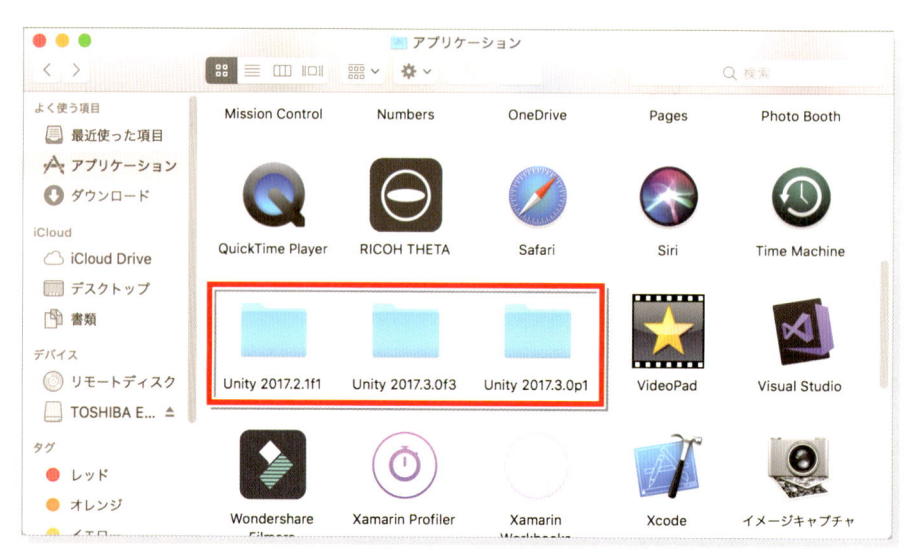

図01-24　異なったバージョンのUnityを入れている

　これで、ARKitを開発する環境は整いました。次の章からは実際にARKitのサンプルを作っていきましょう。

　前述もしていますが、本書は、Unityの操作にある程度精通している方を対象としています。操作方法や、語彙の意味が理解できない方は、Unityの入門書を先に読まれた方が、理解が早いと思います。しかし、ある程度のUnityに関する解説はしております。

02 ARKitのPluginを使う

この章では、UnityでARKitを利用する際に必要な、Unity ARKit Pluginの使い方を解説します。Unity ARKit PluginはAsset Storeから誰でも自由に利用することができます。ARKitの各種サンプルを作成していくには、このUnity ARKit Pluginの中で使用されているサンプルファイルを使用することになります。どのように使用していくのかを、この章で解説しておきましょう。

01 プロジェクトの作成

では、この章から実際にARKitのプログラミングについて見ていきましょう。まず、その前に第1章でインストールしたUnityから新しいプロジェクトを作成して開いてください。プロジェクト名はなんでも構いませんが、ここでは、syuuwa_ARkit_Chapter2としておきました。

Unityを起動すると、もう皆さんが見慣れた画面が起動します（図02-01）。筆者は画面のレイアウトにデフォルトではなく、2 by 3を使用しています。これだと、SceneとGame画面が一度に見られて便利です。画面レイアウトについては、巻末の「画面構成について」を参照して下さい。

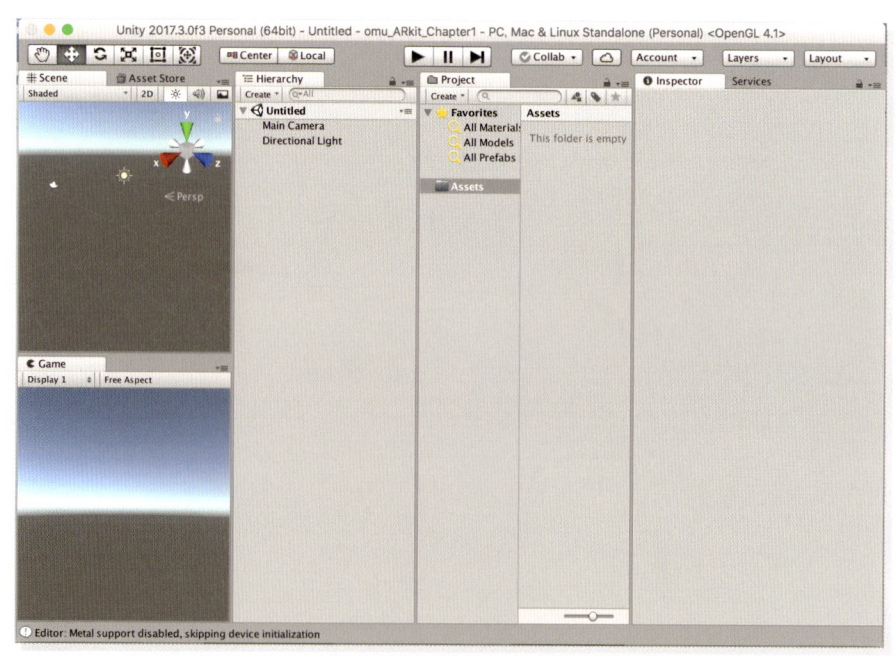

⬆ 図02-01　Unityが起動した

02 Asset StoreからARKit のPluginを取り込む

Asset Storeに入り、検索欄に「ARKit」と入力して虫メガネアイコンをクリックします。すると「Unity ARKit Plugin」が表示されますので、これを「ダウンロード」→「インポート」してください（図02-02）。

⬆図02-02　Unity ARKit Pluginをインポートする

インポートするとProjectのAssetsフォルダの中に必要なファイルが取り込まれます（図02-03）。

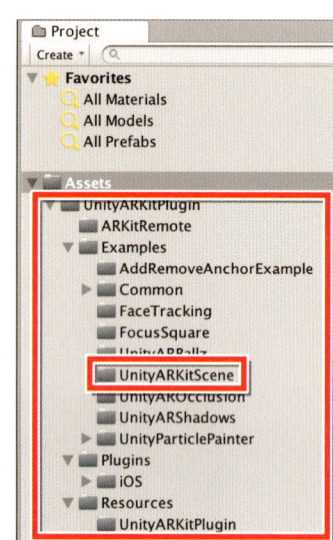

🔺 図02-03　ARKitのファイルが取り込まれた

　これからARKitのサンプルを作成していく下地となるのは、図02-03の赤い矩形で囲ったUnityARkitSceneのフォルダ内に存在する、サンプルファイルを使うことになります。では、このサンプルは、どんなサンプルなのかを動かして見てみましょう。

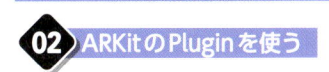

UnityARkitScene の サンプルファイルを動かす

　UnityARkitScene のサンプルファイルをダブルクリックすると、図 02-04 のように、Hierarchy 内に必要なファイルが表示され、Scene と Game 画面も図 02-04 のように表示されます。

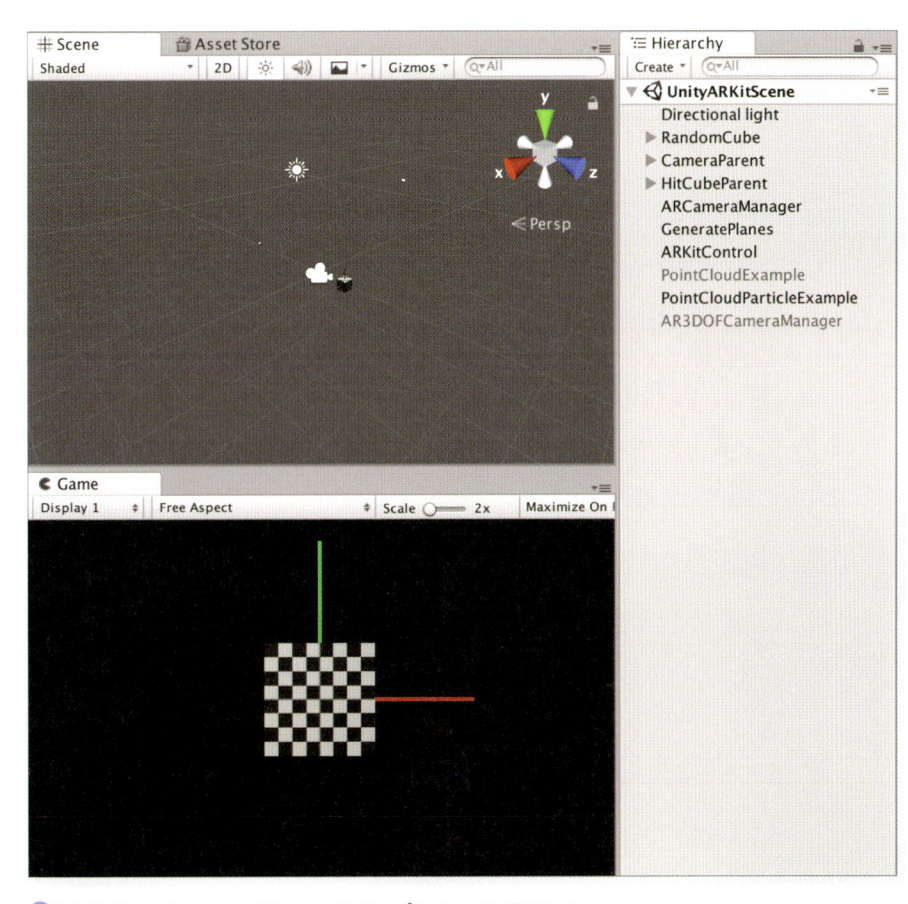

⬆ 図 02-04　UnityARkitScene のサンプルファイルを開いた

04 ビルドしてみる

このままの状態でビルドしてiPadで動かしてみましょう。ちなみに、筆者が使用しているのは、iPadの9.5インチです。iPhone 7 Plusも持っているのですが、iPadのほうが画面も広いので、こちらをメインに使っていきます。

まず、Unityメニューの「File」→「Build Settings」と選択します。すると図02-05の画面が表示されます。

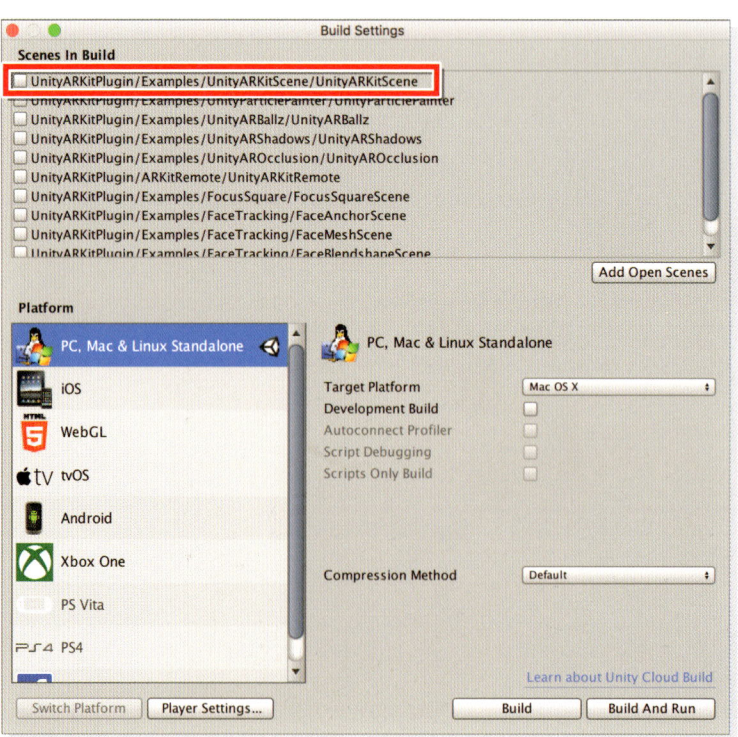

⬆ 図02-05　Build Settingsの画面

　「Scene In Build」の中に、ビルド可能なサンプルがたくさん登録されています。ここでは一番上の「UnityARkitScene」をビルドするので、この先頭にチェックを入れます。次に「Platform」から「iOS」を選択して、「Switch Platform」をクリックし、PlatformをiOS用に変更します。ここの処理には結構時間がかかる場合があります。止まっているのではありませんので、気長にお待ちください。

　変更が完了すると「Switch Platform」のボタンはグレー表示に変わります（図02-06）。

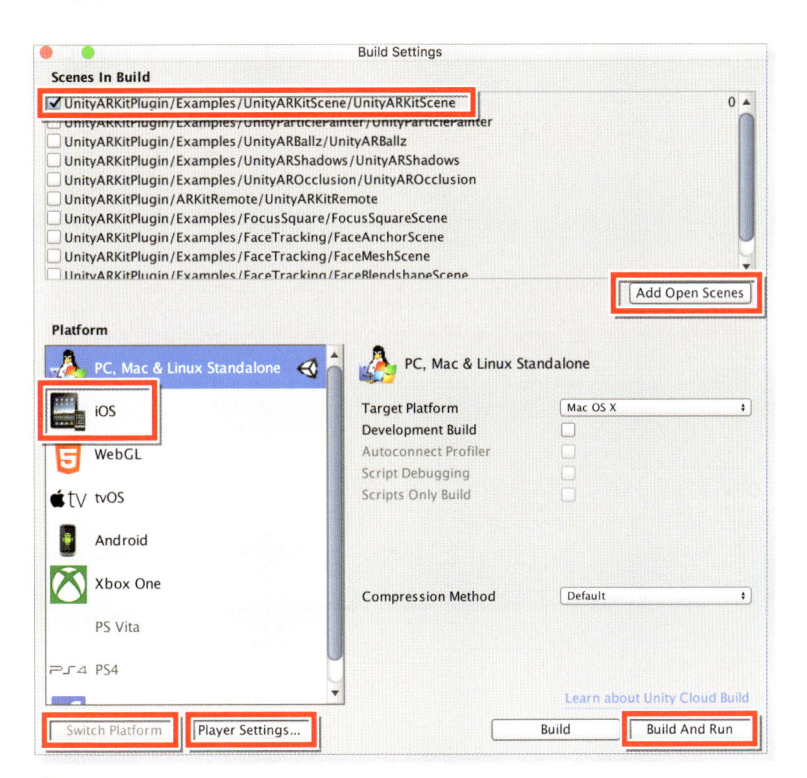

⬆ 図02-06　ビルドするファイルの選択と設定

　次に、「Switch Platform」の横にある「Player Settings」ボタンをクリックします。「Other Settings」内を図02-07のように設定します。

　Bundle Identifierには「com.xxxx.zzzzz」の形式で、何でもいいので

指定します。「com.unity3d.ARkitSample」と言った指定のような感じです。ただし「ARkit_Sample」のようにアンダーバーを使用していた場合はエラーになってしまいました。アンダーバー等は使用しない方が賢明でしょう。

　通常は自分のドメイン名を反対から入力して、プロジェクト名（アンダーバー等は外す）を指定することが推奨されています。例えば、筆者のドメインはofficekuniyasu.netですから、これを反対に入力して、net.officekuniyasu.syuuwaARkitChapter2というように指定します。

　「Camera Usage Description」にはすでに、文字列が入力されていますが、もし、ここが空の場合はエラーになりますので、なんでも構わないので文字列を入力しておきましょう。

　「Target Device」には筆者はiPad Onlyを選択していますが、iPhoneやiPadとiPhoneの両方を選択することも可能です。

　「Target Minimum iOS Version」には11を指定しています。

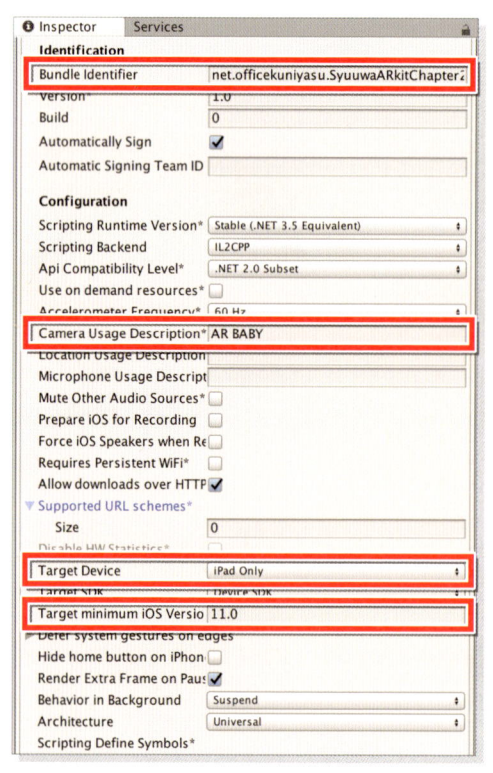

⬆ 図02-07　Other Settingsの設定

　ここの設定が終われば、iPhoneとMacを接続しておきましょう。

　「Build And Run」をクリックすると、ファイル名を保存する画面が表示されますので、「syuuwa_ARkit_Chapter2」と入力して、「Save」ボタンをクリックします（図02-08）。

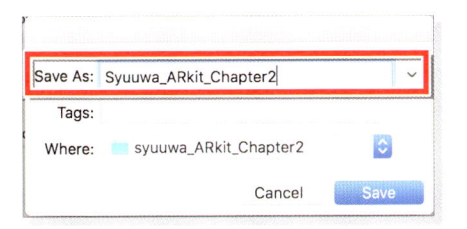

⬆ 図02-08　保存するファイル名を入力して「Save」ボタンをクリック

　「Save」をクリックするとビルドが開始されます（図02-09）。

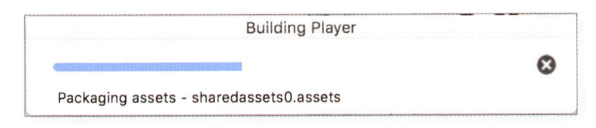

⬆ 図02-09　ビルドが開始された

　ビルドが完了するとXcodeの画面が起動します（図02-10）。

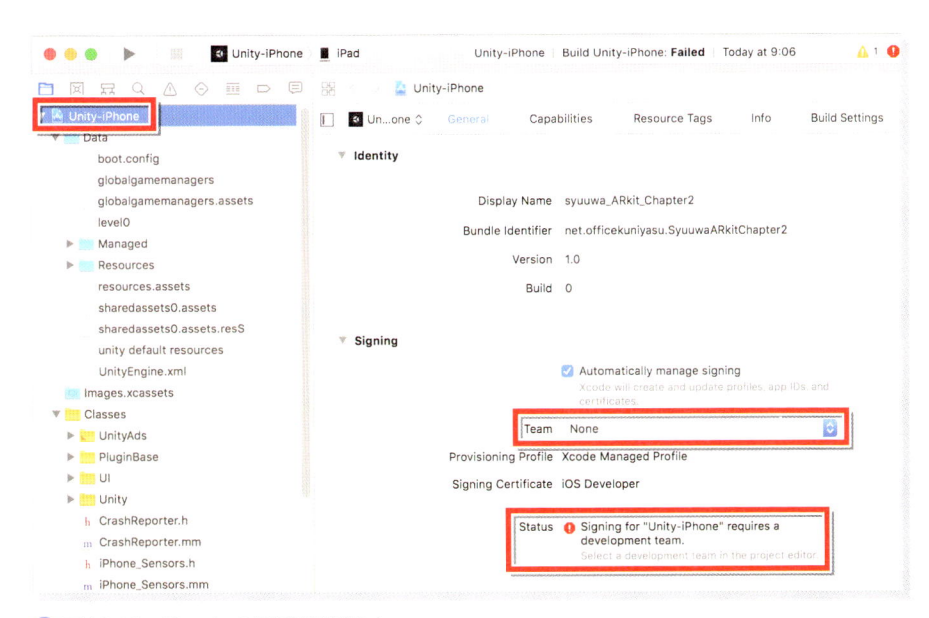

⬆ 図02-10　Xcodeの画面が起動した

　Xcodeの画面が表示されたら、左隅上の「Unity-iPhone」をクリックします（図2-10）。すると、Xcodeの内容が表示され、「Status」の箇所にエラーが表示されています。そこで、「Team」の欄がNoneになっているので、🔼をクリックして、筆者の環境では、「Yakushiji Kuniyasu」を選択します。すると、Statusのエラーは消えます（図02-11）。ここの指定は、各自の環境によって変わります。筆者の場合は年会費を払って開発者プログラムに登録していますので、Teamの個所がYakushiji Kuniyasuになっています。開発者登録をしていない場合は、Yakushiji Kuniyasu（Personal Team）と表示されると思います。

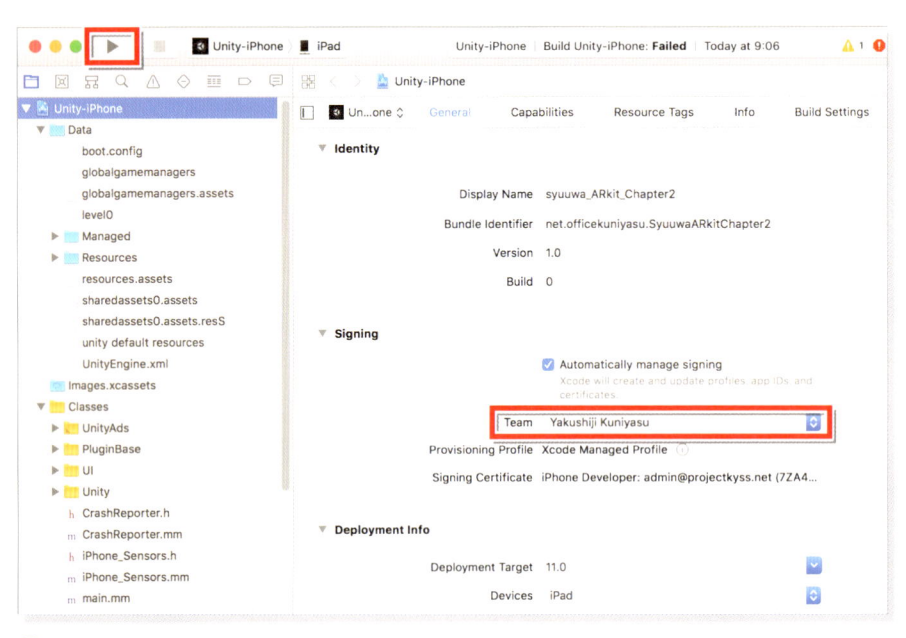

⬆図02-11　Teamに「Yakushiji Kuniyasu」を選択する

　図02-11の左隅上の ▶ をクリックすると、Xcodeへの変換が始まります（図02-12）。

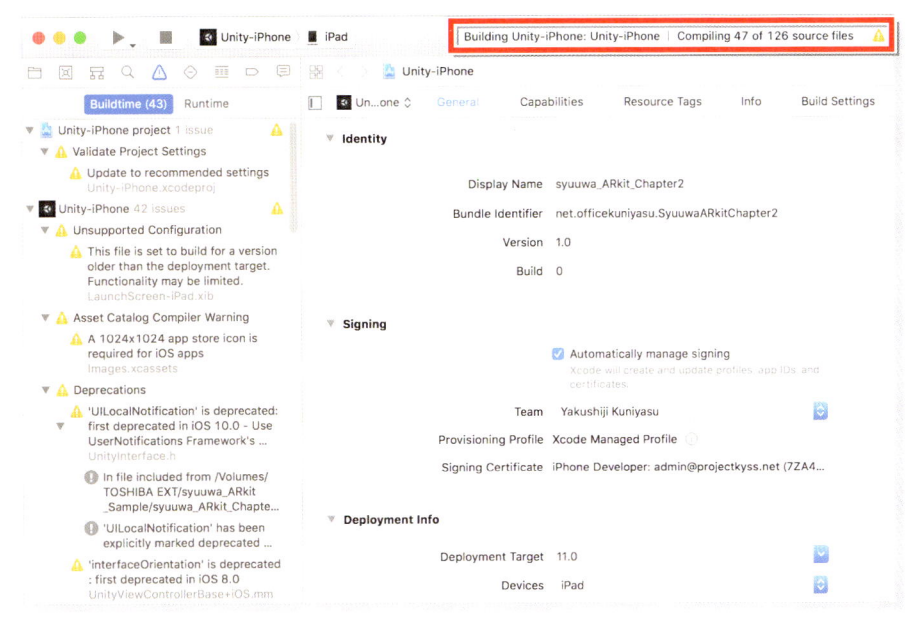

↑図02-12　Xcodeへの変換が開始された

　途中でパスワードの入力を求められますので、パスワードを入力します（図02-13）。

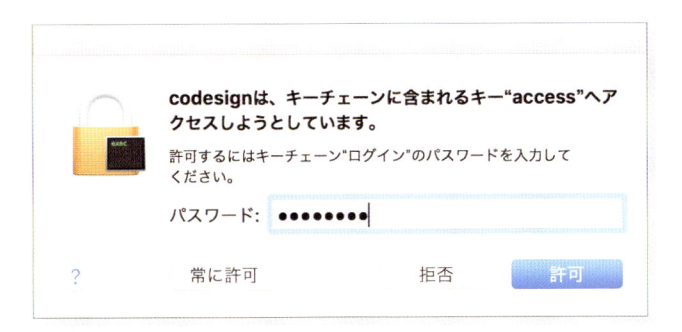

↑図02-13　パスワードの入力を求められる

　図02-13で、「常に許可」ボタンをクリックしますと、次回からはパスワードを要求されることはなくなります。筆者は、何度もこの画面が出るのは、邪魔になるので、「常に許可」をクリックして、図02-13の画面が表示されないようにしています。「許可」だけをクリックした場合は、次回の場合もこの画面が表示されます。

これで、Xcodeへの変換は完了し、図02-14のようにカメラへのアクセス許可を求めるメッセージが表示されますのでOKをクリックしてください。

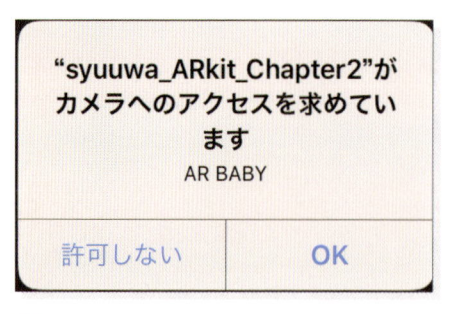

⬆ 図02-14　カメラへのアクセス許可を求められる

すると平面が認識され、タップすると適切な大きさのCubeが配置されます（図02-15）。

⬆ 図02-15　適切な大きさのCubeが認識された平面に配置された

特に面白いサンプルではないですが、今後いろいろなサンプルを作っていく場合には、このサンプルが土台となります。

実際に動かしたのが動画2-1になります。

動画2-1 UnityARkitScene のサンプルを動かした動画

https://youtu.be/lTnz6h5lVnc

 アプリを登録するときの注意

第1章でも解説しておきましたが、注意しなければならないのは、自分で作成してビルドしたアプリは、最大で3個までしか登録できないということです。3個以上登録しようとするとエラーになります。その場合は、先に作っておいたアプリを1個でも削除して、再ビルドすれば登録ができます。また、年会費を払う開発者登録をしておけば無制限に端末側に作成したアプリの登録が可能です。筆者は年会費を支払って、開発者登録を行っています。詳しくは、P.14の「Apple Developer Program」を参照して下さい。

　また、端末側で、このアプリが信頼できるものであるという設定をしなければならない時があります。その場合は、Xcodeから警告が出ますので、端末の「設定」→「一般」→「デバイス管理」と辿って、信頼を与えると問題なく動作するようになります。この件に関しては第3章で図付きで詳説していますので、そちらをご覧ください。

　次の章からは、いよいよ本格的に、ARKitのサンプルを作ってみましょう。

03 平面の床を認識するには

　この章では床を認識して、その床の上にモデルを表示させてみましょう。ARKitで床の認識がされると、床の上に長方形の図形みたいなものが表示されます（図03-01）。この長方形の枠の中が認識された床ということになり、この中にモデルを表示させることができます。ARKitでは平面の床の認識しかできません。垂直に立っている壁などの認識は不可能です（ARKit 1.5からは可能になるようです）。また、床が三角形であったり、曲線であったりしても、その床の形状通りの認識はできません。この床の認識ができなければ、モデルを配置したりすることはできません。

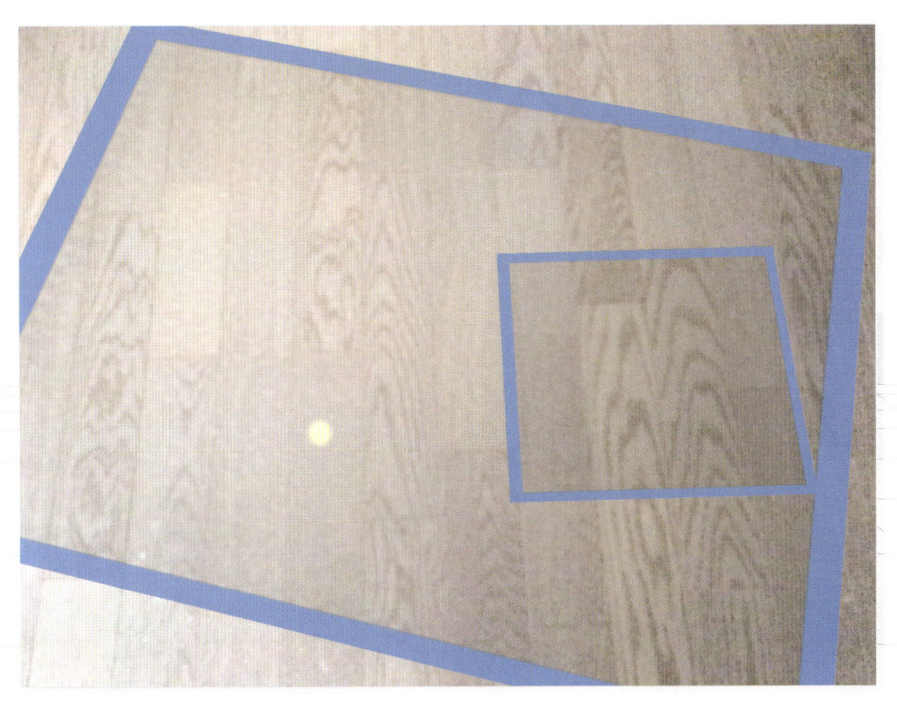

⬆ 図03-01　ARKitで床を認識している

01 プロジェクトの作成

　ARKitでは、端末のカメラを通して、カメラに写っている床を、いろいろな角度から眺めていると、床の認識が始まります。端末のカメラに、床が映ったからすぐに床の認識が開始されるわけではありません。床を認識するまで平面の床を認識するには3〜4秒ほど、またはそれ以上を要することもあります。まずは、Unityから新しいプロジェクトを作成して開いてください。プロジェクト名はなんでも構いませんが、ここではsyuuwa_ARkit_Chapter3としました。

Asset StoreからARKitのPluginを取り込む

　Asset Storeに入り、第2章で解説しているように「Unity ARKit Plugin」をインポートしておきましょう。プロジェクト内に必要なファイルが取り込まれます（図03-02）。

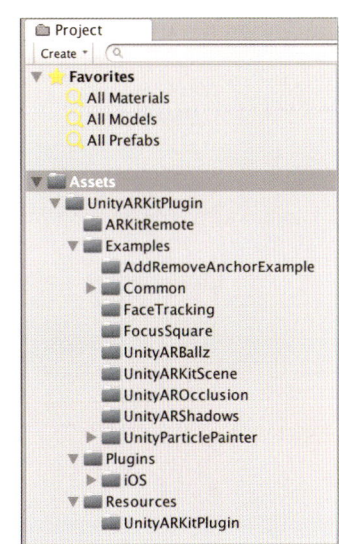

⬆ 図03-02　Unity ARKit Pluginをインポートして、プロジェクト内に取り込まれた

UnityARkitSceneのサンプルファイルを開く

　ProjectのAssets以下の、Examplesフォルダ内のUnityARkitScene
のサンプルファイルをダブルクリックすると、Hierarchy内に必要なファイ
ルが表示されます。

　Hierarchy内のPointCloudExampleとAR3DOFCameraManager
のチェックがInspectorから外されています。チェックが外されたオブジェ
クトはグレー表示になっています。ここではRandomCubeも邪魔になりま
すので、チェックを外しておきましょう（図03-03）。すると、Scene画面
が図03-04の上図が下図のように変化します。チェック柄のCubeが消え
ます。

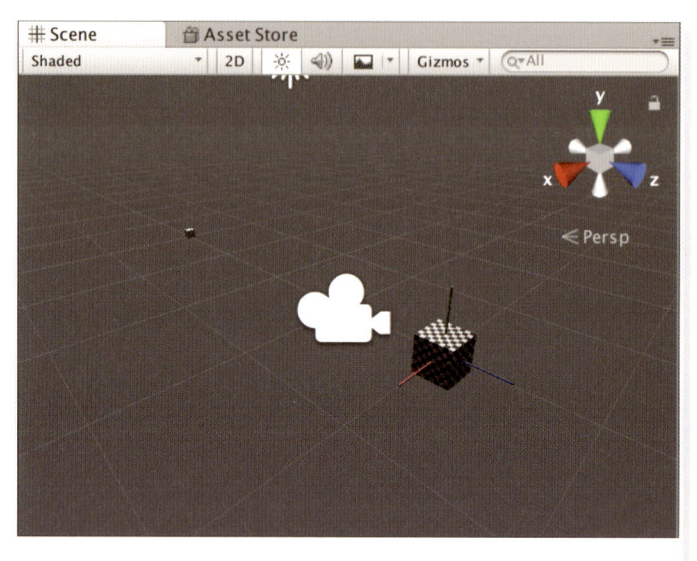

⬆ 図03-03　Inspector から RandomCube のチェックを外した

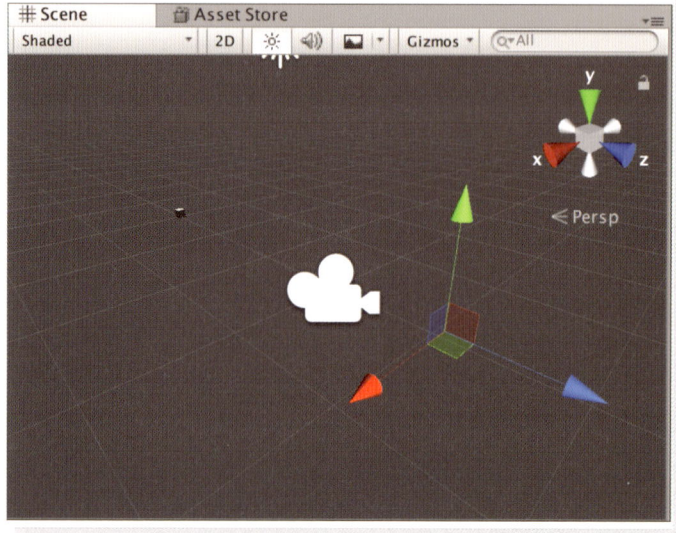

⬆ 図03-04　RandomCube のチェックを外すと Scene 画面が上図から下図に変化する

Asset Storeからユニティちゃんをダウンロードする

　ここでは、使用するモデルにユニティちゃんを使用しましょう。Asset Storeに入って、検索欄に「Unity-chan!」と入力すると、ユニティちゃんが表示されますので（図03-05）、「ダウンロード」→「インポート」と選択してプロジェクト内に取り込みます。ProjectのAssetsの下にユニティちゃんのファイルが取り込まれます（図03-06）。

⬆ 図03-05　ユニティちゃんが表示される

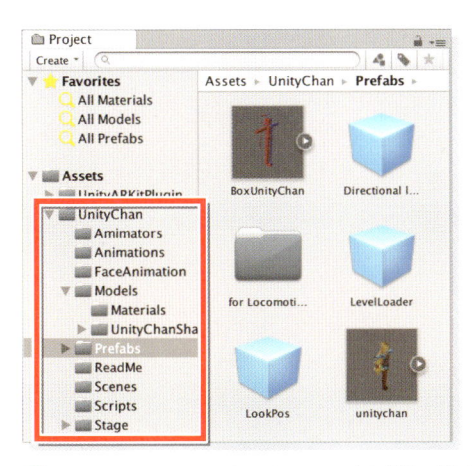

⬆ 図03-06　ユニティちゃんのファイルが取り込まれた

ユニティちゃんをHierarchyに配置する

まず、Hierarchy内のHitCubeParent内に子としてHitCubeが配置されていますので、これを削除してください。代わりに、「Assets」→「UnityChan」→「Prefabs」内にあるunitychanモデルを、HitCubeParentの上にドラッグ＆ドロップしてください。図03-07のようにHitCubeParentの子としてunitychanが配置されます。

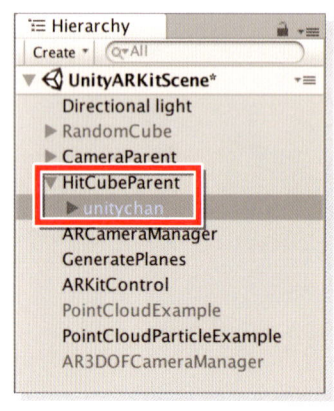

🔼 図03-07　HitCubeParentの子としてunitychanが配置された

配置したunitychanのInspectorを設定する

まずTransformの ScaleのX、Y、Zの値を2にして少しサイズを大きくしておきましょう。また、このままだと、モデルはカメラに背を向けていますので、モデルがカメラの方を向くように、RotationのYに180と指定してください。これで、モデルがカメラの方を向きます。

もともと最初から追加されている「Idle Changer (Script)」と「Face Update (Script)」は、右隅にある歯車アイコンをクリックして表示されるRemove Componentから削除しておいて下さい（図03-08）。

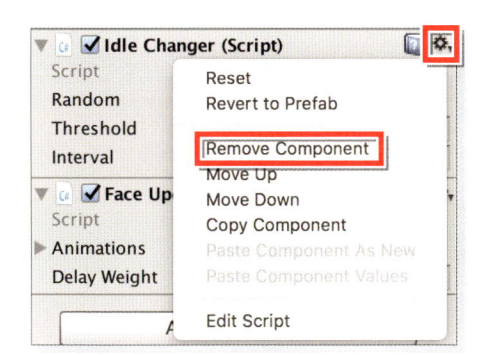

⬆ 図03-08　歯車アイコンをクリックして表示されるRemove Componentメニュー

　次に「Add Component」の検索欄に「Unity」と入力して、表示される項目の中から、「Unity AR Hit Test Example」を選択して追加してください。「Hit Transform」には、右端の ◉ アイコンをクリックして、表示されるSelect TransformからHitCubeParentを選択してください（図03-09）。

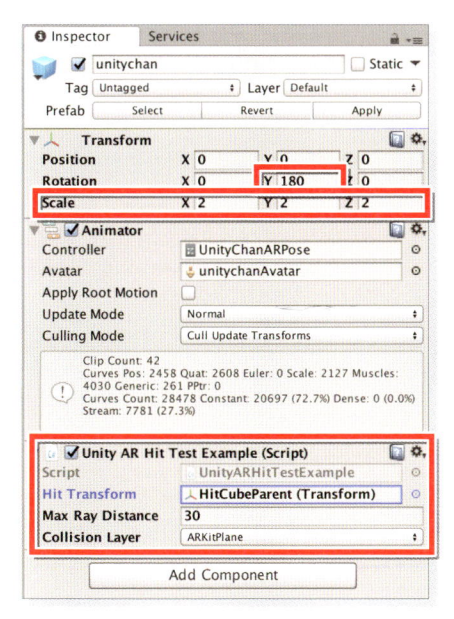

⬆ 図03-09　unitychanのInspectorを設定した

　ここまでのSceneをUnityメニューの「File」→「Save Scene as」から、syuuwa_ARkit_Chapter3として保存しておきましょう。

02 ビルドする

このままの状態でビルドしてiPadで動かしてみましょう。

まず、Unityメニューの「File→Build Settings」と選択して、Scenes In Build内にたくさんのサンプルが登録されていますが、ここでは、syuuwa_ARkit_Chapter3という名前でサンプルを保存しているので、「Add Open Scenes」のボタンをクリックして、「syuuwa_ARkit_Chapter3」を表示させて、チェックをつけてください。その後、「Switch Platform」をクリックします（図03-10）。

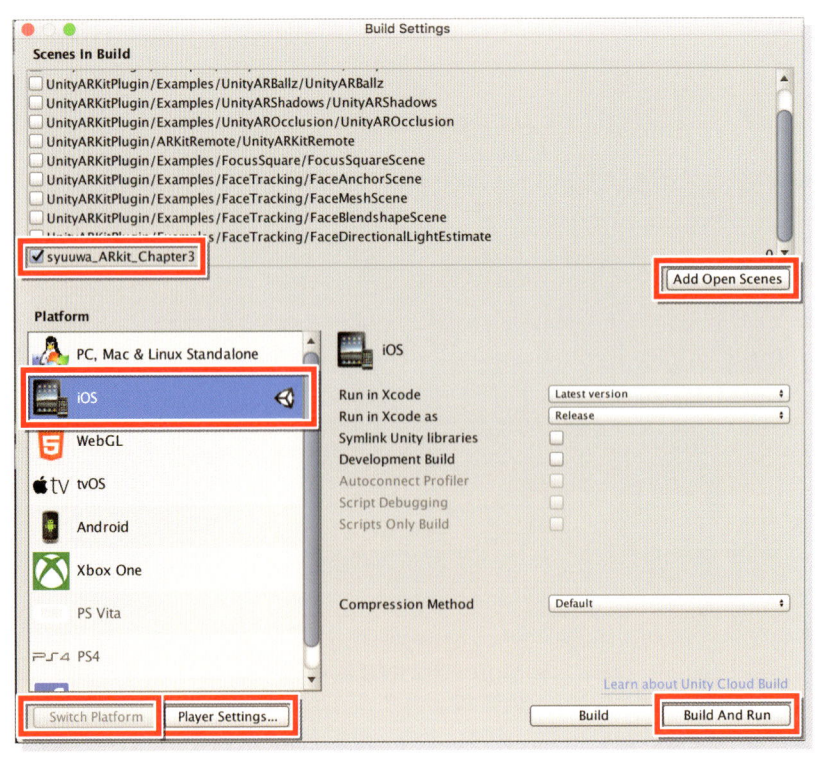

⬆ 図03-10　Add Open Scenesボタンでsyuuwa_ARkit_Chapter3を表示して選択する

次に、第2章でも解説していたように、「Switch Platform」の横にある「Player Settings」ボタンをクリックします。Other Settingsの、Bundle Identifier、Camera Usage Description、Target Device 、Target Minimum iOS Version等を設定してください。詳細については、第2章を参照してください。

　ここの設定が終われば、iPadとMacを接続しておきましょう。

　「Build And Run」をクリックすると、ファイル名を保存する画面が表示されますので、「syuuwa_ARkit_Chapter3」と入力して、「Save」ボタンをクリックしてください。

　「Save」をクリックするとビルドが開始されます。

　ビルドが完了するとXcodeの画面が起動します。

　これ以後の操作は、第2章のXcodeの操作とまったく同じ手順なので、解説は割愛させていただきます。わからない方は、第2章を参照してください。

03 アプリに信頼を与える

新規にプロジェクトを作成してビルドした場合、Xcodeから、アプリに信頼を与えよというメッセージが表示されることがあります（図03-11）。

Could not launch "syuuwaArkitChapter3"

Verify the Developer App certificate for your account
is trusted on your device. Open Settings on iPad and
navigate to General -> Device Management, then
select your Developer App certificate to trust it.

OK

⬆ 図03-11　Xcodeからアプリに信頼を与えるようメッセージが表示される

この警告が出た状態で、iPad上に追加されたアイコンをクリックすると、図03-12のようなメッセージが出て実行できません。

信頼されていないデベロッパ

このiPadでデベロッパ"iPhone
Developer:　admin @projectkyss.net
(H5Y973G64A)"のAppを使用することは
現在のデバイス管理設定では許可されてい
ません。これらのAppの使用は、"設定"で
許可することができます。

キャンセル

⬆ 図03-12　アプリが実行できない

このあとの操作はiPadまたはiPhoneでの操作になります。図03-11でOKボタンをクリックしたのち、筆者はiPadの「設定」から「一般」と選択しました（図03-13）。

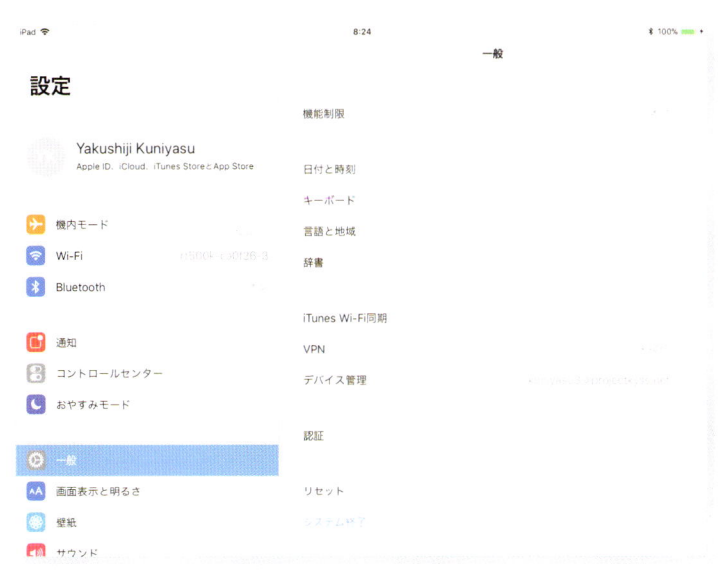

⬆ 図03-13 「設定」→「一般」と選択する

「一般」をタップすると図03-14の画面が表示されます。

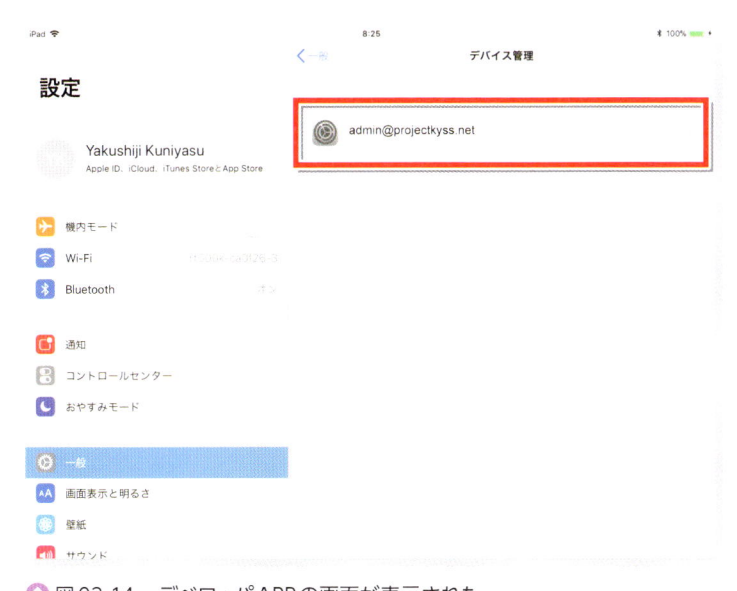

⬆ 図03-14 デベロッパAPPの画面が表示された

図03-15のadmin@projectkyss.netをタップします。すると図03-16

の画面が表示されます。この画面で、「"admin@projectkyss.net"を信頼」をタップします。

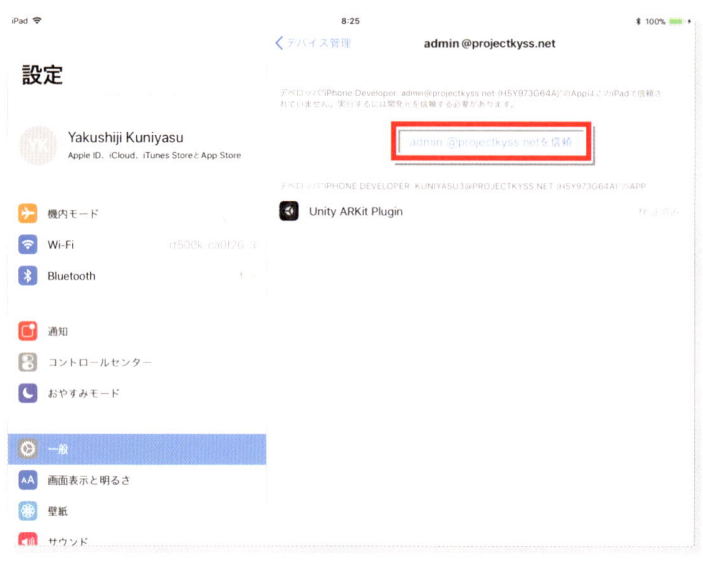

すると、図03-16の画面が表示されますので、「信頼」をタップします。

⬆ 図03-16　「信頼」をタップする

すると図03-17の画面になり、Unity ARKit Pluginというアプリに信頼が与えられて実行が可能になります。

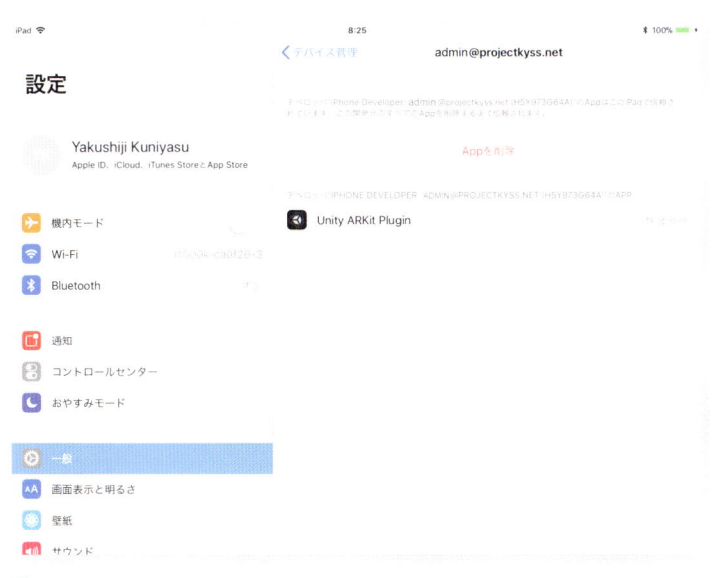

🔼 図03-17　信頼が与えられた

　平面の床を認識してユニティちゃんを表示させたのが図03-18です。

🔼 図03-18　平面の床を認識してその上にユニティちゃんが表示された

実際に動かしたのは動画3-1になります。

動画3-1 syuuwa_ARkit_Chapter3のサンプルを動かした動画

https://youtu.be/Tld3hSWeUV8

動画を見ているとわかると思いますが、認識された床以外の場所（空間等）をタップした場合は、ユニティちゃんが異常に大きく宙に浮いた不安定な状態で表示されます。

04 uGUIボタンを使用する

この章では、UnityのuGUIボタンを使った処理で、何ができるかを見ていきたいと思います。uGUIとは、Unity上でGUIの構築を助けてくれる機能で、ボタンや、テキストやイメージ等を配置する場合に使用されます。uGUIボタンを配置して、端末にビルドし、端末に表示されたuGUIボタンをタップすると、そのタップがボタンをタップしたものなのか、または端末自体の画面タップなのか、通常では区別がつかず、自分の意図する動作とは異なる動作になる場合があります。この章では、uGUIボタンタップと端末の画面タップを切り分けて処理する方法を解説していきます。uGUIボタンを配置しただけでは図04-01のように表示されます。

⬆ 図04-01　uGUIボタンを配置している

01 プロジェクトの作成

まず、Unityから新しいプロジェクトを作成して開いてください。プロジェクト名はなんでも構いませんが、ここではsyuuwa_ARkit_Chapter4としました。

 ## Asset StoreからARKitのPluginを取り込む

Asset Storeに入り、第2章で解説しているように「Unity ARKit Plugin」をインポートしておきましょう（図04-02）。

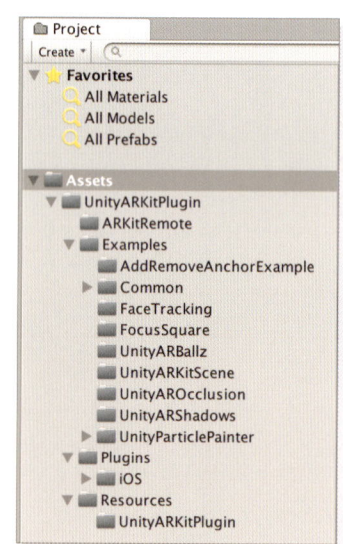

🔼 図04-02　Unity ARKit Pluginをインポートして、プロジェクト内に取り込まれた

UnityARkitSceneのサンプルファイルを開く

ProjectのAssets以下の、Examplesフォルダ内のUnityARkitScene
のサンプルファイルをダブルクリックすると、Hierarchy内に必要なファイ
ルが表示されます。

Hierarchy内のPointCloudExampleとAR3DOFCameraManager
のチェックがInspectorから外されています。チェックが外されたオブジェ
クトはグレー表示になっています。ここではRandomCubeも邪魔になりま
すので、チェックを外しておきましょう（図04-03）。すると、Scene画面
が図04-04の上図（このページ）が下図（次のページ）のように変化します。
チェック柄のCubeが消えます。

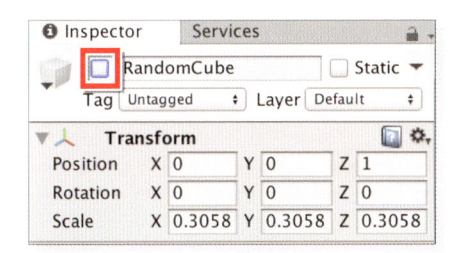

⬆ 図04-03　InspectorからRandomCubeのチェックを外した

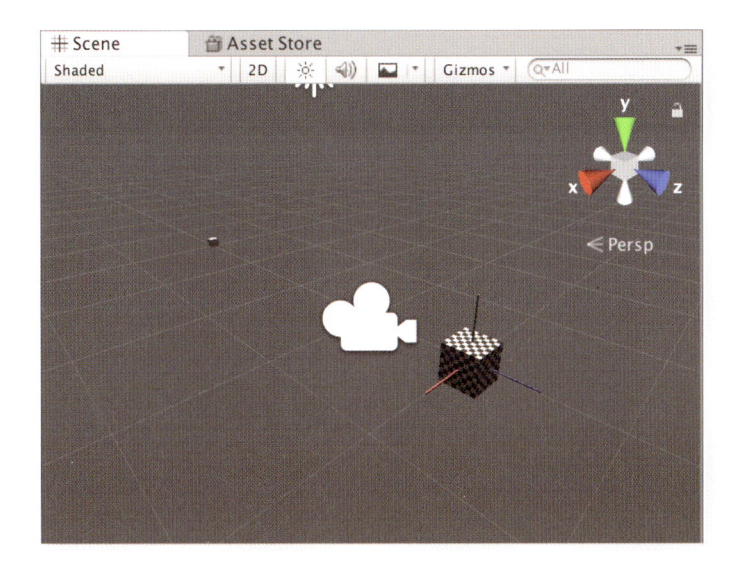

🔼 図04-04　RandomCubeのチェックを外すとScene画面が上図から下図に変化する

uGUIボタンを配置する

　Hierarchyの「Create」→「UI」→「Button」と辿ってボタンを一個作成します（図04-05）。その時一緒にCanvasも配置されますが、このCanvasは大変に大きいので、Scene画面をマウスホールで縮小しないとボタンは見えてきません。Hierarchy内は図04-06のようになっています。

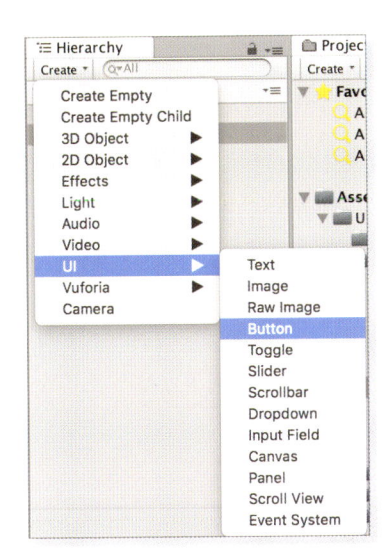

🔼 図04-05　ボタンを配置する手順

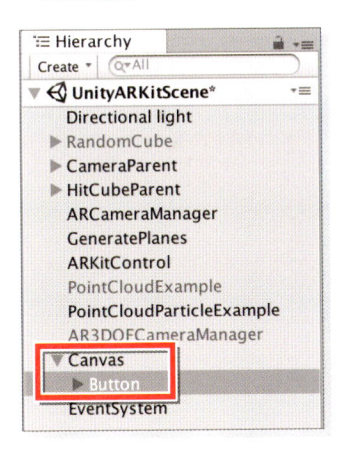

🔼 図04-06　Hierarchy内にButtonが配置された

　Canvasを選択してInspectorを表示させ、Canvas Scaler（Script）の「UI Scale Mode」を「Scale With Screen Size」に指定します（図04-07）。

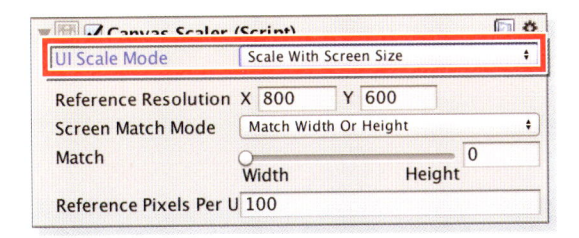

🔼 図04-07　「UI Scale Mode」を「Scale With Screen Size」に指定

次に、HierarchyからButtonを選択してInspectorを表示して、Rect TransformのWithに160、Heightに50と指定しておきましょう（図04-08）。

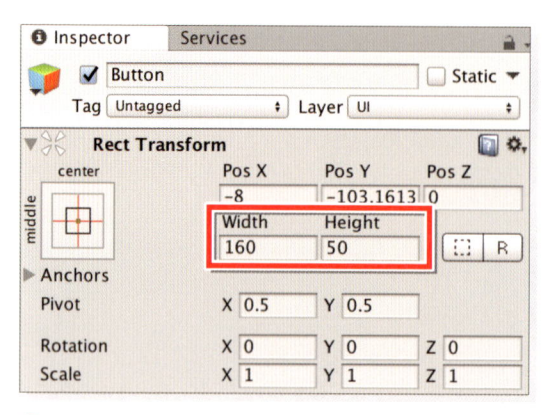

⬆ 図04-08　Widthに160、Heightに50を指定した

次に、Hierarchyの中のButtonを展開すると中にTextがあります。このTextを選択してInspectorを表示し、Textに「投げる」、Font Sizeに25、Colorに白を指定しておきます（図04-09）。

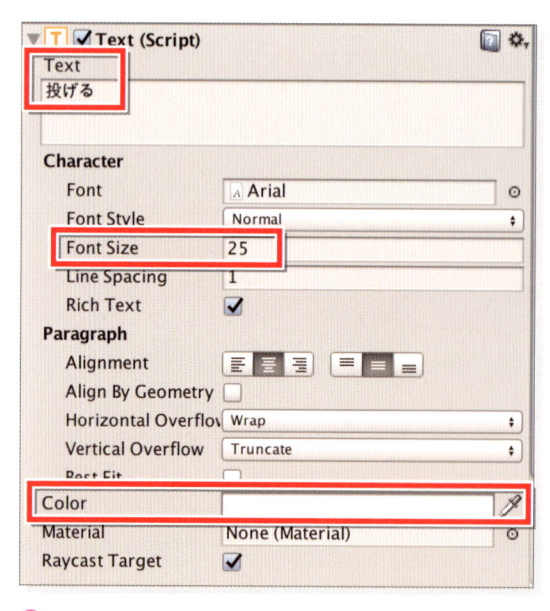

⬆ 図04-09　ButtonのTextのInspectorを設定

　ボタンの設定はできましたので、適当な位置に配置して下さい。配置には
トランスフォームツールを使って配置して下さい。筆者は図04-10のように
配置しました。

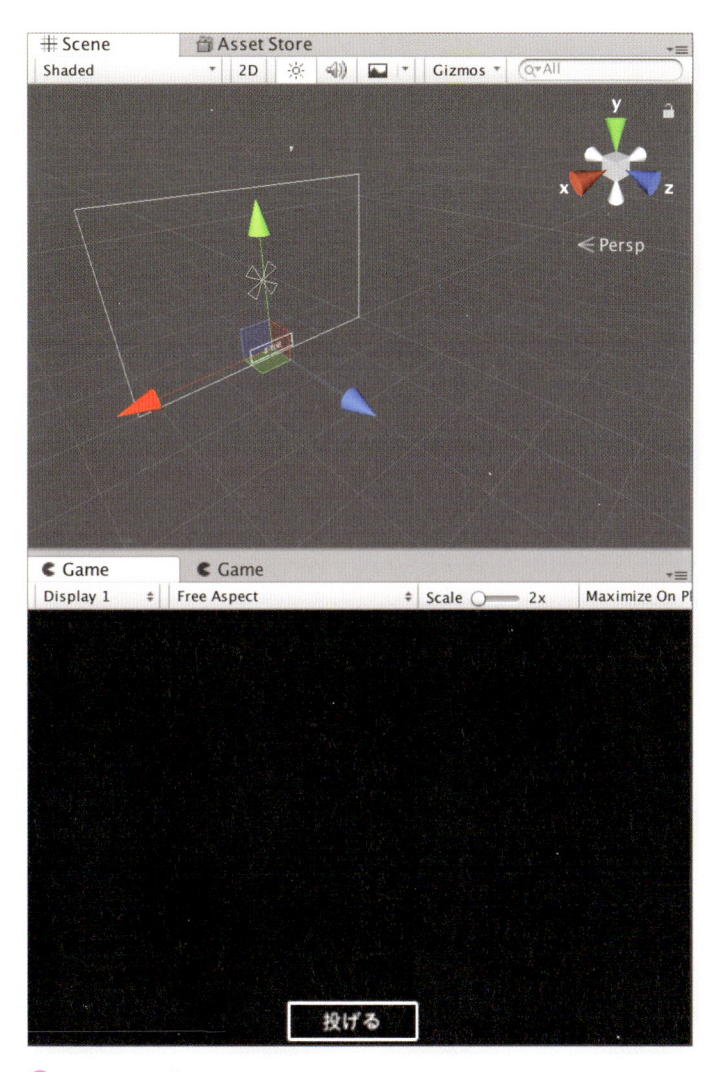

🔼 図04-10　ボタンを配置した

02 プログラムを書く

この章では、Scene上には配置するものは何もありません。Cube自体はプログラムから動的に生成します。それで、さっそくプログラムを書いていきましょう。

Hierarchy内のHitCubeParentを展開すると、中にHitCubeという子があります（図04-11）。

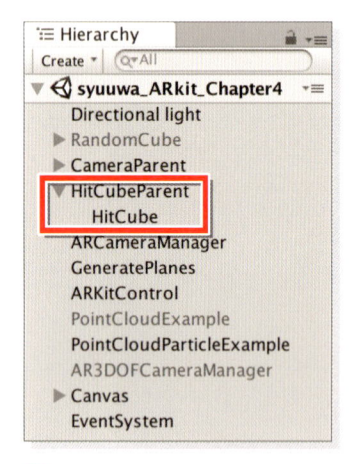

⬆ 図04-11　HitCubeParentを展開するとHitCubeという子がある

この、HitCubeのInspectorを表示させると、「Unity AR Hit Test Example（Script）」の中のScriptに「UnityARHitTestExample」というスクリプトがありますので（図04-12）、これをダブルクリックしてVS 2017を起動してください。

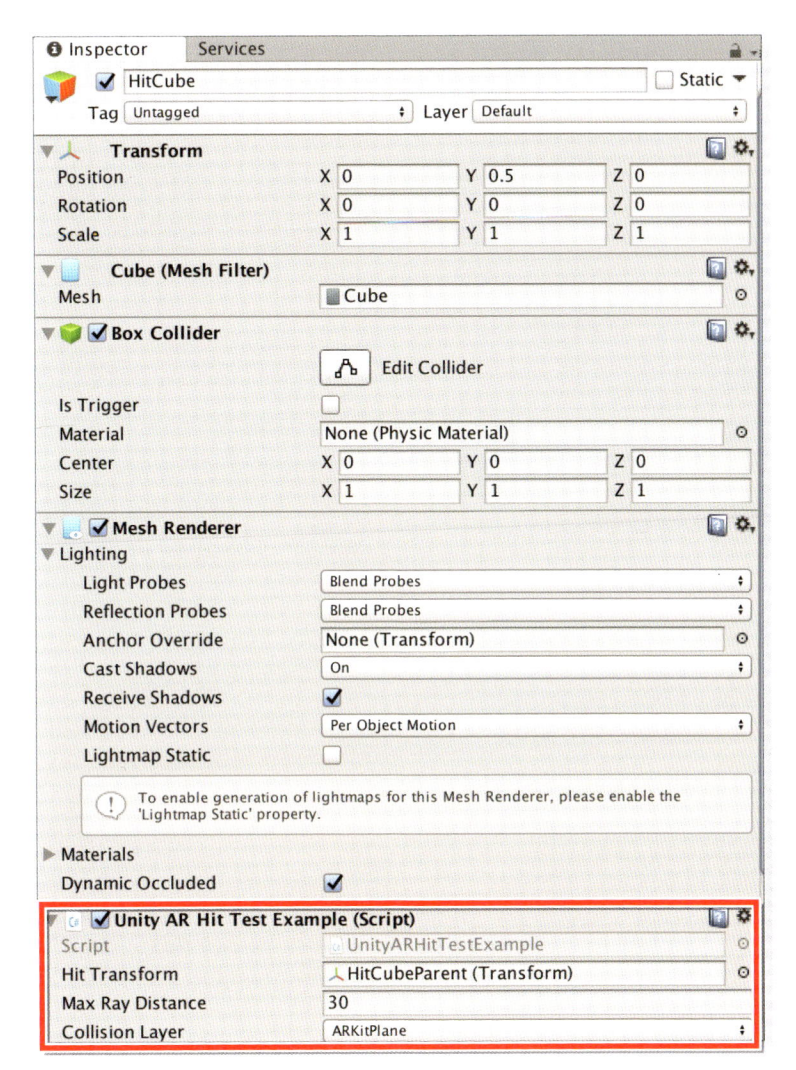

🔼 図04-12 「UnityARHitTestExample」というスクリプトをVS 2017で編集する

UnityARHitTestExample.cs の編集

UnityARHitTestExample.csファイルをリスト4-1のように編集します。

リスト4-1 **UnityARHitTestExamples.cs**

```csharp
using System;
using System.Collections.Generic;
//まず、
using UnityEngine.EventSystems;
//と記述して、EventSystemsの名前空間を読み込んでおきます。
//これは、Unityのシーンのイベントを処理する役割を持っています。忘れずに追加してください。
namespace UnityEngine.XR.iOS
{
    public class UnityARHitTestExample : MonoBehaviour
    {
        public Transform m_HitTransform;
        public float maxRayDistance = 30.0f;
        public LayerMask collisionLayer = 1 << 10;  //ARKitPlane layer

//public変数として、Camera型の変数Camを宣言します
        public Camera cam;

//以下コード略

//投げるボタンをタップした時の処理
        public void ThrowCube()
        {
            if (Input.touchCount > 0 && cam != null)
            {
                //CreatePrimitiveで動的にGameObjectであるCubeを生成します
                GameObject cube = GameObject.
CreatePrimitive(PrimitiveType.Cube);
                //Cubeに適用するランダムな色を生成します
                Material material = new Material(Shader.
Find("Diffuse"))
                {
                    color = new Color(Random.value, Random.value,
Random.value)
```

```
        };
        //ランダムに変化する色をCubeに適用します
        cube.GetComponent<Renderer>().material = material;
        //Android端末をタップして、ランダムな色のCubeを認識した平面上に
        //投げ出すように追加していきます
        //Cubeの大きさも0.2fと指定しています
        cube.transform.position = cam.transform.
TransformPoint(0, 0, 0.5f);
        cube.transform.localScale = new Vector3(0.2f, 0.2f,
0.2f);

        //CubeにはRigidbodyを持たせて重力を与えておかないと、床の上には
        //配置されないので注意が必要です。Rigidbodyで重力を持たせないと
        //Cubeは宙に浮いた状態になってしまいます
        //平面の床の上にCubeを落とすためにも、Rigidbodyの追加は必須です
        cube.AddComponent<Rigidbody>();
        cube.GetComponent<Rigidbody>().AddForce(cam.
transform.TransformDirection(0, 1f, 2f), ForceMode.Impulse);
        }
    }
//追加するコード
//Cubeを投げる動作はボタンで行います。このコードを書いていないと、ボタンタップでも、
//ボタンだけでのタップではなく、画面そのものをタップしたものと判断され、予想外の
//動作をしてしまいます。
//それで、ボタンをタップしたときは、ボタンをタップした処理だけを実行させるために、
//このコードが必要です。
//ただし、このコードを書いていても、ボタンではなく、画面を何回もタップするとCubeが
//タップした位置に表示されます
//ボタンを使用したサンプルには、すべてこのコードを追加する必要があります。
//コードはまったく同じコードなので、使い回しが可能です。
//これ以後のサンプルでも、ボタンを使用したサンプルには、この関数を呼び出しています
//ここのコードは、using UnityEngine.EventSystems;を読み込んでいないとエラー表示
//されますので、注意してください


        private bool IsPointerOverUIObject()
        {
            PointerEventData eventDataCurrentPosition = new
PointerEventData(EventSystem.current);
            eventDataCurrentPosition.position = new Vector2(Input.
mousePosition.x, Input.mousePosition.y);
            List<RaycastResult> results = new List<RaycastResult>();
            EventSystem.current.RaycastAll(eventDataCurrentPosition,
```

```
results);
            return results.Count > 0;
        }

        void Update () {
            #if UNITY_EDITOR   //we will only use this script on
//the editor side, though there is nothing that would prevent it
//from working on device
            if (Input.GetMouseButtonDown (0)) {
                Ray ray = Camera.main.ScreenPointToRay (Input.
mousePosition);
                RaycastHit hit;

                if (Physics.Raycast (ray, out hit, maxRayDistance,
collisionLayer)) {
                    m_HitTransform.position = hit.point;
                    Debug.Log (string.Format ("x:{0:0.######}
y:{1:0.######} z:{2:0.######}",
                    m_HitTransform.position.x, m_
HitTransform.position.y,
                    m_HitTransform.position.z));
                    m_HitTransform.rotation = hit.transform.rotation;
                }
            }
            #else
//赤文字のコードを追加します。この関数は、このコードの前に定義しています。
            if ((Input.touchCount > 0 && m_HitTransform != null) &&
!IsPointerOverUIObject())
            {
                var touch = Input.GetTouch(0);
                if (touch.phase == TouchPhase.Began || touch.phase
== TouchPhase.Moved)
                {
                    var screenPosition = Camera.main.
ScreenToViewportPoint(touch.position);
                    ARPoint point = new ARPoint {
                        x = screenPosition.x,
                        y = screenPosition.y
                    };
//以下コード略
```

　VS2017メニューまたは、MonoDevelopメニューの「ビルド」→「すべてビルド」を実行しておいてください。VS2017の中またはMonoDevelopの中でpublic変数として宣言した変数は、Inspector内にプロパティとして表示されます。ここでも、

```
public Camera cam;
```

と宣言していますので、Unity AR Hit Test Exampleの中にCamというプロパティが表示されます。右端の ⊙ アイコンをクリックして、表示される「Select Camera」ウインドウからMain Cameraを選択して下さい（図04-13）。

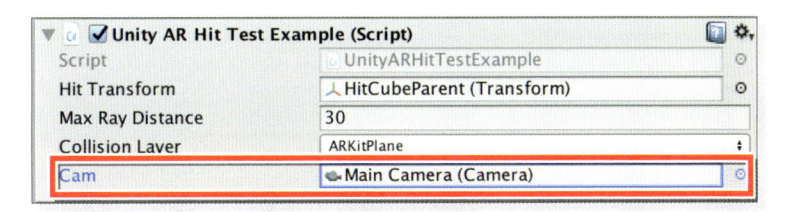

🔼 図04-13　CamにMain Cameraを指定する

　本書ではビルドは基本的にVS2017で行います。MonoDevelopをご使用の方は、置き換えて読んでください。ここまでのSceneをUnityメニューの「File」→「Save Scene as」から、syuuwa_ARkit_Chapter4として保存しておきましょう。

 ## プログラムをボタンと関連付ける

　まず、HierarchyからButtonを選択して、Inspectorを表示してください。Button (Script) に「On Click ()」というイベントがありますので、これの右下にある＋アイコンをクリックします。すると図04-14のように「On Click ()」内が変化します。

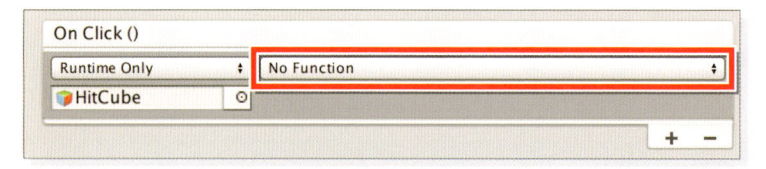

⬆ 図04-14　＋アイコンをクリックすると下図のように変化した

　図04-14の下図の「None（Object）」とあるところに、Hierarchyの HitCubeをドラッグ＆ドロップして下さい。すると図04-15のようにグレー 表示だった、「No Function」が上下▼アイコンで選択が可能になります。

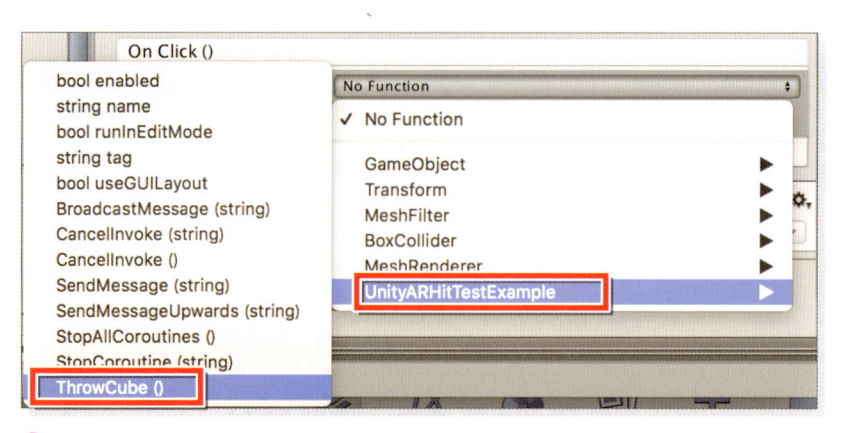

⬆ 図04-15　No Functionが選択可能になった

　「Ｎ ｏ Ｆ ｕ ｎ ｃ ｔ ｉ ｏ ｎ」 の 上 下 ▼ ア イ コ ン を ク リ ッ ク し て 「UnityARHitTestExample → ThrowCube（）」と選択します（図04-16）。

⬆ 図04-16　「UnityARHitTestExample → ThrowCube（）」と選択

03 端末にビルドする

このままの状態でビルドしてiPadで動かしてみましょう。

まず、Unityメニューの「File」→「Build Settings」と選択して、Scenes In Build内にたくさんのサンプルが登録されていますが、ここでは、syuuwa_ARkit_Chapter4という名前でサンプルを保存しているので、「Add Open Scenes」のボタンをクリックして、「syuuwa_ARkit_Chapter4」を表示させて、チェックをつけてください。その後、「Switch Platform」をクリックします（図04-17）。

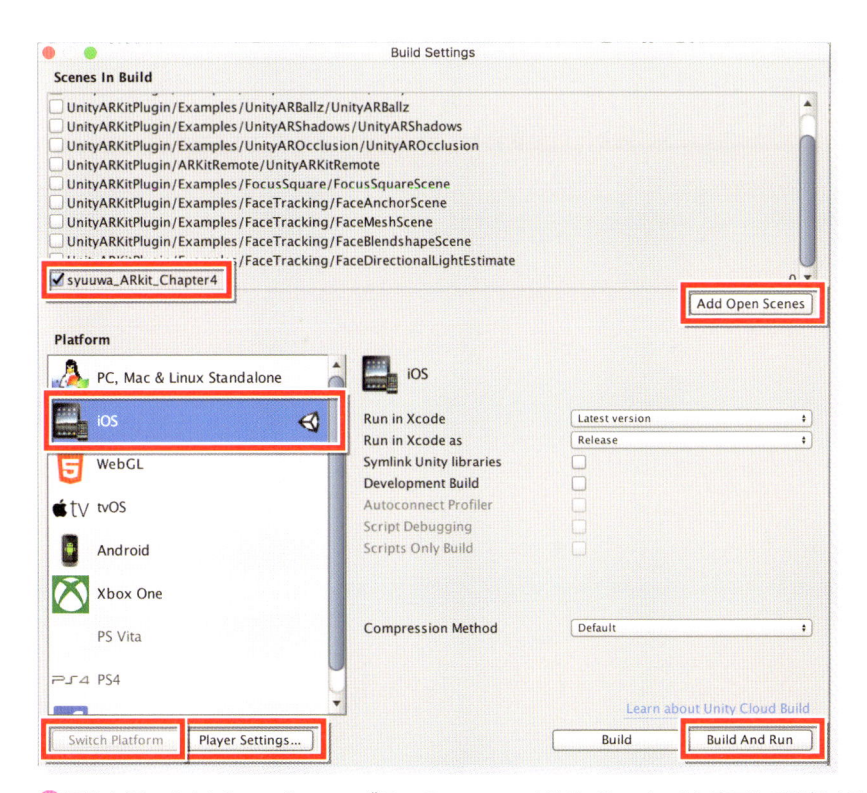

🔼 図04-17　Add Open Scenesボタンでsyuuwa_ARkit_Chapter4を表示して選択する

　次に、第2章でも解説していたように、「Switch Platform」の横にある「Player Settings」ボタンをクリックします。Other Settingsの、Bundle Identifier、Camera Usage Description、Target Device 、Target Minimum iOS Version等を設定してください。詳細については、第2章を参照してください。

　ここの設定が終われば、iPadとMacを接続しておきましょう。

　「Build And Run」をクリックすると、ファイル名を保存する画面が表示されますので、「syuuwa_ARkit_Chapter4」と入力して、「Save」ボタンをクリックしてください。

　「Save」をクリックするとビルドが開始されます。

　ビルドが完了するとXcodeの画面が起動します。

　これ以後の操作は、第2章のXcodeの操作とまったく同じ手順なので、解説は割愛させていただきます。わからない方は、2章目を参照してください。

　ただし、新規にプロジェクトを作成してビルドした場合、Xcodeから、アプリに信頼を与えよというメッセージが表示されることがあります。この場合は端末側から信頼を与える必要がありますが、このあたりの手順については第3章で図入りで解説していますので、そちらを参照してください。

　ボタンをタップしてランダムな色のCubeを投げ出した静止画は図04-18になります。

⬆ 図04-18　ボタンをタップしてランダムな色に変化するCubeを生成した

実際に動かしたのは動画4-1になります。

▶ 動画4-1　syuuwa_ARkit_Chapter4のサンプルを動かした動画

https://youtu.be/MJM8NeWSEDk

　動画を見ているとわかると思いますが、ボタンをタップした場合は、ランダムな色に変化したCubeが床に投げ出されますが、画面をタップした場合は、単なるグレーのCubeだけしか配置されません。これで、ボタンタップと、画面タップの区別がついていると判断できます。

　このようにuGUIボタンを使うと、ボタンタップでモデルの動作を制御できるようになります。次の第5章で紹介するAnimationのサンプルは、Animationの動きをuGUIボタンで制御するサンプルです。

05 モデルにアニメーション（Animation）を追加するには

　この章では、モデルにアニメーションを指定して動かすにはどうすればいいのかを紹介します。この章のモデルには狼（Wolf）を使用します。この狼はアニメーションを持っていますので、ボタンタップでアニメーションを切り替えてみましょう。

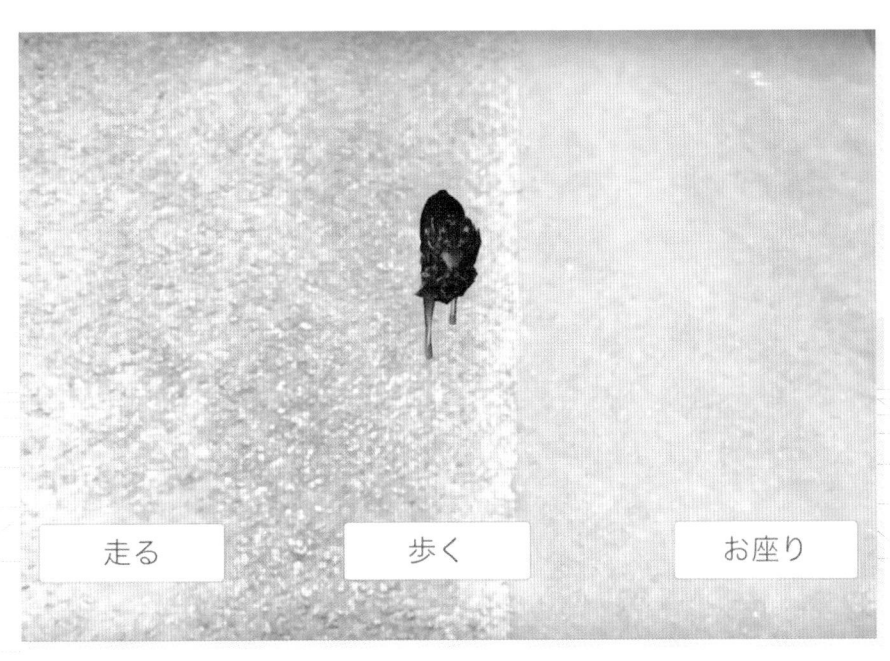

⬆ 図05-01　ボタンタップによって狼のアニメーションを切り替えている

 プロジェクトの作成

Unityを起動して新しくプロジェクトを作成します。プロジェクト名はなんでも構いませんが、ここではsyuuwa_ARkit_Chapter5としました。

 ## Asset StoreからARKitのPluginを取り込む

Asset Storeに入り、第2章で解説しているように「Unity ARKit Plugin」をインポートしておきましょう（図05-02）。

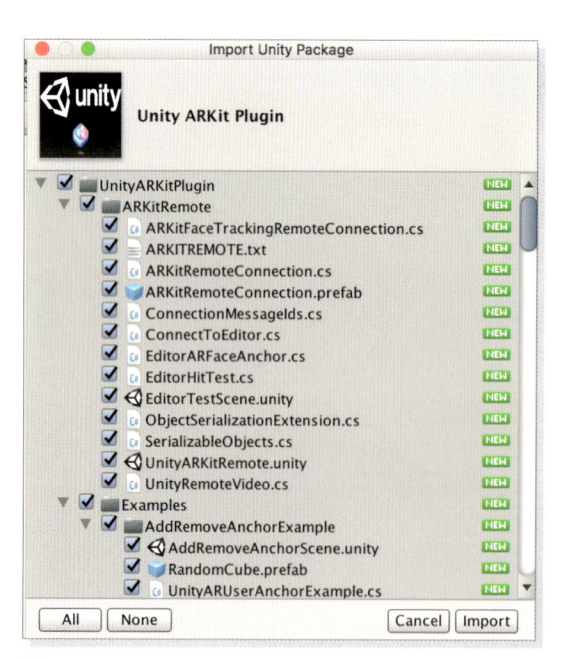
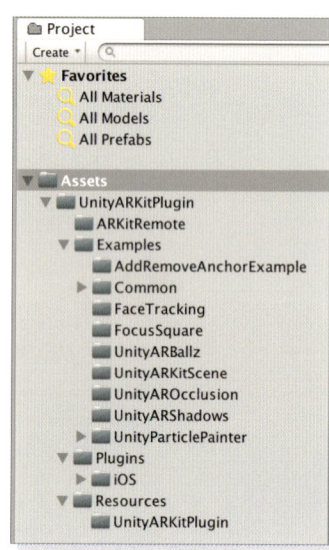

⬆ 🔲 図05-02　Unity ARKit Plugin をインポートしてプロジェクト内に取り込んだ

 狼のモデルをダウンロードする

　下記のページに入って、検索欄に「Wolf」と入力します。すると図05-03のように狼のモデルが表示されますので、これをクリックします。

https://free3d.com

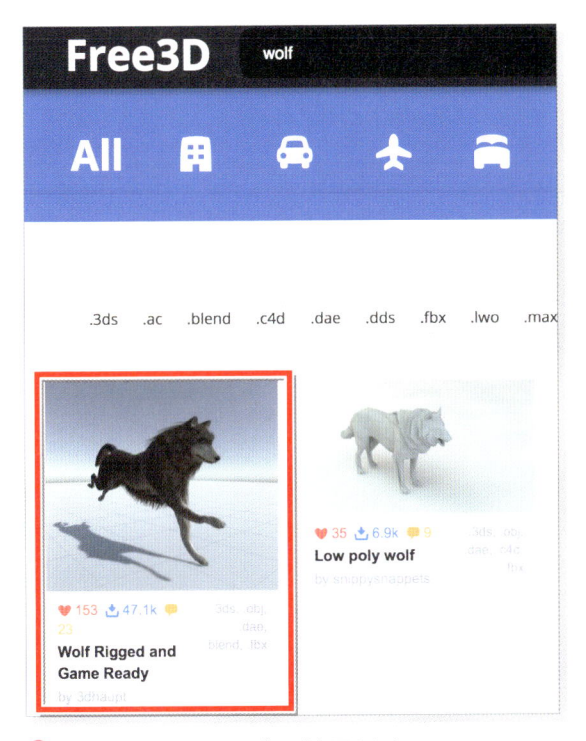

⬆ 図05-03　Wolfのモデルが表示された

　すると、図05-04のページが表示されます。ページを下にスクロールダウンしていくと、「Download」ボタンがありますので、これをクリックします。サインインを求められましたら、先にアカウントを作成し、ログインしてからダウンロードしてください。

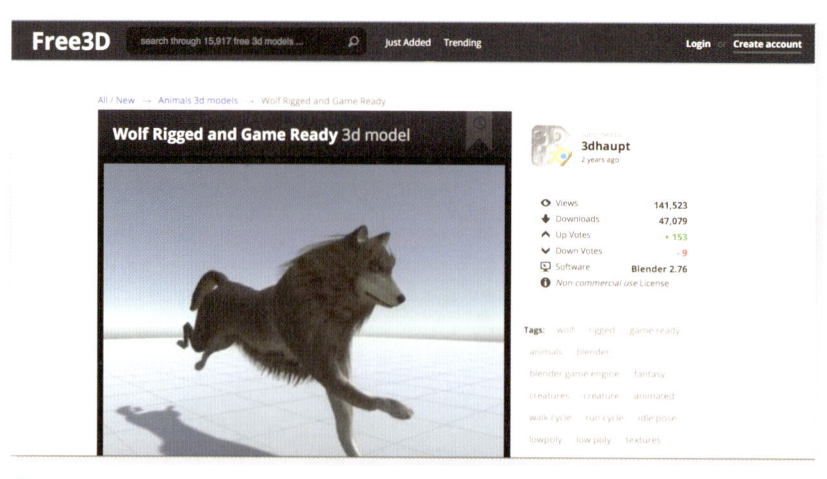

🔼 図05-04　Wolfのダウンロードページが表示されるが、ボタンは下の方にある

　図05-04の下のほうにある「Download」ボタンをクリックすると、図05-05の画面が表示されますので、赤い矩形で囲ったファイルをクリックします。するとダウンロードが開始され、ダウンロードが完了すると図05-06のように画面の右上に表示されます。

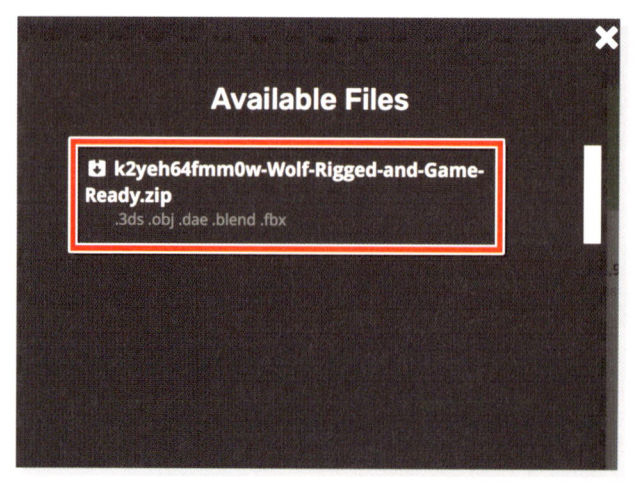

🔼 図05-05　ダウンロードするファイル名が表示される

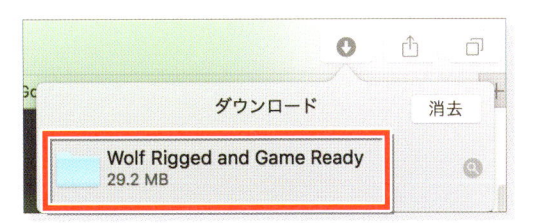

🔺 図05-06　Wolfがダウンロードされた

　図05-06の「Wolf Rigged and Game Ready」の上でマウスの右クリックをすると、図05-07のように「Finderに表示」と表示されますので、これをクリックして、一度Finderに表示させて、あとは適当なフォルダに保存して解凍しておいてください。

🔺 図05-07　マウスの右クリックでFinderに表示する

Wolfのunitypackageを読み込む

　このダウンロードしたWolfはWolf.unitypackageファイルを持っていますので、Unityメニューの「Assets」→「Import Package」→「Custom Package」と選択してインポートしてください。図05-08の画面が表示されますので、Importをクリックしてください。

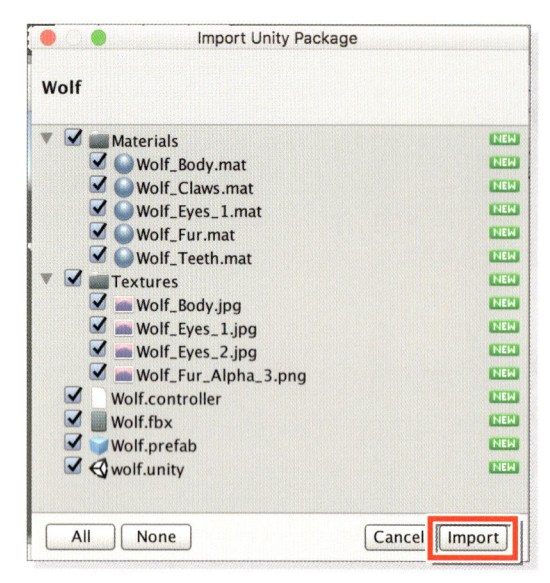

🔼 図05-08　Importをクリックする

　すると、ProjectのAssets内にWolfに関するファイルが取り込まれます（図05-09）。

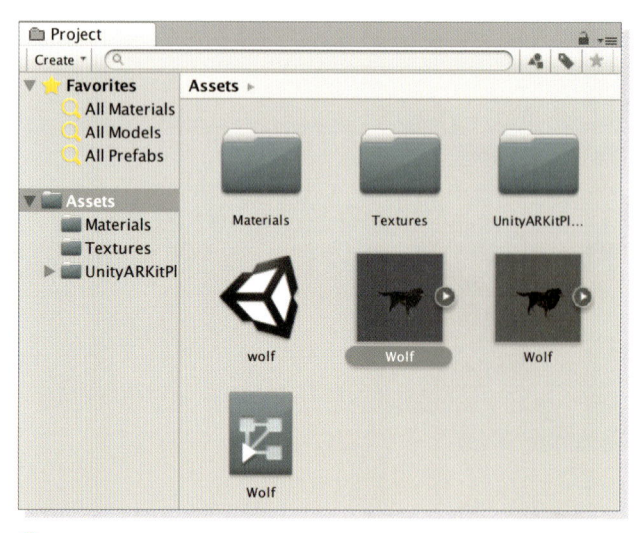

🔼 図05-09　Wolfに関するファイルが取り込まれた

　図05-08を見ると2つのWolfがあります。選択して、図05-10のように表示されるWolfを使用します。

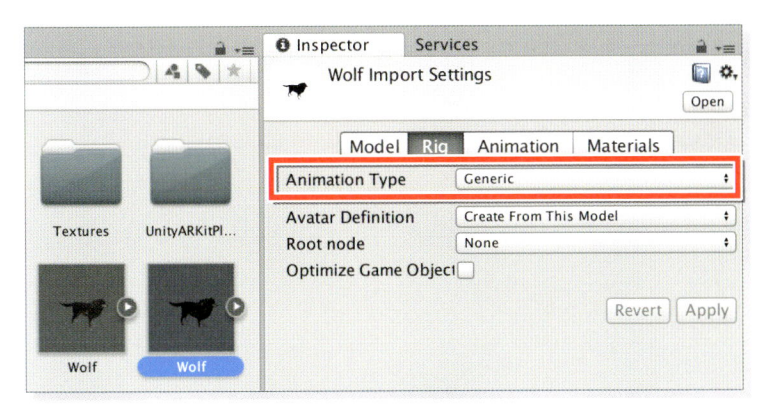

⬆ 図05-10 Animation Typeが変更できるWolf

　赤い枠で囲ったAnimation TypeがGenericになっています。Generic
の場合は、非ヒューマノイドアニメーションを使用する場合のタイプです。
アバターシステムやその他の機能は使えなくなります。あまり使用する機会
はありません。ここをLegacyに変更してください。ここではAnimation
を使用しますので、Legacyにしておく必要があります。Animationを使用
するとは、読んで字のごとくアニメーションを使用することです。Animator
を使用する場合はHumanoidを指定します（図05-11）。Animatorに関し
ては後の章で解説しています。

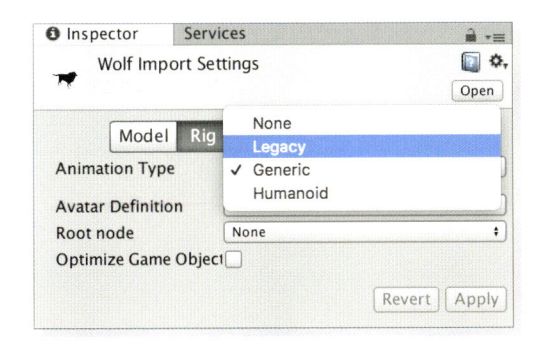

⬆ 図05-11 Animation TypeをLegacyにする

　次に図05-10のAnimationボタンをクリックします。内容を図05-12の
ように設定してください。

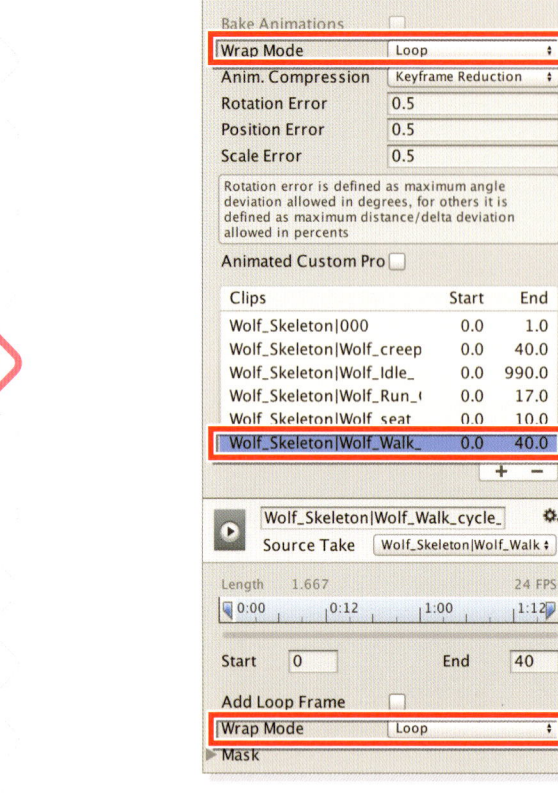

🔺 図05-12　Animationの設定をした

　図05-12の赤い枠で囲った部分を設定します。「Wrap Mode」が2箇所ありますが、共にLoopを指定してください。この2つの「Wrap Mode」は、先に、Animation Typeを「Legacy」にして、「Apply」ボタンをクリックしないと、最初の1個目の「Wrap Mode」しか表示されませんので、注意してください。

　そして、ここでは狼が「歩く」行動だけはずっと繰り返す必要がありますので、Clipsから、「Wolf_Skeleton|Wolf_Walk_cycle_」を選択しておいてください。間違って「Wolf_Skeleton|Wolf_seat_」などを選択すると、「お座り」ボタンをタップしたときに、お座りを繰り返しますので、注意してくだ

さい。

それと、もう1つ、「Wolf_Skeketon|Wolf_Run_Cycle_」のアニメーションの2つのWrap ModeにもLoopを指定しておいてください。そうしないと、狼は一瞬走っただけで止まってしまいますので、必ずLoopを指定してください。

また、再度、これらの設定をした後は、画面の下の方にある「Apply」ボタンを必ずクリックしてください。

狼の持っているアニメーションが、どんな動きをするアニメーションなのかは、文字を見ただけでは、なかなか想像できません。どんな動きをするアニメーションなのかを確認する方法があります。図05-10の選択されたWolfの右向き三角を展開すると図05-13のような表示になります。

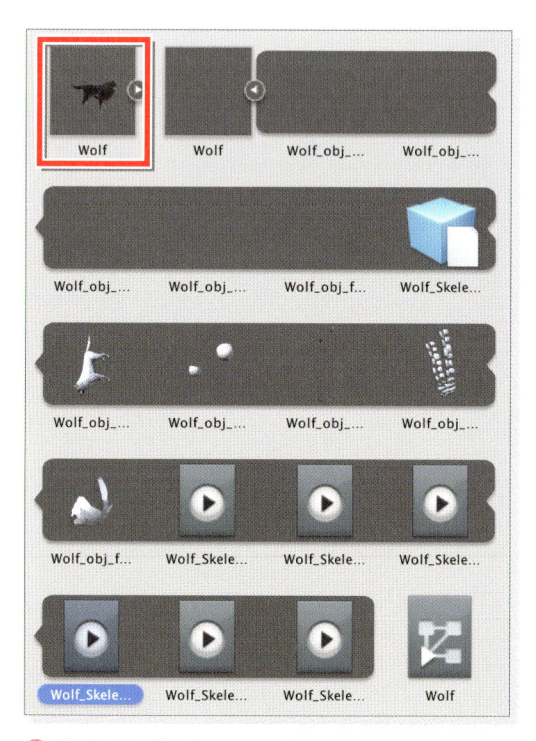

⬆ 図05-13　Wolfを展開した

　図05-12の中に沢山の ▶ があります。これをクリックすると、右隅下にアニメーションの動きを確認する領域が表示されますが、最初は下に隠れていますので、マウスで上に引っ張りあげてください。最初は中に何もモデルが表示されていませんので、展開したWolfの元のWolf.fbxを、領域内にドラッグ＆ドロップしてください。狼が表示されるはずです。この状態で、▶ を選択し、動きを確認する領域内にあるPlayアイコンをクリックしてください。狼のアニメーションが確認できます（図05-14）。

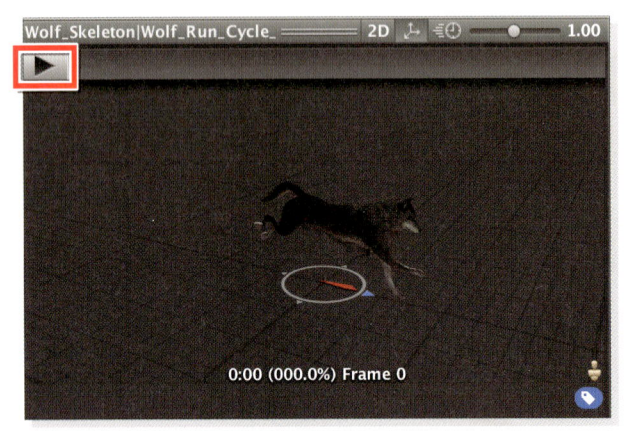

⬆ 図05-14　Playアイコンで狼のアニメーションの動きが確認できる

UnityARkitSceneのサンプルファイルを開く

　Examplesフォルダ内のUnityARkitSceneのサンプルファイルをダブルクリックすると、Hierarchy内に必要なファイルが表示されます。

　Hierarchy内のRandomCubeとPointCloudParticleExampleのチェックをInspectorから外してください。外し方がわからない方は第3章を参照してください。

 WolfのモデルをHierarchyに配置する

まず、Hierarchy内のHitCubeParent内に子としてHitCubeが配置されていますので、これを削除してください。代わりにAssets内にある、Animation TypeをLegacyに変更したWolfを、HitCubeParentの上にドラッグ&ドロップしてください。図05-15のようにHitCubeParentの子としてWolfが配置されます。

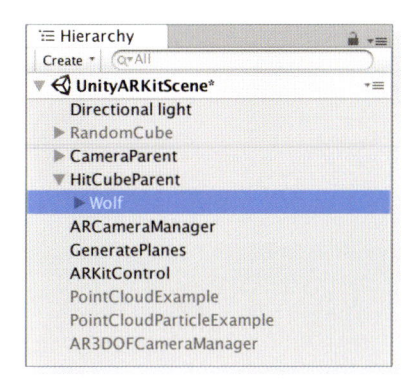

⬆ 図05-15　HitCubeParentの子としてWolfが配置された

ここで、一度Sceneを、Unityメニューの「File」→「Save Scene as」から、syuuwa_ARkit_Chapter5として保存しておきましょう。

 WolfのInspectorの設定

Hierarchy内のWolfを選択して、Inspectorを表示します。TransformのRotationのYに180を指定して、Wolfをカメラの方に向けます。次に、Scaleが1になっていると思います。1ではサイズが小さいので、X、Y、Z共に6を指定してください。

次にAnimation項目のAnimationに、右端の ◉ アイコンをクリックして、Select AnimationClipから、Wolf_Skeleton|Wolf_Seat_を指定してください（図05-16）。これを選択しておくと、端末の画面をタップして、

最初に表示される狼の動作は「お座り」をしている状態になります。

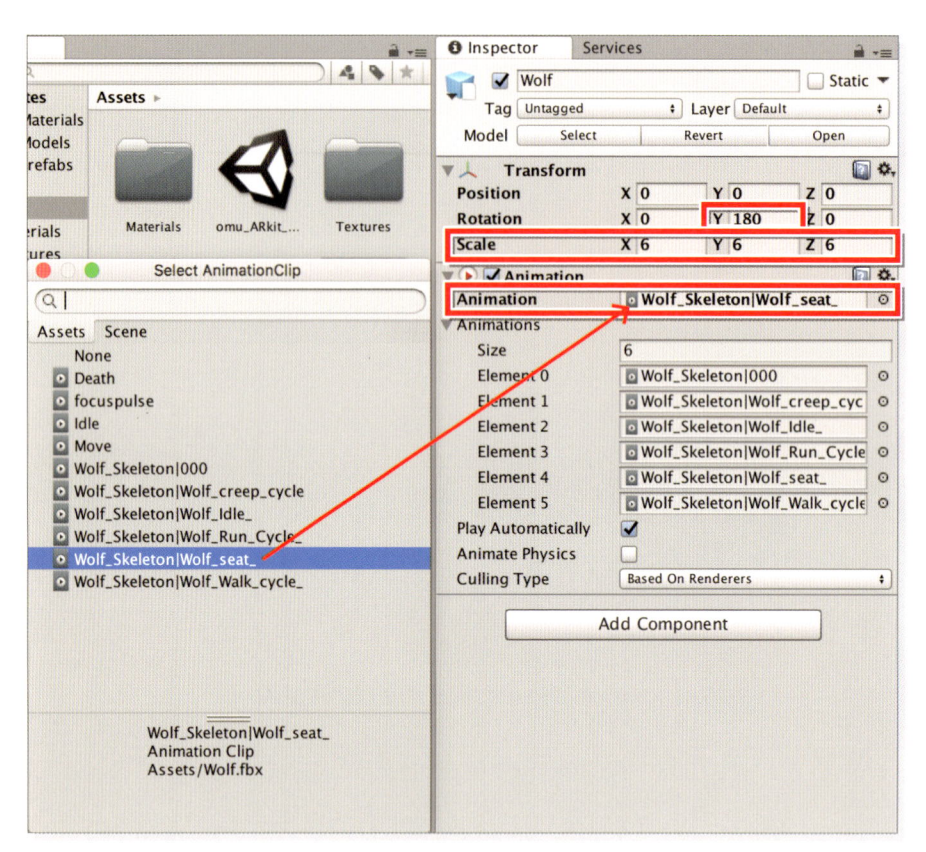

⬆ 図05-16　AnimationにWolf_Skeleton¦Wolf_Seat_を指定する

　図05-16を見るとわかりますが、この狼は、「Wolf_Skeketon|000」、「Wolf_Skeketon|Wolf_creep_cycle」、「Wolf_Skeketon|Wolf_Idle_」、「Wolf_Skeketon|Wolf_Run_Cycle_」、「Wolf_Skeketon|Wolf_seat_」、「Wolf_Skeketon|Wolf_Walk_cycle_」の6つのアニメーションを持っていることがわかります。図05-14の方法で、これらのアニメーションの動作を確認することができます。

　次に「Add Component」から、検索欄に「Unity」と入力して、「Unity ARKit Test Example」を選択して追加します。「Hit Transform」には、

右端の⊙アイコンをクリックして、Select Transformのウインドウを表示
して、HitCubeParentを選択します（図05-17）。

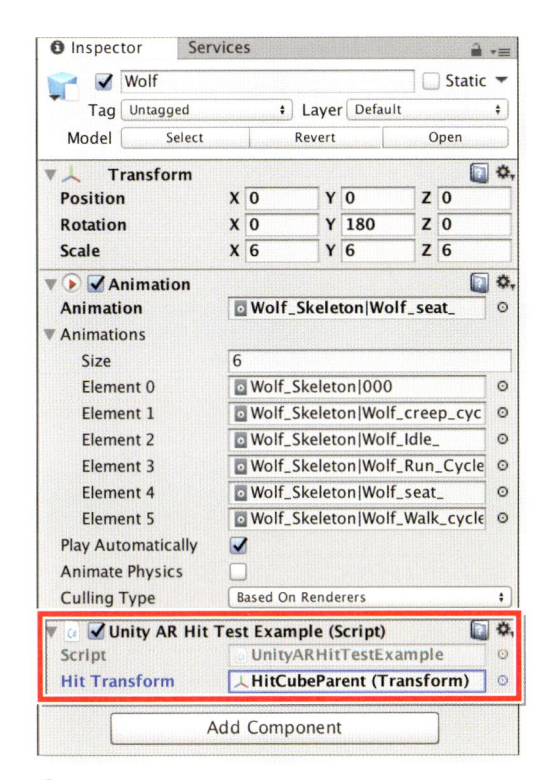

🔼 図05-17　Unity AR Kit Test Exampleを追加しHit TransformにはHitCubeParentを指
定する

では、ここまでのSceneを上書き保存しておきましょう。

 # 狼の動作を制御するボタンの追加

狼を制御する「走る」、「歩く」、「お座り」の3つのボタンを作成します。

Hierarchyの「Create→UI→Button」と選択してください。Canvas
は大変に大きいので、Scene画面を縮小していくとButtonが表示されま
す。

Canvasを選択してInspectorを表示して、「Canvas Scaler（Script）」の「UI Scale Mode」を「Scale Width Screen Size」に指定してください（図05-18）。

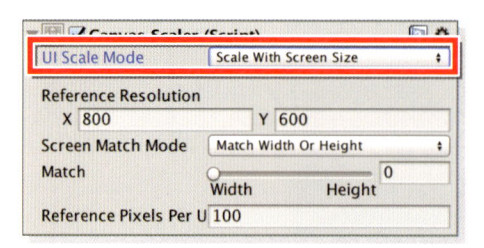

⬆ 図05-18　「UI Scale Mode」を「Scale Width Screen Size」に指定

次にHierarchyのButtonを選択して、名前を「Run」に変更しておきましょう。このRunボタンを選択してInspectorを表示させてください。Rect Transformがありますので、Widthに160、Heightに50を指定してください（図05-19）。このあたりの数値は、後ほど設定する文字のサイズによって各自が好きに設定してもかまいません。

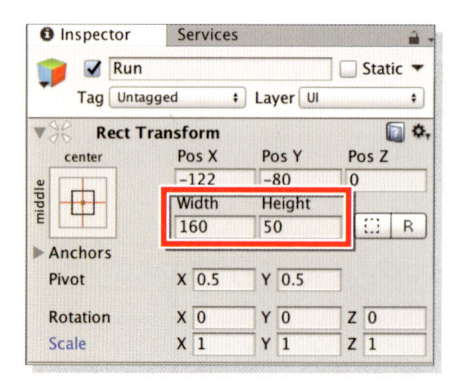

⬆ 図05-19　WidthとHeightを設定した

次に、Hierarchyの「Run」ボタンを展開して「Text」を表示させて選択して、Inspectorを表示してください。ここでは、Textに「走る」と指定し、Font Sizeに25を指定します（図05-20）。

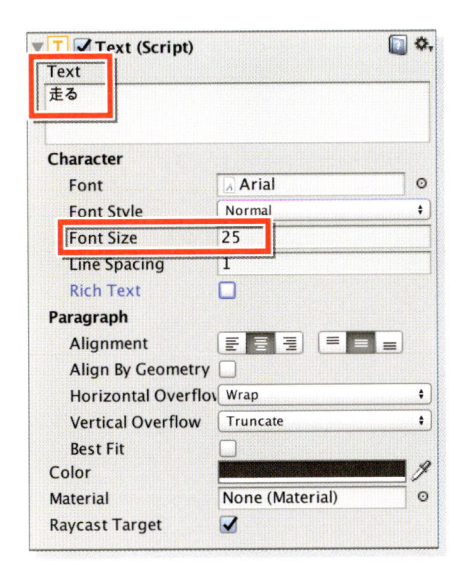

⬆ 図05-20　TextとFont Sizeを指定した

　ボタンの位置は後ほどきめましょう。Runボタンの上でマウスの右クリックをしてDuplicateを選択してRunの複製を作って、これらの名前を「Walk」と「Seat」に変更すると簡単にボタンが作成できます。Hierarchy内は図15-21のようになっていると思います。もちろんTextの内容も「歩く」、「お座り」に変更し、Font Sizeは25に指定しておきます。

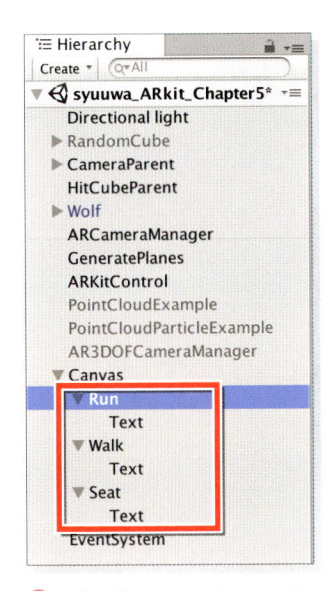

⬆ 図05-21　Run、Walk、Seatボタンを配置した

あとはボタンを適当な位置に配置しておきましょう。筆者は図05-22のように配置しました。

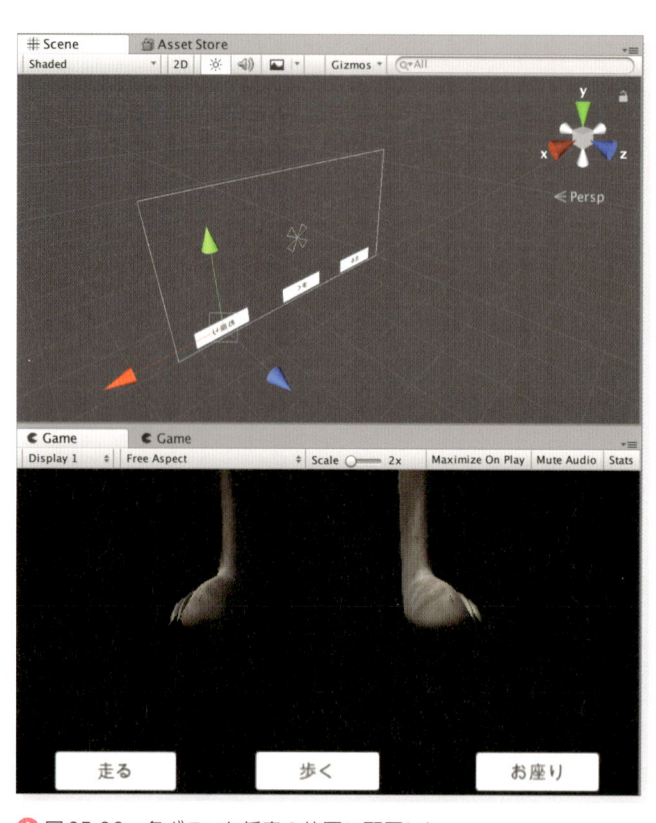

🔺 図05-22　各ボタンを任意の位置に配置した

プログラムを書く

まず、HierarchyからHitCubeParentの子であるWolfを選択して、Inspectorの「Add Component」で新しいScriptを作成します。NameはWolfScriptでLanguageにはC Sharpを選択します。Inspectorに表示されるWolfScriptをクリックするとVS2017が起動しますので、リスト5-1のコードを記述します。

リスト5-1   WolfScript.cs

```
using System.Collections;
using System.Collections.Generic;
using UnityEngine;

public class WolfScript : MonoBehaviour
{
//Animation型の変数animを宣言します
    private Animation anim;
//bool型の変数walkModeを宣言します
    private bool walkMode;
    void Start()
    {
//GetComponetでAnimationコンポーネントを取得して、変数animで参照します
        anim = GetComponent<Animation>();
    }
    void Update()
    {
//walkModeがtrueなら狼を前に進ませます
        if (walkMode)
        {
            transform.Translate(Vector3.forward * Time.deltaTime *
(transform.localScale.x * .1f));
        }
```

```
    }

//走るの処理
    public void RunAction()
    {
//Wolf_Skeleton|Wolf_Run_Cycle_のアニメーションを実行します。
//変数walkModeをfalseで初期化します
        anim.Play("Wolf_Skeleton|Wolf_Run_Cycle_");
        walkMode = false;
    }

//お座りの処理
    public void SeatAction()
    {
//Wolf_Skeleton|Wolf_seat_のアニメーションを実行します。
//変数walModeをfalseで初期化します
        anim.Play("Wolf_Skeleton|Wolf_seat_");
        walkMode = false;
    }
//歩く処理
    public void WalkAction()
    {
//Wolf_Skeleton|Wolf_Walk_cycle_のアニメーションを実行します。
//変数walModeをtrueで初期化します
        anim.Play("Wolf_Skeleton|Wolf_Walk_cycle_");
        walkMode = true;
    }
}
```

VS2017メニューの「ビルド」→「すべてビルド」を実行しておいてください。

プログラムをボタンと関連付ける

　まず、HierarchyからRunを選択して、Inspectorを表示してください。Button（Script）に「On Click（）」というイベントがありますので、これの右下にある+アイコンをクリックします。すると図05-23のように「On Click（）」内が変化します。

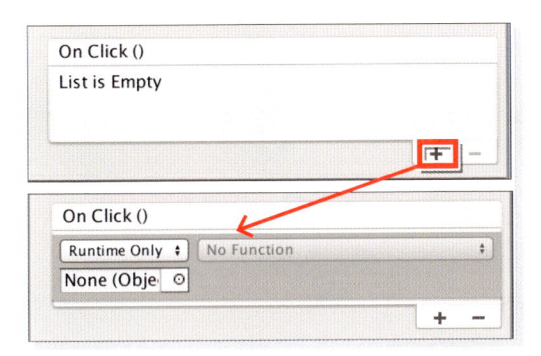

⬆ 図05-23　+アイコンをクリックすると下図のように変化した

　図05-23の下図の「None（Object）」とあるところに、HierarchyのWolfをドラッグ＆ドロップして下さい。すると図05-24のようにグレー表示だった、「No Function」が上下▼アイコンで選択が可能になります。

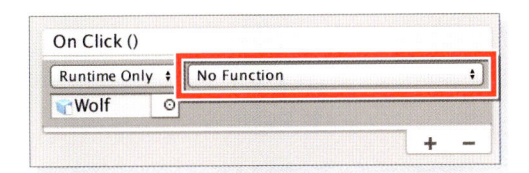

⬆ 図05-24　No Functionが選択可能になった

　「No Function」の上下▼アイコンをクリックして「WolfScript→RunAction（）」と選択します（図05-25）。

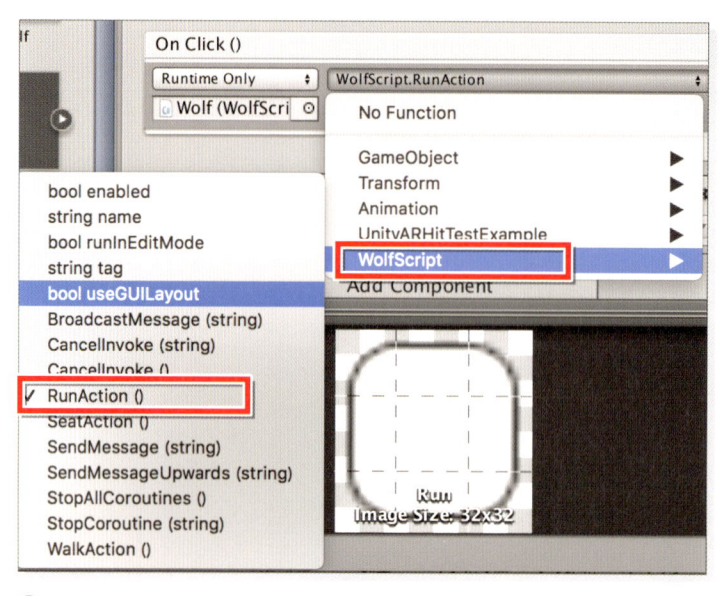

⬆ 図05-25 「WolfScript→RunAction ()」と選択

　ほかのWalkとSeatに関しても同じ手順で、「WalkAction()」、「SeatAction()」を選択してください。

UnityARHitTestExample.csにコードを追加する

　Hierarchy内のHitCubeParentの子である、Wolfを選択して、Inspectorを表示します。「Unity AR Hit Test Example（Script）」の中に、UnityARHitTestExampleのスクリプトがあるので、これをクリックして、VS2017で開いて、リスト5-2のようにコードを追加して下さい。

リスト5-2　UnityARHitTestExample.cs

```
//まず、
using UnityEngine.EventSystems;
//と記述して、EventSystemsの名前空間を読み込んでおきます。これは、Unityのシーンの
//イベントを処理する役割を持っています。忘れずに追加してください。

//赤文字のコードを追加します。この関数は、このコードの後に定義しています。
void Update () {
//コード略
#else
            if ((Input.touchCount > 0 && m_HitTransform != null) &&
!IsPointerOverUIObject())
            {
                var touch = Input.GetTouch(0);
                if (touch.phase == TouchPhase.Began || touch.phase ==
TouchPhase.Moved)
                {
                    var screenPosition = Camera.main.
ScreenToViewportPoint(touch.position);
                    ARPoint point = new ARPoint {
                        x = screenPosition.x,
                        y = screenPosition.y
                    };

                    ARHitTestResultType[] resultTypes = {
                        ARHitTestResultType.ARHitTestResultTypeExistin
gPlaneUsingExtent,
ingPlane,
                        ARHitTestResultType.ARHitTestResultTypeHorizon
talPlane,
                        ARHitTestResultType.
ARHitTestResultTypeFeaturePoint
                    };

                    foreach (ARHitTestResultType resultType in
resultTypes)
                    {
                        if (HitTestWithResultType (point, resultType))
                        {
```

```
                            return;
                    }
                }
```

```
//追加するコード
//狼の動作はボタンで行います。このコードを書いていないと、ボタンタップでも、
//ボタンだけでのタップではなく、画面そのものをタップしたものと判断され、予想外の
//動作をしてしまいます。
//それで、ボタンをタップしたときは、ボタンをタップした処理だけを実行させるために、
//このコードが必要です。
//ただし、このコードを書いていても、ボタンではなく、画面を何回もタップすると狼が
//タップした位置毎に表示されます
//ボタンを使用したサンプルには、すべてこのコードを追加する必要があります。
//コードはまったく同じコードなので、使い回しが可能です。
//これ以後のサンプルでも、ボタンを使用したサンプルには、この関数を呼び出しています
//ここのコードは、using UnityEngine.EventSystems;を読み込んでいないとエラー表示
//されますので、注意してください
 private bool IsPointerOverUIObject()
        {
            PointerEventData eventDataCurrentPosition = new
PointerEventData(EventSystem.current);
            eventDataCurrentPosition.position = new Vector2(Input.
mousePosition.x, Input.mousePosition.y);
            List<RaycastResult> results = new List<RaycastResult>();
            EventSystem.current.RaycastAll(eventDataCurrentPosition,
results);
            return results.Count > 0;
        }
```

　　　Unity ARKit Pluginのアップデートで、UnityARHitTestExample.cs
のコードの内容が少し変更されていますが、コードを追加する箇所は同じで
すので、すぐにわかると思います。

　　　では、ここまでのSceneを上書き保存しておきましょう。

　　　狼が「走る」は図05-25になります。

⬆ 図05-26　狼が走っている

狼が「お座り」している図は図05-27になります。

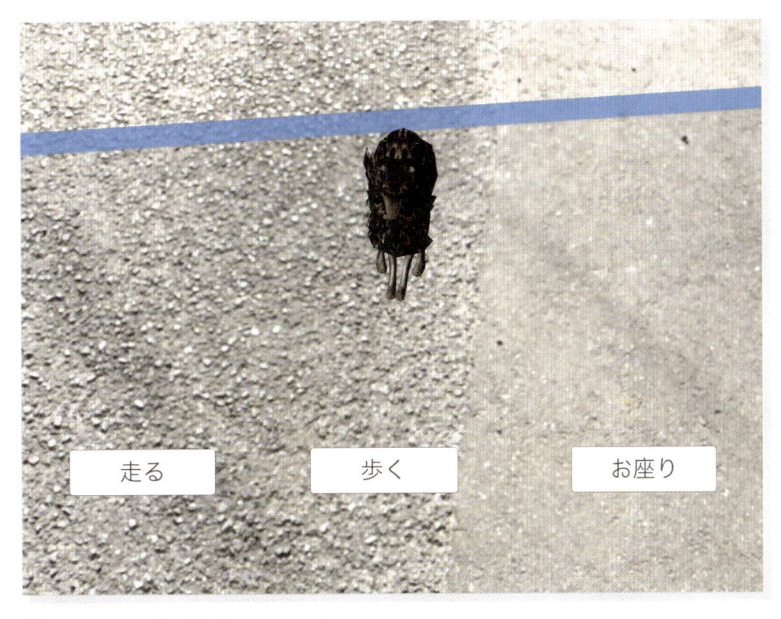

⬆ 図05-27　狼がお座りしている

狼が歩いている図は図05-28になります。

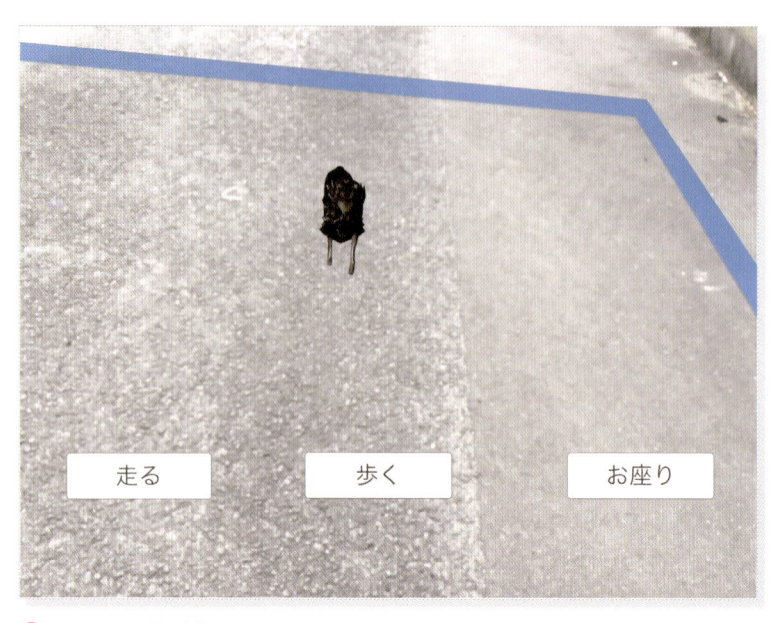

⬆ 図05-28　狼が歩いている

03 端末にビルドする

このままの状態でビルドしてiPadで動かしてみましょう。

まず、Unityメニューの「File」→「Build Settings」と選択して、Scenes In Build内にたくさんのサンプルが登録されていますが、ここでは、syuuwa_ARkit_Chapter5という名前でサンプルを保存しているので、「Add Open Scenes」のボタンをクリックして、「syuuwa_ARkit_Chapter5」を表示させて、チェックをつけてください。その後、「Switch Platform」をクリックします。

次に、第2章でも解説していたように、「Switch Platform」の横にある「Player Settings」ボタンをクリックします。Other Settingsの、Bundle Identifier、Camera Usage Description、Target Device 、Target Minimum iOS Version等を設定してください。詳細については、第2章を参照してください。

ここの設定が終われば、iPadとMacを接続しておきましょう。

「Build And Run」をクリックすると、ファイル名を保存する画面が表示されるので、「syuuwa_ARkit_Chapter5」と入力して、「Save」ボタンをクリックしてください。

「Save」をクリックするとビルドが開始されます。

ビルドが完了するとXcodeの画面が起動します。

これ以後の操作は、第2章のXcodeの操作とまったく同じ手順なので、解説は割愛させていただきます。わからない方は、第2章を参照してください。

ただし、新規にプロジェクトを作成してビルドした場合、Xcodeから、アプリに信頼を与えよというメッセージが表示されることがあります。この件

については、第3章で図付きで解説していますので、そちらを参照してください。端末側で信頼を与える必要があります。

　実際に動かしたのは動画5-1になります。

動画5-1　syuuwa_ARkit_Chapter5のサンプルを動かした動画

https://youtu.be/OPihwNwQOTM

モデルにアニメーター（Animator）を追加するには

　この章では、モデルにアニメーターを指定して動かすにはどうすればいいのかを紹介します。第5章ではAnimationを使用しましたが、ここでは、Animatorを使用します。Animatorを使用するには、Animator Controllerの作成とアクションファイルが必要になります。アクションファイルとは、モデルに適用する動作ファイルです。Animator Controllerを作成するには、それなりの手順がありますので、この章で解説していきます（図06-01）。使用するモデルはロボットのKyle（カイル）を使用しましょう。

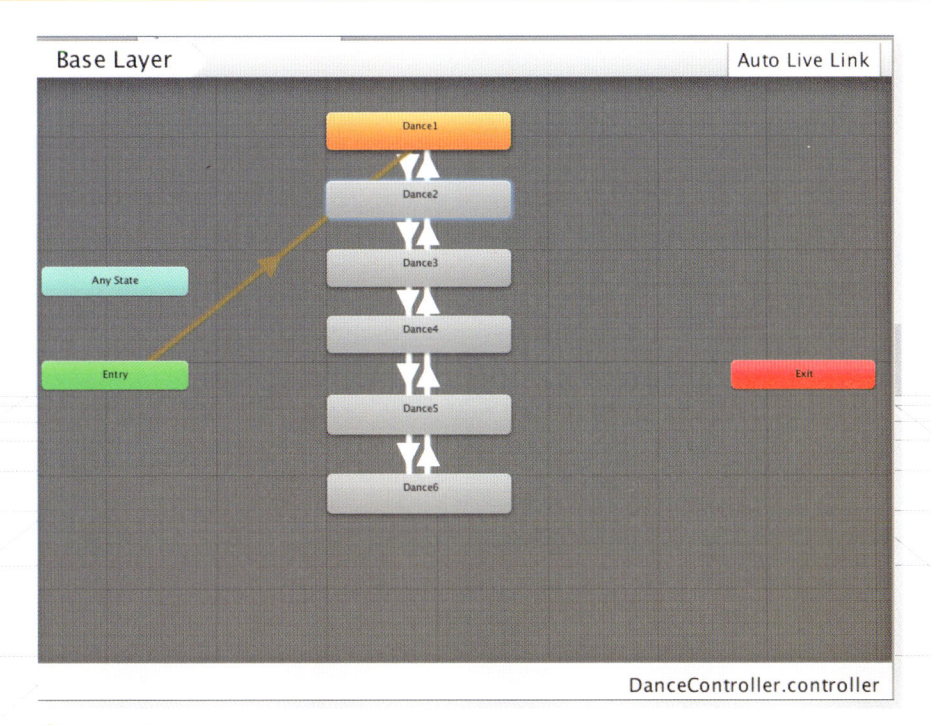

⬆ 図06-01　Animation Controllerを定義している

 プロジェクトの作成

Unityを起動して新しくプロジェクトを作成します。プロジェクト名はなんでも構いませんが、ここではsyuuwa_ARkit_Chapter6としました。

 Asset StoreからARKitのPluginを取り込む

Asset Storeに入り、第2章で解説しているように「Unity ARKit Plugin」をインポートしておきましょう（図06-02）。

 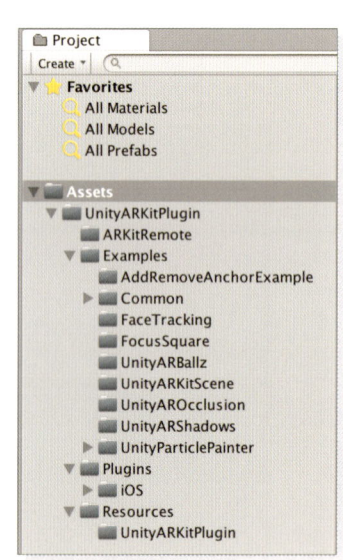

⬆ 図06-02　Unity ARKit Pluginをインポートしてプロジェクトの中に取り込む

ロボット（Kyle）のモデルをダウンロードする

Asset Storeから、検索欄に「Kyle」と入力します。すると図06-03のようにKyleの「ダウンロード」→「インポート」画面が表示されますので、プロジェクト内に取り込んでください。

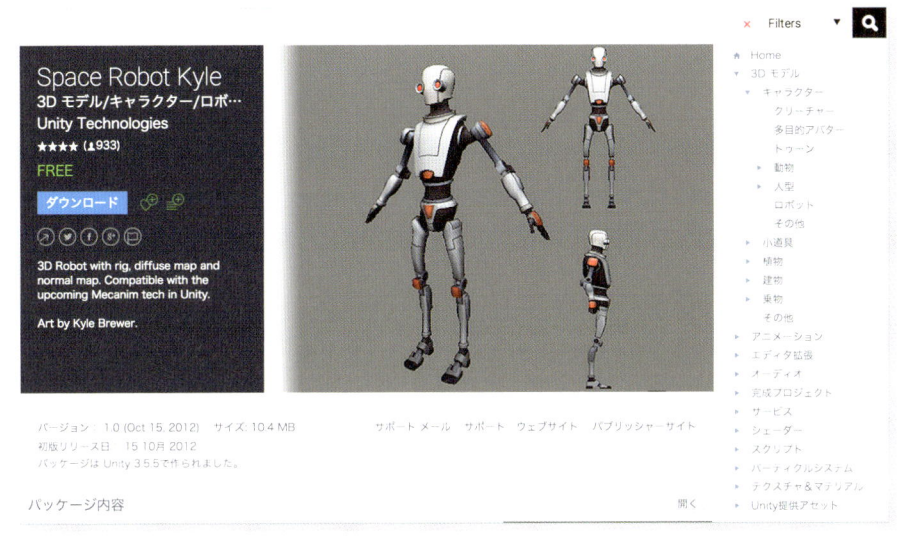

⬆ 図06-03 Kyleをプロジェクトに取り込む

すると、図06-04のようにProject内にKyleに関するファイルが取り込まれます。

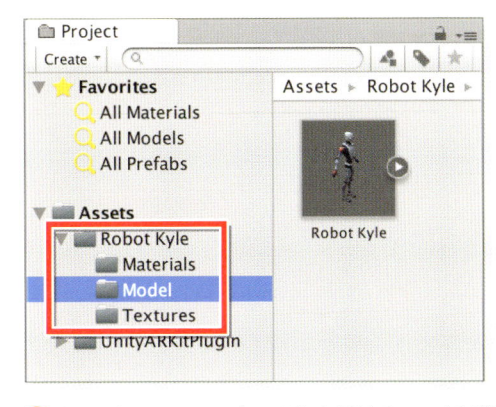

⬆ 図06-04 Project内にKyleに関するファイルが取り込まれている

Motionの Asset をダウンロードする

　同様に、Asset Store からロボット Kyle に適用する Motion の Asset を「ダウンロード」→「インポート」します。Asset Store の検索欄に「Dance Mocap」と入力すると「Dance Mocap 01」が表示されますので、「ダウンロード」→「インポート」してください（図06-05）。ちなみに、この Asset は有料で、16.20\$ します。初めて購入する場合は、「ダウンロード」の場所が「購入」になっていますので、「購入」をクリックして表示される購入手続きをしてください。購入手続きが完了すると「ダウンロード」に変わります。一度購入すると、次回からは無料でインポートが可能になります。無料の Motion ファイルは Asset Store にはありませんので、どうしても有料の Asset を使うことになってしまいますので、ご了承ください。

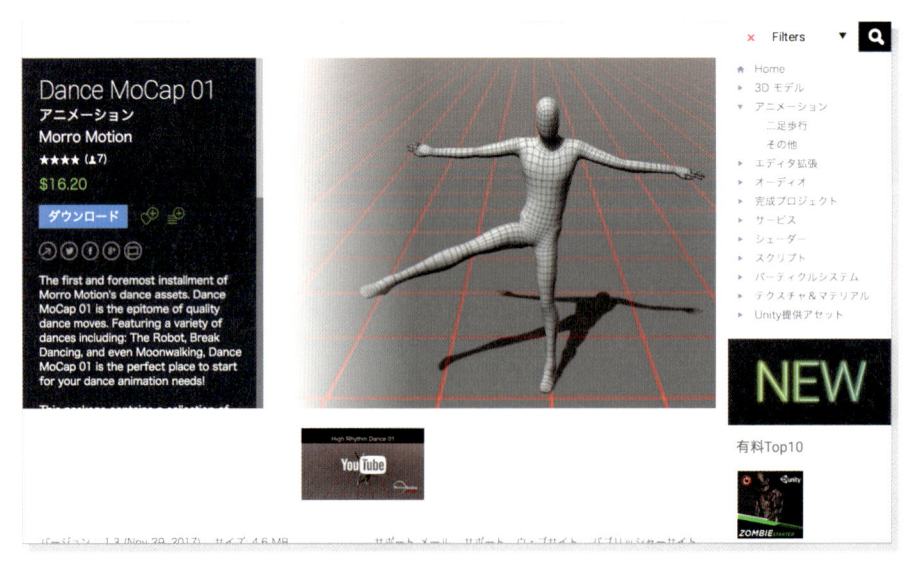

⬆ 図06-05　Dance Mocap 01をプロジェクトに取り込む

　すると、図06-06のように、Project 内に Dance Mocap 01 に関するファイルが取り込まれます。

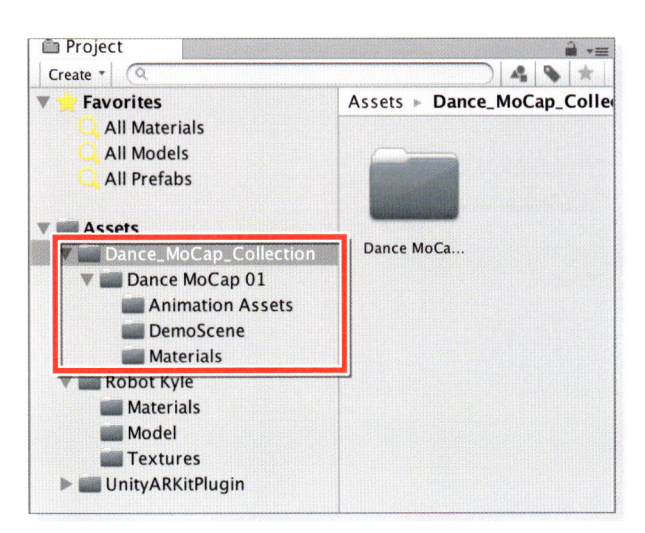

⬆ 図06-06 Dance Mocap 01に関するファイルがProjectに取り込まれた

　ここまでのSceneを、syuuwa_ARkit_Chapter6として保存しておきましょう。

Robot KyleのAnimation Typeの設定

　図06-04の右に表示されているRobot Kyleを選択して、Inspectorを表示します。RigボタンをクリックするとAnimation Typeが最初から、Legacyになっていると思います。Robot KyleはAnimationで動作させるように作られているものと思われます。このAnimation TypeをHumanoidに変更してください（図06-07）。変更後は必ずApplyボタンをクリックしてください。

↑図06-07　Animation TypeをHumanoidに変更した

ロボットKyleの設定は一応ここまでにしておきましょう。

UnityARkitSceneのサンプルファイルを開く

Examplesフォルダ内のUnityARkitSceneのサンプルファイルをダブルクリックすると、Hierarchy内に必要なファイルが表示されます。

Hierarchy内のRandomCubeとPointCloudParticleExampleのチェックをInspectorから外してください。外し方がわからない方は3章を参照してください。

Robot KyleのモデルをHierarchyに配置する

まず、Hierarchy内のHitCubeParent内に子としてHitCubeが配置されていますので、これを削除してください。代わりに、Animation TypeをHumanoidに変更したRobot Kyleを、HitCubeParentの上にドラッグ&ドロップしてください。図06-08のようにHitCubeParentの子としてRobot Kyleが配置されます。

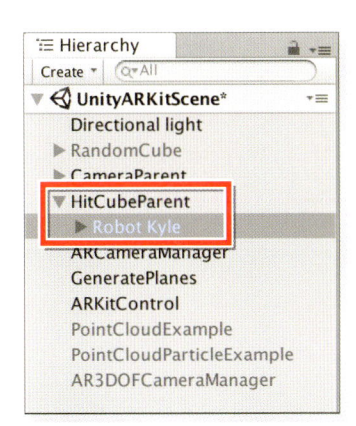

⬆ **図06-08**　HitCubeParentの子としてKyleが配置された

　ここで、一度Sceneを、Unityメニューの「File」→「Save Scene」から、上書き保存しておきましょう。

 ## Robot KyleのInspectorの設定

　Hierarchy内のRobot Kyleを選択して、Inspectorを表示します。TransformのRotationのYに180を指定して、Robot Kyleをカメラの方に向けます。次に、Scaleが1になっていると思います。1ではサイズが小さいので、X、Y、Z共に2を指定してください。もし、動かしてサイズが大きければ、ここの値を小さくするといいです。

　次に、今までは、Animationと表示されていたところに、Animatorと表示され、Controllerを指定するようになっていると思います。右端の ⊙ アイコンをクリックすると、Dance Mocap 01のControllerの選択が可能になっています（図06-09）。しかし、ここでは、このDance Mocap 01のControllerは使用せずに、自前でControllerを作成してみましょう。

↑ 図06-09　Select RuntimeAnimatorControllerのウインドウが開いて選択できる
　　　　　Controllerが表示される

Animation Controllerを自作する

　ProjectのAssetsを選択状態にして、「Create」→「Animator
Controller」と選択します（図06-10）。

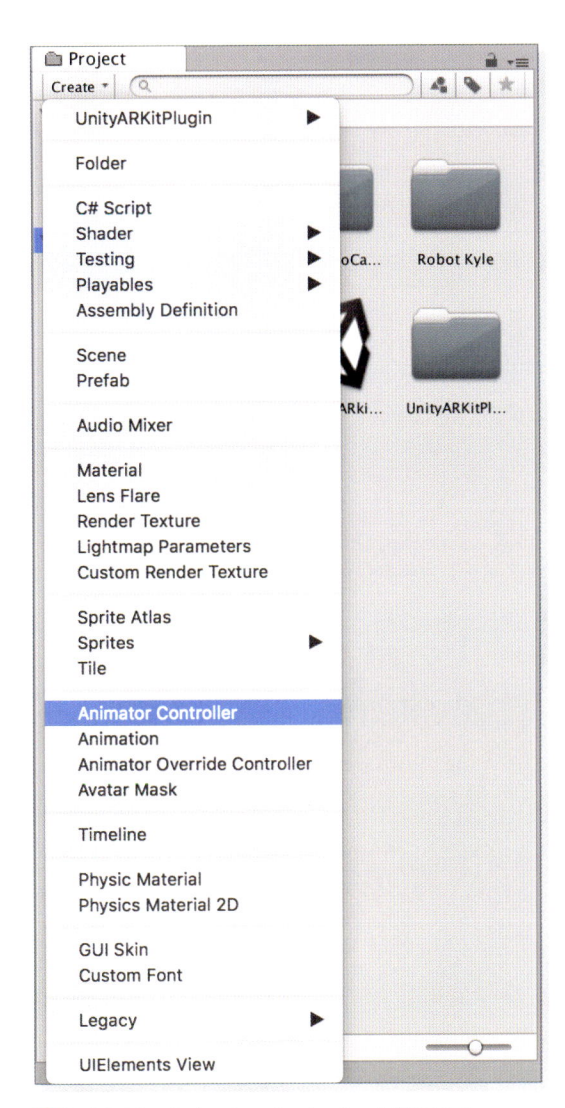

⬆図06-10 Animator Controllerを選択する

　すると、Assetsフォルダ内に、New Animator Controllerが作成され
ますので、名前をDanceControllerとしておきます（図06-11）。

⬆ 図06-11　AssetsフォルダにDanceControllerを作成した

　では、次に、このDanceControllerをダブルクリックして中身を定義していきましょう。

 # DanceControllerの中身を作成する

　DanceControllerをダブルクリックすると、図06-12のような画面が表示されます。四角形のものが何個か表示されています。この四角形のものはStateと呼ばれ、アニメーションを制御する役割を持っています。そして、いまはまだ登場していませんが、「Transition（遷移）」によって、他のStateに切り替えることが可能になります。

　では、この画面上にRobot Kyleに適用させるダンスのControllerを作成していきましょう。

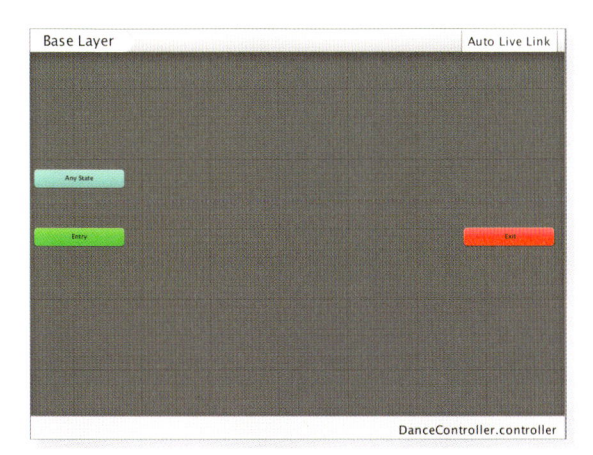

⬆ 図06-12　Animator Controllerの画面

　まず、画面の上でマウスの右クリックをして、「Create State」→
「Empty」と選択します（図06-13）。

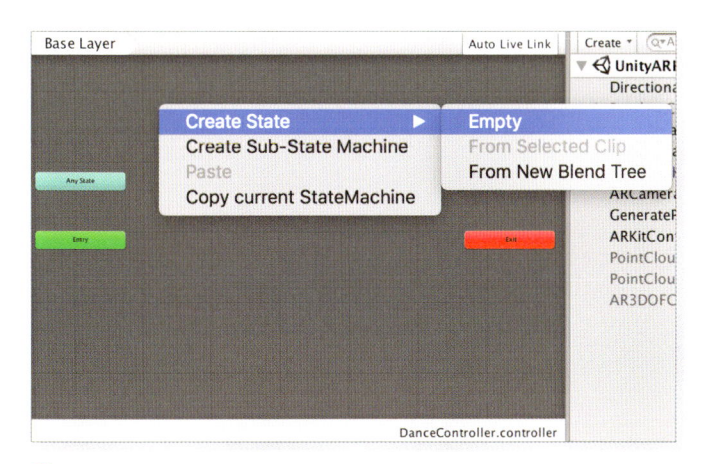

⬆ 図06-13　「Create State」→「Empty」と選択

　すると、最初は黄色の四角形が1個作成されます（図06-14）。

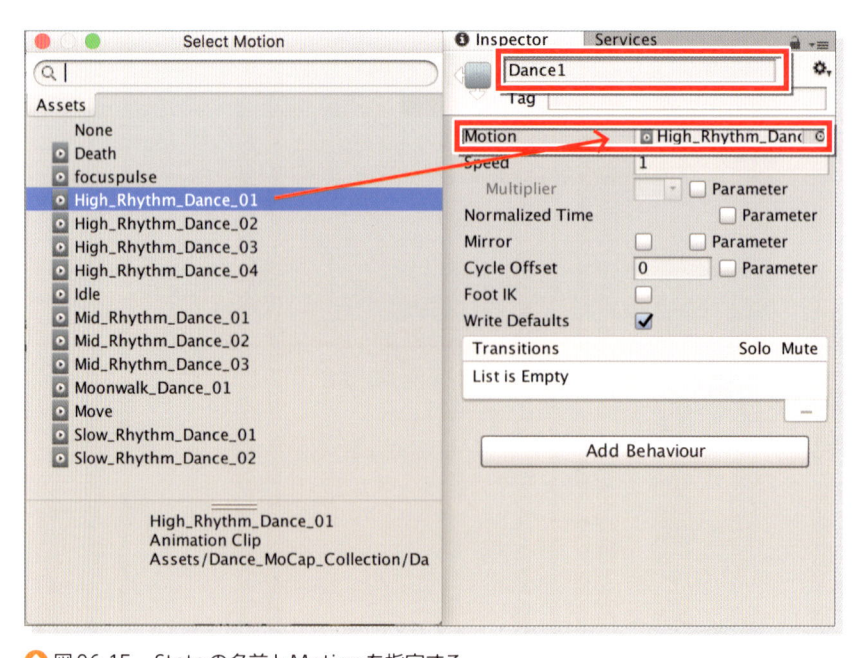

⬆ 図06-14　黄色の四角形が1個作成された

　New Stateと書いてある黄色の四角形を選択して、Inspectorを表示します。New Stateと書いてある場所にはDance1と指定し、Motionには右端の ◉ アイコンをクリックして、Select Motionの画面から「High_Rhythm_Dance_01」を指定します（図06-15）。

⬆ 図06-15　Stateの名前とMotionを指定する

　また同じく、画面の上でマウスの右クリックをして、「Create State」→
「Empty」と選択します。今度は、New Stateと書かれたグレーの四角
形が表示されます。図06-15を参考にDance2、Motionには、「High_
Rhythm_Dance_02」を指定します。特に、このMotionを選択しなけれ
ばならないというわけではありません。Select Motionの中には「High_
Rhythm_」、「Middle_Rhythm_」、「Slow_Rhythm_」というMotion
が存在しています。これらは、有料のDance Mocap 01に付属している
Motionです。ですので、これらのMotionならどれを選択していただいて
も構いません。筆者は図06-16のように並べてみました。

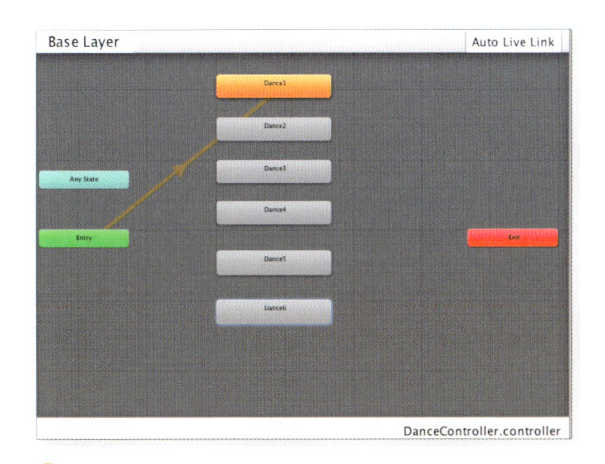

🔼 図06-16　Dance1からDance6までのStateを作成した

　ここで筆者が指定した、Dance Mocap 01のMotionは、まだ残って
いますから、もっと追加しようと思えば追加は可能です。Inspectorから
Motionを追加する場合は、間違って同じMotionを追加しないように注意
してください。しかし、同じMotionを追加したから動作しないということ
はありません。同じダンスを繰り返すだけです。

　このままでは1個1個のSateがTransitionによって繋がっていませんの
で、黄色のDance1だけは実行されますが、あとは実行されません。そこ
で、Transitionで接続していきましょう。

　まず、黄色の四角形のDance1を選択して、マウスの右クリックから
「Make Transition」を選択します（図06-17）。するとDance1から矢
印線が伸びますので、次のDance2に持っていきます。また同じように
Dance2を選択して「Make Transition」を選択してDance3に矢印線を
持っていきます。これをDance6と接続されるまで繰り返します。Dance6
まで行ったら今度は逆に矢印を繋いでいきます。Dance6を選択して「Make
Transition」からDance5に矢印線を繋ぎます。これを、黄色い四角形の
Dance1まで繋いでいきます。図06-18のようにしてください。

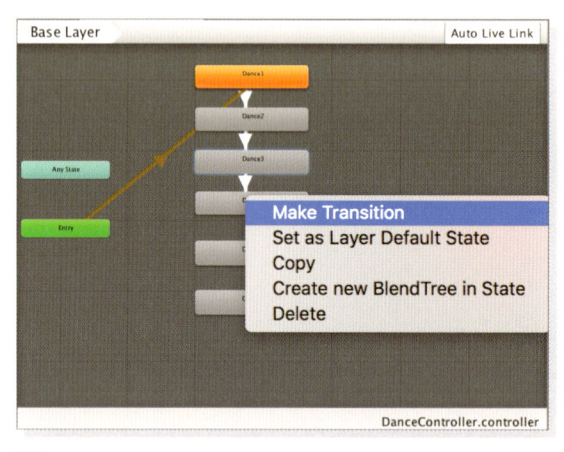

⬆ 図06-17　「Make Transition」を選択する

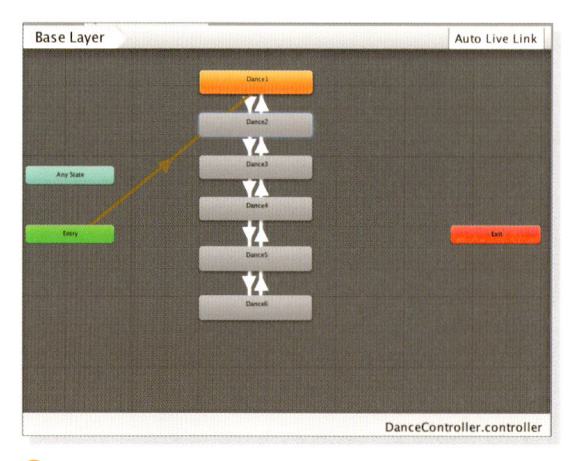

⬆ 図06-18　各StateがTransitionによって接続された

　このように、行きと帰りの2つのTransitionで接続することで、Robot Kyleが永遠にダンスを続けるようになります。ここに配置しているStateには、図06-15の方法ですべてダンスのMotionを指定しています。

　では、ここまでのSceneを上書き保存しておきましょう。

　次に、Scene画面に戻って、Hierarchy内のRobot Kyleを選択して、Inspectorを表示します。AnimatorのControllerを選択するウインドウを表示すると、今度は今作成した、DanceControllerが登録されていますので、これを選択してください。最初の状態ではダンスを実行させませんので、Animatorのチェックは外しておいてください。また「Add Component」から、検索欄に「Unity」と入力して、表示される「Unity AR Hit Test Example」を追加してください。Hit TransformにはHitCubeParentを指定してください（図06-19）。

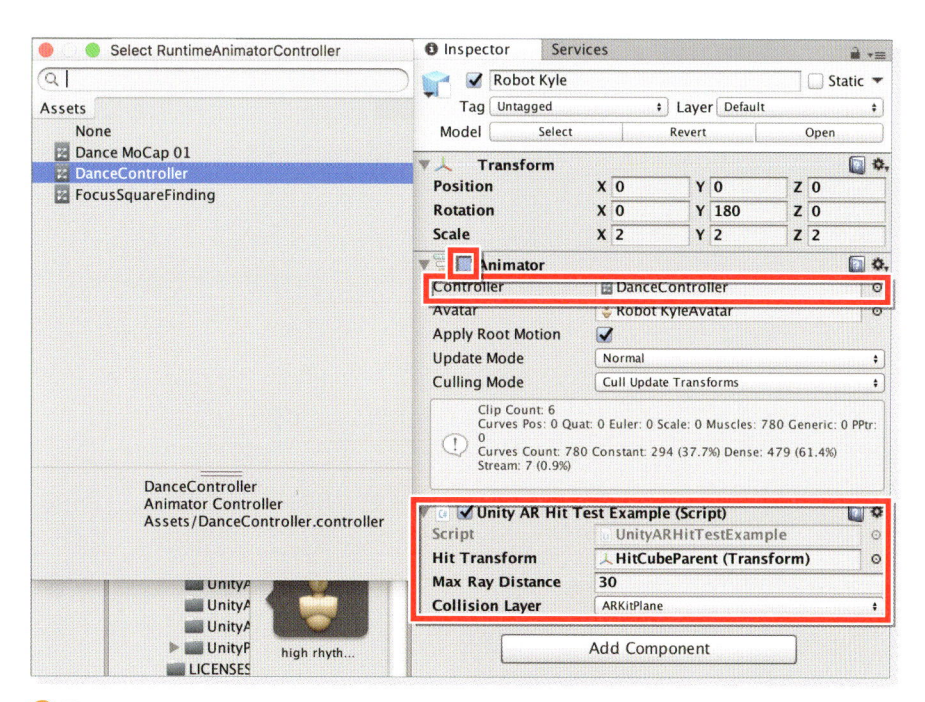

⬆ 図06-19　DanceControllerを選択する。最初は、Animatorのチェックは外して実行できないようにしておく

Robot KyleのダンスをStartさせるボタンとStopさせるボタンの追加

　Robot Kyleのダンスを制御する「Start」、「Stop」の2つのボタンを作成します。Hierarchyの「Create」→「UI」→「Button」と選択してください。Canvasは大変に大きいので、Scene画面を縮小していくとButtonが表示されます。Canvasを選択してInspectorを表示して、「Canvas Scaler（Script）」の「UI Scale Mode」を「Scale Width Screen Size」に指定してください（図06-20）。

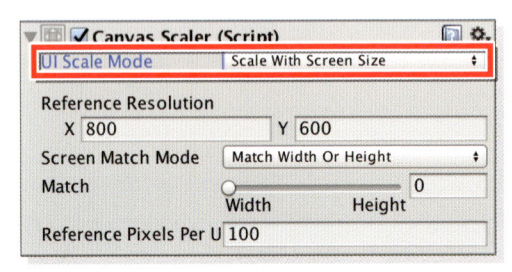

🔼 図06-20　「UI Scale Mode」を「Scale Width Screen Size」に指定

　次にHierarchyのButtonを選択して、名前を「Start」に変更しておきましょう。このStartボタンを選択してInspectorを表示させてください。Rect Transformがありますので、Widthに160、Heightに50を指定してください（図06-21）。このあたりの数値は、後ほど設定する文字のサイズによって各自が好きに設定してもかまいません。

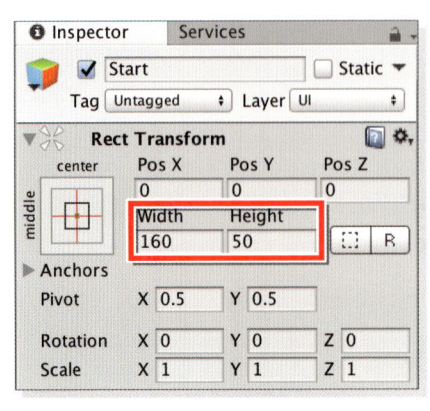

🔼 図06-21　WidthとHeightを設定した

次に、Hierarchyの「Start」ボタンを展開して「Text」を表示させて選択して、Inspectorを表示してください。ここでは、Textに「Start」と指定し、Font Sizeに25を指定します（図06-22）。

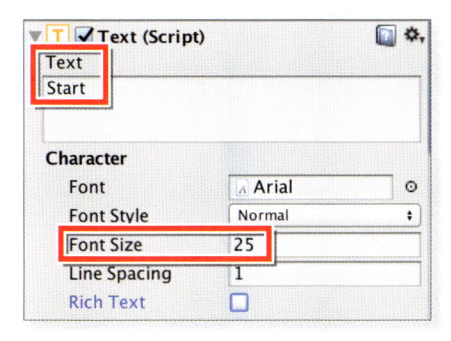

⬆図06-22　TextとFont Sizeを指定した

ボタンの位置は後ほど決めましょう。Startボタンの上でマウスの右クリックをしてDuplicateを選択してStartの複製を作って、これらの名前を「Stop」に変更すると簡単にボタンが作成できます。Hierarchy内は図06-23のようになっていると思います。もちろんTextの内容も「Stop」に変更し、Font Sizeは25に指定しておきます。

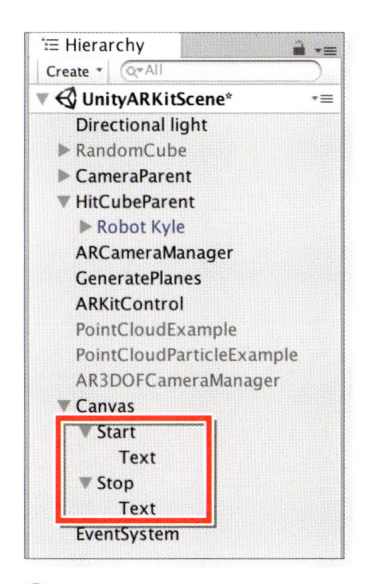

⬆図06-23　Start、Stopボタンを配置した

あとはボタンを適当な位置に配置しておきましょう。筆者は図06-24のように配置しました。

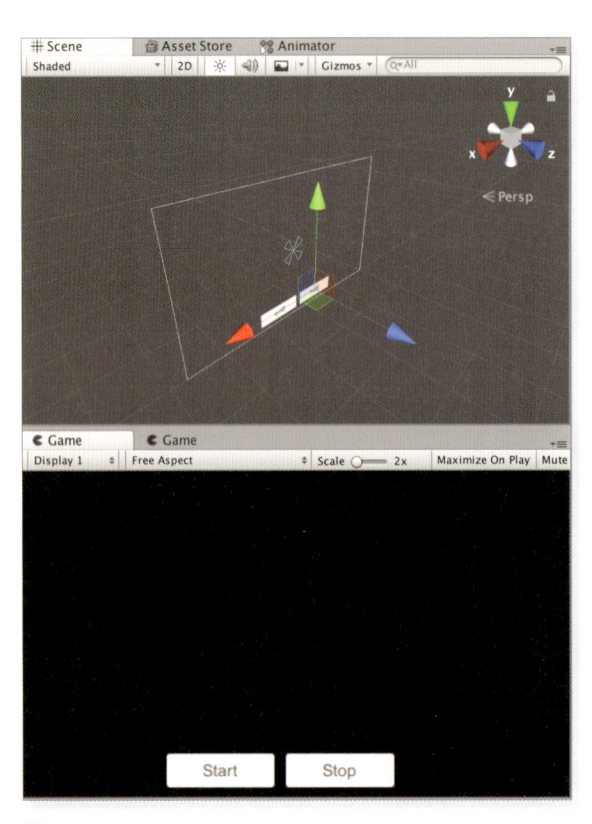

⬆ 図06-24　各ボタンを任意の位置に配置した

プログラムを書く

まず、HierarchyからHitCubeParentの子であるRobot Kyleを選択して、Inspectorの「Add Component」で新しいScriptを作成します。NameはDanceScriptでLanguageにはC Sharpを選択します。Inspectorに表示されるDanceScriptをクリックするとVS2017が起動しますので、リスト6-1のコードを記述します。

リスト6-1　DanceScript.cs

```
using System.Collections;
using System.Collections.Generic;
using UnityEngine;

public class DanceScript : MonoBehaviour {
//Animator型の変数animを宣言します
private Animator anim;
    void Start () {
//GetComponentでAnimatorコンポーネントを取得し、変数animで参照します
        anim = GetComponent<Animator>();
    }
//Starボタンがタップされた時の処理
    public void DanceStart()
    {
//Animatorを有効にして実行します
        anim.enabled = true;
    }
//Stopボタンがタップされた時の処理
    public void DanceStop()
    {
//Animatorを無効にして実行を停止します
        anim.enabled = false;
    }
}
```

VS2017メニューの「ビルド」→「すべてビルド」を実行しておいてください。

プログラムをボタンと関連付ける

まず、HierarchyからStartを選択して、Inspectorを表示してください。Button（Script）に「On Click（）」というイベントがありますので、これの右下にある+アイコンをクリックします。すると図06-25のように「On Click（）」内が変化します。

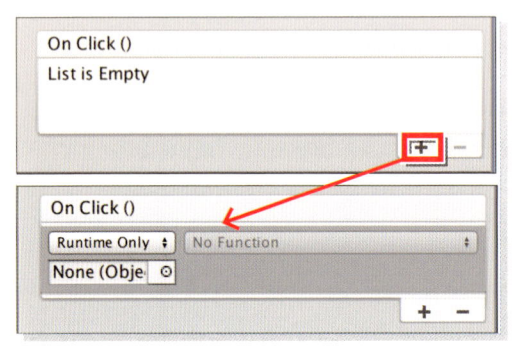

⬆ 図06-25　+アイコンをクリックすると下図のように変化した

図06-25の下図の「None（Object）」とあるところに、HierarchyのRobot Kyleをドラッグ&ドロップして下さい。すると図06-26のようにグレー表示だった、「No Function」が上下▼アイコンで選択が可能になります。

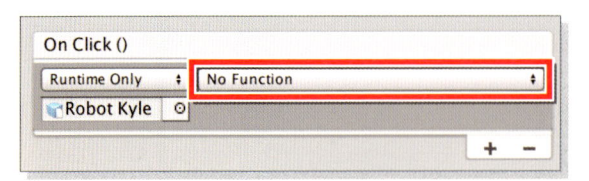

⬆ 図06-26　No Functionが選択可能になった

「No Function」の上下▼アイコンをクリックして「DanceScript→DanceStart（）」と選択します（図06-27）。

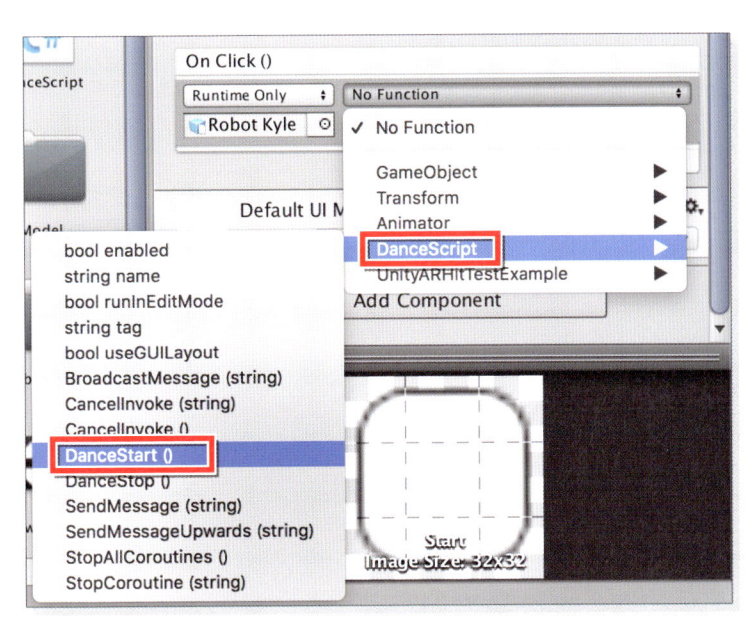

⬆ 図06-27 「DanceScript→DanceStart()」と選択

ほかのStopに関しても同じ手順で、「DanceStop()」を選択してください。

# UnityARHitTestExample.csにコードを追加する

Hierarchy内のHitCubeParentの子である、Robot Kyleを選択して、UnityARHitTestExample.cs内に、ボタンをタップしたということを認識するコードを追加します。このコードを追加していないと、ボタンをタップしたのか、端末の画面をタップしたのか、判断がつかず、ボタンタップの処理が実行されません。

追加するコードは第5章で解説していますので、そちらを参照してください。ボタンタップを認識させるコードはすべてにおいて共通なので、使い回しが可能です。

Unity ARKit Pluginのアップデートで、UnityARHitTestExample.csのコードの内容が少し変更されていますが、コードを追加する箇所は同じで

すので、すぐにわかると思います。

では、ここまでのSceneを上書き保存しておきましょう。

Robot Kyleがダンスを踊っているのは図06-28になります。

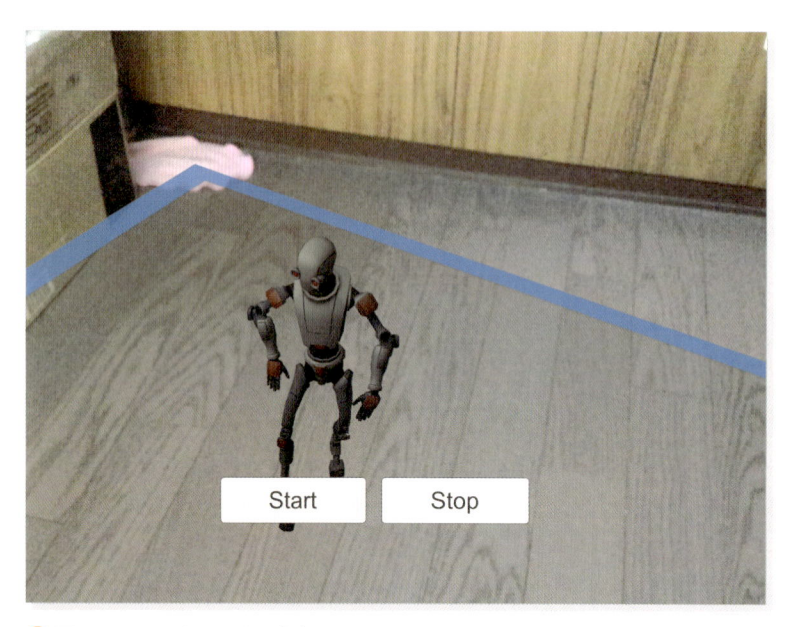

⬆ 図06-28　Robot Kyleがダンスを踊っている

03 端末にビルドする

このままの状態でビルドしてiPadで動かしてみましょう。

まず、Unityメニューの「File」→「Build Settings」と選択して、Scenes In Build内にたくさんのサンプルが登録されていますが、ここでは、syuuwa_ARkit_Chapter6という名前でサンプルを保存しているので、「Add Open Scenes」のボタンをクリックして、「syuuwa_ARkit_Chapter6」を表示させて、チェックをつけてください。その後、「Switch Platform」をクリックします。

次に、第2章でも解説していたように、「Switch Platform」の横にある「Player Settings」ボタンをクリックします。Other Settingsの、Bundle Identifier、Camera Usage Description、Target Device、Target Minimum iOS Version等を設定してください。詳細については、第2章を参照してください。

ここの設定が終われば、iPadとMacを接続しておきましょう。

「Build And Run」をクリックすると、ファイル名を保存する画面が表示されるので、「syuuwa_ARkit_Chapter6」と入力して、「Save」ボタンをクリックしてください。

「Save」をクリックするとビルドが開始されます。

ビルドが完了するとXcodeの画面が起動します。

これ以後の操作は、第2章のXcodeの操作とまったく同じ手順なので、解説は割愛させていただきます。わからない方は、第2章を参照してください。

ただし、新規にプロジェクトを作成してビルドした場合、Xcodeから、アプリに信頼を与えよというメッセージが表示されることがあります。この件については、第3章で図付きで解説していますので、そちらを参照してください。端末側で信頼を与える必要があります。

実際に動かしたのは動画6-1になります。

動画6-1　syuuwa_ARkit_Chapter6のサンプルを動かした動画

https://youtu.be/kRxilhaCgC8

　この章では、Animationではなく、Animatorを使ったサンプルを紹介しました。Animatorを使用する場合は、コントローラーが必要になります。Animationで言うところのアニメーションファイルに当たります。

　Animator Controllerを作成するのは、前述もしていますが、難しくはありません。ダンスを踊らせる程度ならすぐに作成できます。しかし、Animatorを使うにはMotionファイルが必要ですので、そのファイルをどこから持ってくるかが悩ましいところです。Asset Storeにあるのは、ほとんどが有料ですので、無料のMotionファイルを入手するのに苦労しそうです。

　このように、Animation TypeにLegacyを指定した場合は、Animationを、Humanoidを指定した場合は、Animatorを使用するということをお判りいただけましたでしょうか？どちらを使っても問題はありませんが、Animationだけ、Animatorだけに対応、といったAssetsも多数存在しますので、それぞれに切り分けて使用する必要があります。

07 モデルを空に飛ばしてみよう

　この章では、モデルを空に飛ばすにはどうすればいいかを見ていきましょう。空に飛ばすといえば、やはりUFOが、夢があって面白いでしょう。UFOを回転させながら、上空に舞い上がらせたり、着陸ささせたり、右方向や左方向に回転させて見ましょう。このようなモデルを空に飛ばしたりするには、簡単ですが、それなりのコードを書く必要があります。リスト7-1の中に、UFOが回転しながら、空に舞い上がっていくコードを書いていますので、参考にしてください。

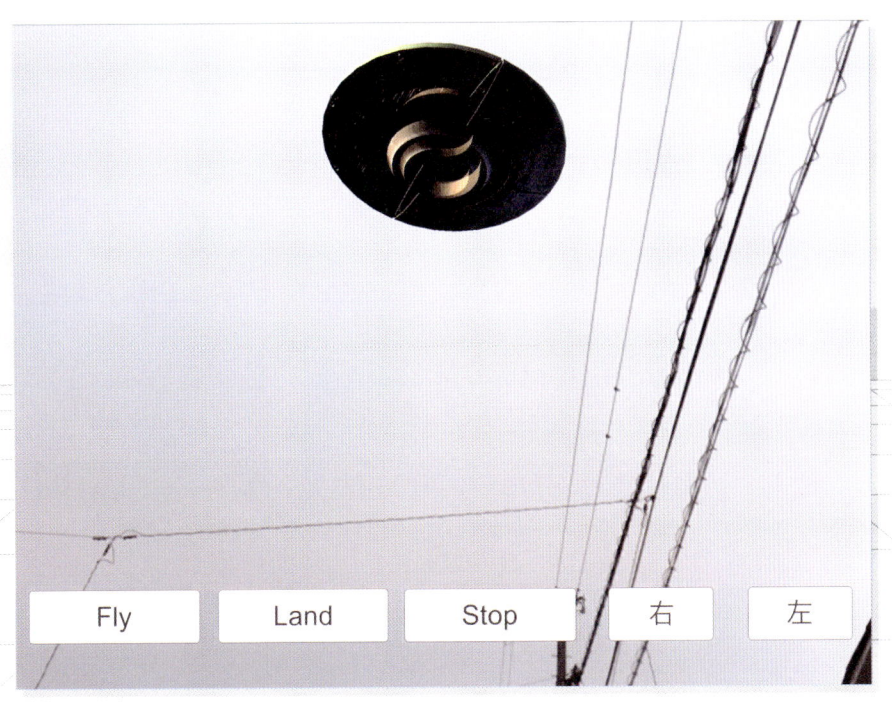

⬆ 図07-01　UFOが空に舞い上がっている

01 プロジェクトの作成

Unityを起動して新しくプロジェクトを作成します。プロジェクト名はなんでも構いませんが、ここではsyuuwa_ARkit_Chapter7としました。

 ## Asset StoreからARKitのPluginを取り込む

Asset Storeに入り、第2章で解説しているように「Unity ARKit Plugin」をインポートしておきましょう（図07-02）。

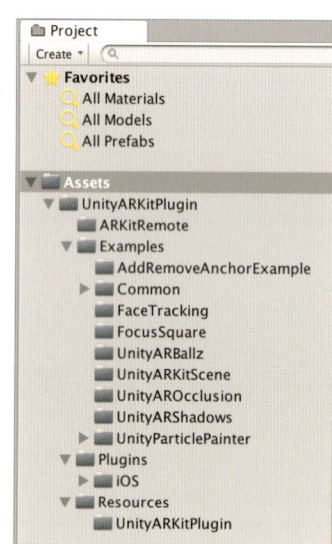

⬆ 図07-02　Unity ARKit Pluginをインポートしてプロジェクト内に取り込む

 ## UFOのモデルをダウンロードする

下記のページに入って、検索欄に「UFO」と入力します。すると図07-03のようにUFOのモデルが表示されますので、これをクリックします。

https://www.turbosquid.com/Search/Index.cfm?FuseAction=SEOTokenizeSearch URL&stgURlFragment=3D-Models/free

すると図07-03の画面が表示されます。

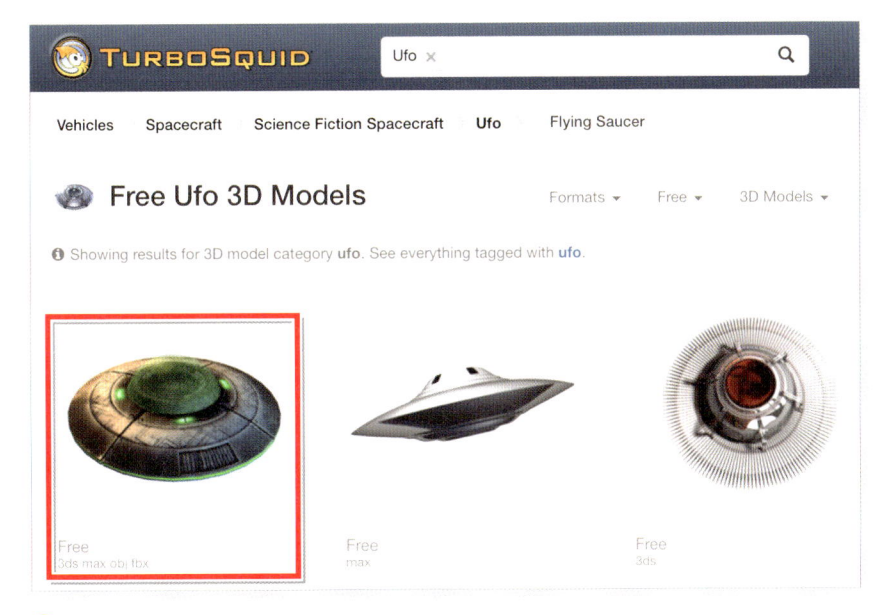

⬆ 図07-03　UFOの一覧が表示された

図07-03の画面から赤い矩形で囲ったUFOを選択します。

すると、図07-04のダウンロードページが表示されます。「Download」ボタンがありますので、これをクリックします。サインインを求められましたら、先にアカウントを作成し、ログインしてからダウンロードしてください。

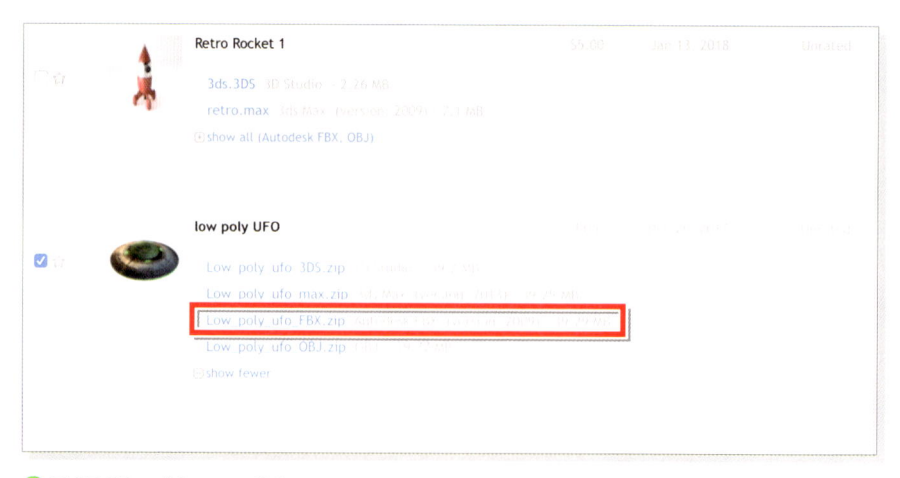

⬆ **図07-04　UFOダウンロードページが表示される**

　図07-04の「Download」ボタンをクリックすると、図07-05のようにダウンロードするファイル名が表示されますので、low poly UFOから、赤い枠線で囲ったautodesk FBXのlow_poly_ufo_FBX.zipをクリックしてください。

⬆ **図07-05　ダウンロードするファイルをクリックする**

　ダウンロードが開始され、ダウンロードが完了すると図07-06のように画面の右上に表示されます。

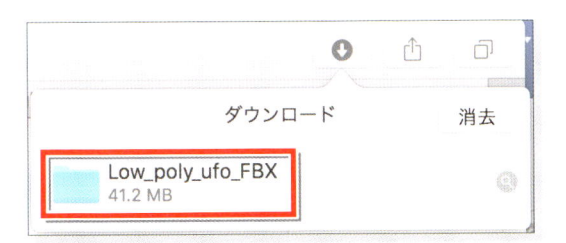

🔼 図07-06　fLow_poly_ufo_FBXがダウンロードされた

　図07-06の「fLow_poly_ufo_FBX」の上でマウスの右クリックをすると、図07-07のように「Finderに表示」と表示されますので、これをクリックして、一度Finderに表示させて、あとは適当なフォルダに保存して解凍しておいてください。

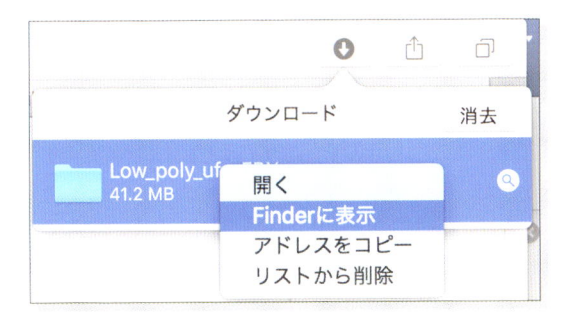

🔼 図07-07　マウスの右クリックでFinderに表示する

UnityのAssetsフォルダにLow_poly_ufo_FBXのフォルダを読み込む

　Low_poly_ufo_FBXのフォルダを図07-08のように、UnityのProjectのAssets上にドラッグ＆ドロップしてください。ドラッグ＆ドロップ以外に、Unityメニューの「Assets」→「Import New Asset」から取り込んでも構いません。好きな方を選択すればよいでしょう。

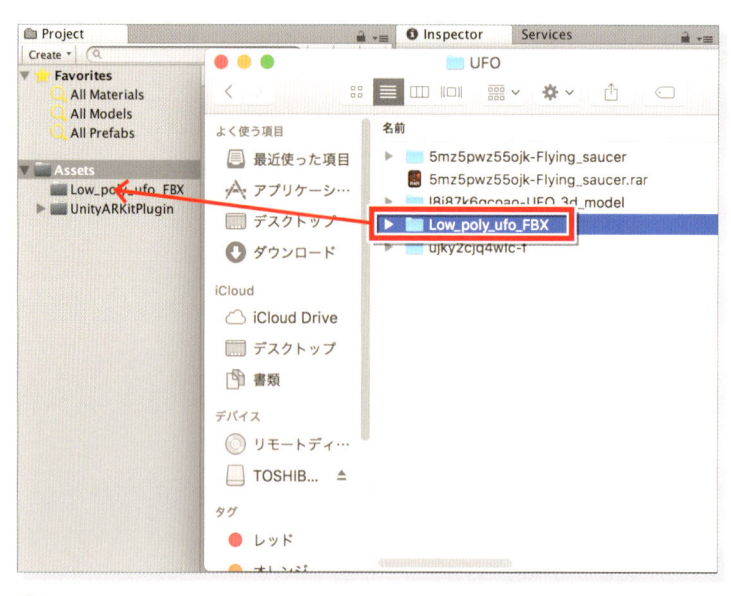

⬆ 図07-08　Low_poly_ufo_FBXのフォルダをUnityに取り込む

　すると、ProjectのAssets内にLow_poly_ufo_FBXのフォルダが作成され、ファイルが取り込まれます（図07-09）。

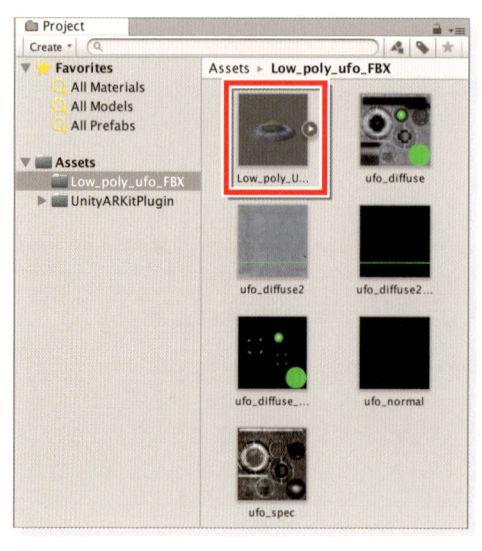

⬆ 図07-09　Low_poly_ufo_FBXに関するファイルが取り込まれた

図07-09を見ると赤い矩形で囲ったLow_poly_UFO.FBXがありますので、これを選択します。するとInspectorが表示されますので、RigをクリックしてAnimation TypeにLegacyを選択して、Applyボタンをクリックしてください（図07-10）。

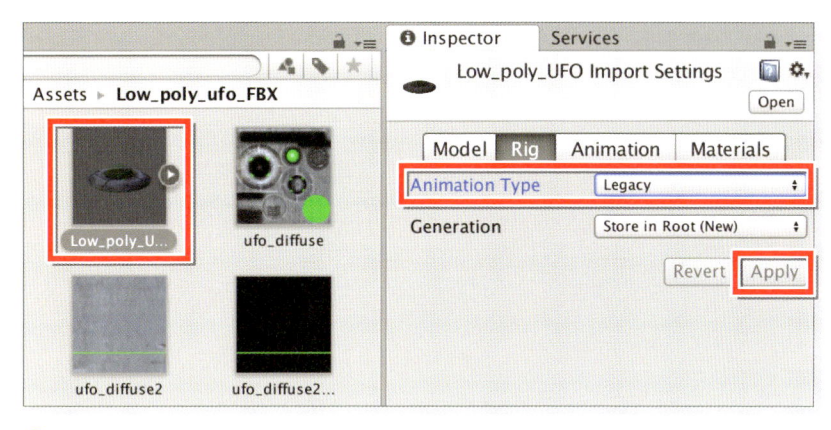

⬆ 図07-10　Animation TypeをLegacyに指定する

 ## UnityARkitSceneのサンプルファイルを開く

Examplesフォルダ内のUnityARkitSceneのサンプルファイルをダブルクリックすると、Hierarchy内に必要なファイルが表示されます。

Hierarchy内のRandomCubeとPointCloudParticleExampleのチェックをInspectorから外してください。

 ## Low_poly_UFO.FBXのモデルをHierarchyに配置する

まず、Hierarchy内のHitCubeParent内に子としてHitCubeが配置されていますので、これを削除してください。代わりにAssets内にあ

る、Animation TypeをLegacyに変更したLow_poly_UFO.FBXを、HitCubeParentの上にドラッグ＆ドロップしてください。図07-11のようにHitCubeParentの子としてLow_poly_UFO.FBXが配置されます。

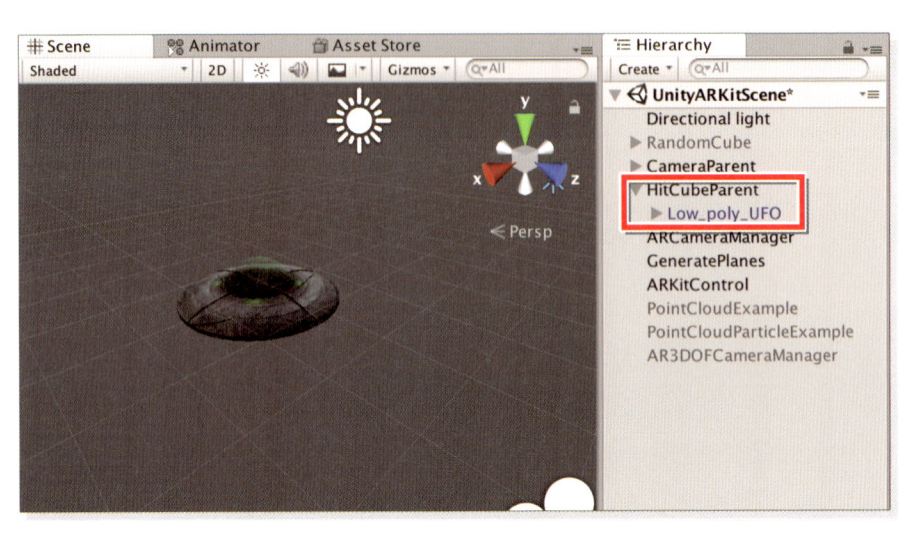

🔼 図07-11　HitCubeParentの子としてLow_poly_UFO.FBXが配置された

この、Low_poly_UFOの名前を単にUFOと変更しておきましょう。

ここで、一度Sceneを、Unityメニューの「File」→「Save Scene as」から、syuuwa_ARkit_Chapter7として保存しておきましょう。

UFOのInspectorの設定

Hierarchy内のUFOを選択して、Inspectorを表示します。「Add Component」から、検索欄に「Unity」と入力して、「Unity AR Kit Test Example」を選択して追加します。Hit Transformには、右端の◉アイコンをクリックして、「Select Transform」のウインドウを表示して、HitCubeParentを選択します。また、UFOのScaleはデフォルトで10になっていますが、これでは大きすぎるので5にしておきます（図07-12）。

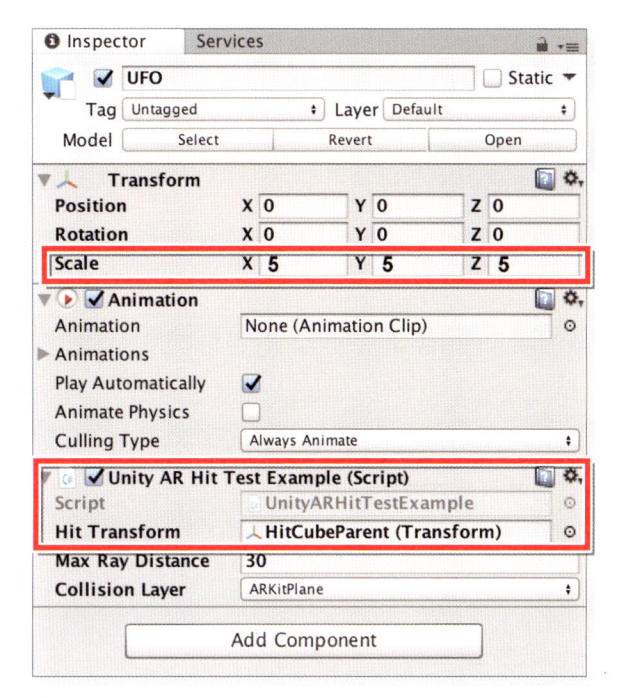

📗 図07-12　Unity AR Kit Test Exampleを追加しHit TransformにはHitCubeParentを指定する

UFOの動作を制御するボタンの追加

UFOを制御する「Fly」、「Land」、「Stop」、「左」、「右」の5つのボタンを作成します。

Hierarchyの「Create→UI→Button」と選択してください。Canvasは大変に大きいので、Scene画面を縮小していくとButtonが表示されます。

Canvasを選択してInspectorを表示して、「Canvas Scaler (Script)」の「UI Scale Mode」を「Scale Width Screen Size」に指定してください（図07-13）。

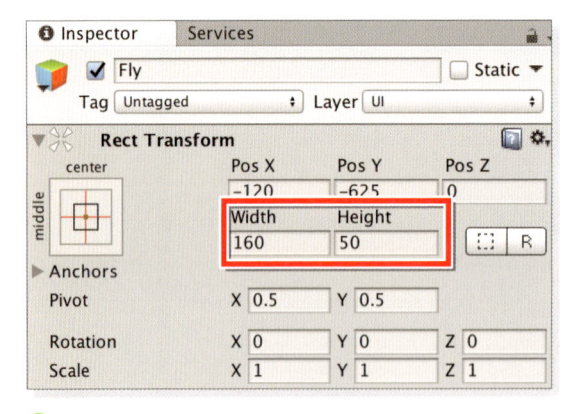

⬆ 図07-13 「UI Scale Mode」を「Scale Width Screen Size」に指定

　次にHierarchyのButtonを選択して、名前を「Fly」に変更しておきましょう。このFlyボタンを選択してInspectorを表示させてください。Rect Transformがありますので、Widthに160、Heightに50を指定してください（図07-14）。このあたりの数値は、後ほど設定する文字のサイズによって各自が自由に設定してもかまいません。特に「左」や「右」の1文字の場合はWithの値は適当に小さくしてください。

⬆ 図07-14 WidthとHeightを設定した

　次に、HierarchyのFlyボタンを展開して「Text」を表示させて選択して、Inspectorを表示してください。ここでは、Textに「Fly」と指定し、Font Sizeに25を指定します（図07-15）。

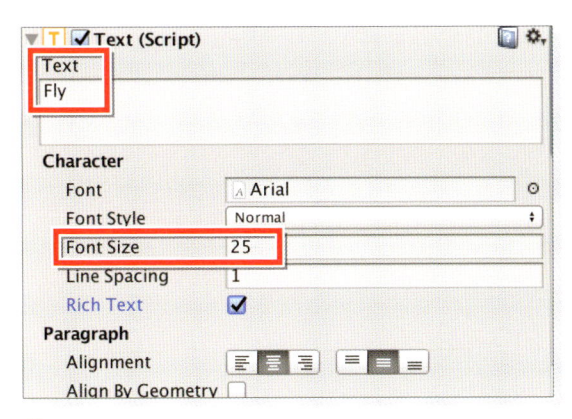

🔼 図07-15　TextとFont Sizeを指定した

　ボタンの位置は後ほどきめましょう。Flyボタンの上でマウスの右クリック
をしてDuplicateを選択してFlyの複製を作って、これらの名前をLandと
Stop、Left、Rightに変更すると簡単にボタンが作成できます。Hierarchy
内は図07-16のようになっていると思います。もちろんTextの内容も「Land」、
「Stop」、「左」、「右」に変更し、Font Sizeは25に指定しておきます。

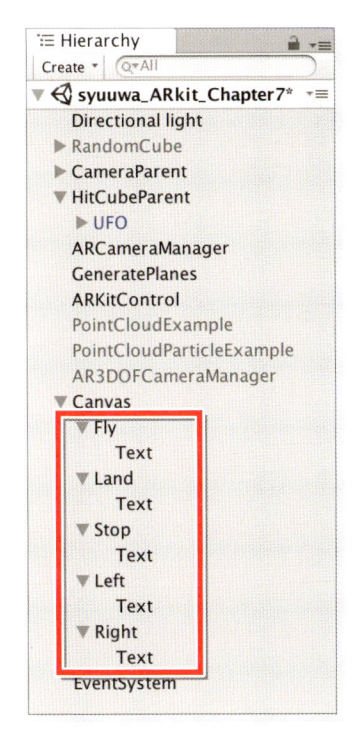

🔼 図07-16　Fly、Land、Stop、Left、Rightボタンを配置した

　あとはボタンを適当な位置に配置しておきましょう。筆者は図07-17のように配置しました。

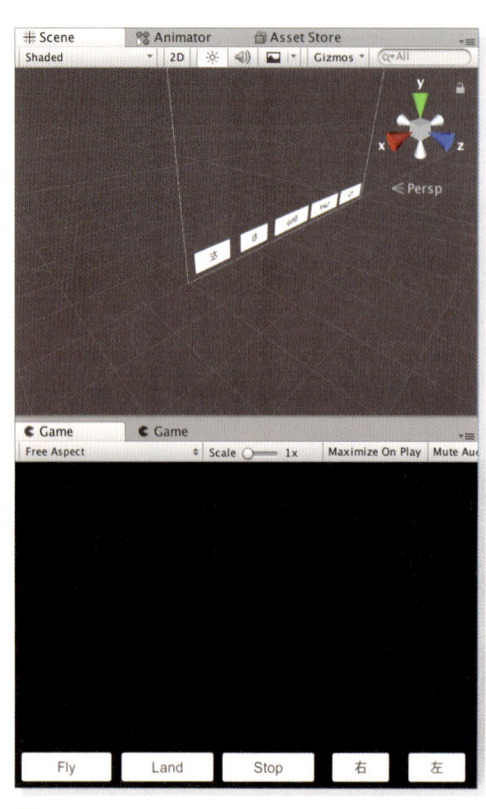

🔼 図07-17　各ボタンを任意の位置に配置した

02 プログラムを書く

まず、HierarchyからHitCubeParentの子であるUFOを選択して、Inspectorの「Add Component」で新しいScriptを作成します。NameはUFO_scriptでLanguageにはC Sharpを選択します。Inspectorに表示されるUFO_scriptをクリックするとVS2017が起動しますので、リスト7-1のコードを記述します。

リスト7-1 UFO_script.cs

```csharp
using System.Collections;
using System.Collections.Generic;
using UnityEngine;

public class UFO_script : MonoBehaviour
{
    //string型のmodeという変数を宣言しておきます
    private string mode;
    void Update()
    {
        //modeの値がflyであった場合の処理
        if (mode == "fly")
        {
            //UFOが上に上がりながら回転します
            transform.Translate(Vector3.up * Time.deltaTime *
(transform.localScale.x * 0.2f));
            transform.RotateAround(transform.position, transform.up,
Time.deltaTime * 150f);
        }
        //modeの値がlandであった場合の処理
        else if (mode == "land")
        {
            //UFOを下がりながら回転します。Vector3.upの前に－（マイナス）を付けて
            //下に降りるようにしています
```

```
            transform.Translate(-Vector3.up * Time.deltaTime *
(transform.localScale.x * 0.2f));
            transform.RotateAround(transform.position, transform.up,
Time.deltaTime * 150f);
        }
        else if (mode == "left")
        {
            //UFOは左方向に回転します
            transform.Translate(Vector3.left * Time.deltaTime *
(transform.localScale.x * 0.2f));
            transform.RotateAround(transform.position, transform.up,
Time.deltaTime * 150f);
        }
        else if (mode == "right")
        {
            //UFOは右方向に回転します
            transform.Translate(Vector3.right * Time.deltaTime *
(transform.localScale.x * 0.2f));
            transform.RotateAround(transform.position, transform.up,
Time.deltaTime * 150f);
        }
        //modeが、fly、land、left、right以外の場合はUFOの動きを停止します
        else
        {
            transform.Translate(0, 0, 0);
        }
    }
    //Fly関数
    public void Fly()
    {
        //modeの値をflyで初期化します
        mode = "fly";
    }
    //Land関数
    public void Land()
    {
        //modeの値をlandで初期化します
        mode = "land";
    }
    //Stop関数
    public void Stop()
```

```
{
    //modeの値をstopで初期化します
    mode = "stop";
}
//Left関数
public void Left()
{
    //modeの値をleftで初期化します
    mode = "left";
}
//Right関数
public void Right()
{
    //modeの値をrightで初期化します
    mode = "right";
}
}
```

VS2017メニューの「ビルド」→「すべてビルド」を実行しておいてください。

 ## プログラムをボタンと関連付ける

　　まず、HierarchyからFlyを選択して、Inspectorを表示してください。Button(Script)に「On Click()」というイベントがありますので、これの右下にある+アイコンをクリックします。すると図07-18のように「On Click()」内が変化します。

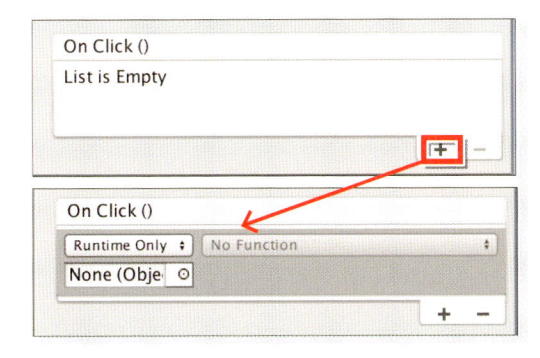

🔼 図07-18　+アイコンをクリックするとした図のように変化した

図07-18の下図の「None（Object）」とあるところに、Hierarchyの UFOをドラッグ＆ドロップして下さい。すると図07-18の下図のようにグ レー表示だった、「No Function」が上下▼アイコンで選択が可能になりま す（図07-19）。

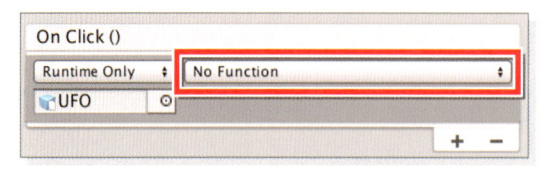

⬆ 図07-19　No Functionが選択可能になった

「No Function」の上下▼アイコンをクリックして「UFO_script→Fly（）」 と選択します（図07-20）。

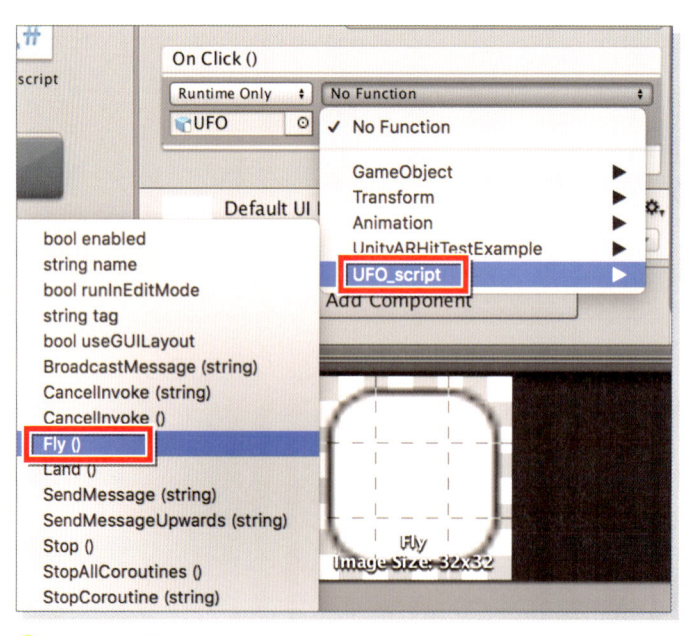

⬆ 図07-20　「UFO_script→Fly（）」と選択

ほかのLandとStop、Left、Rightに関しても同じ手順で、「Land（）」、 「Stop（）」、「Left（）」、「Right（）」を選択してください。

UnityARHitTestExample.cs にコードを追加する

　Hierarchy内のHitCubeParentの子である、UFOを選択して、UnityARHitTestExample.cs内に、ボタンをタップしたということを認識するコードを追加します。このコードを追加していないと、ボタンをタップしたのか、端末の画面をタップしたのか、判断がつかず、ボタンタップの処理が実行されません。

　追加するコードは第5章で解説していますので、そちらを参照してください。ボタンタップを認識させるコードはすべてにおいて共通なので、使い回しが可能です。

　Unity ARkit Pluginのアップデートで、UnityARHitTestExample.csのコードの内容が少し変更されていますが、コードを追加する箇所は同じですので、すぐにわかると思います。

　では、ここまでのSceneを上書き保存しておきましょう。

　UFOが「Fly」している図は図07-21になります。

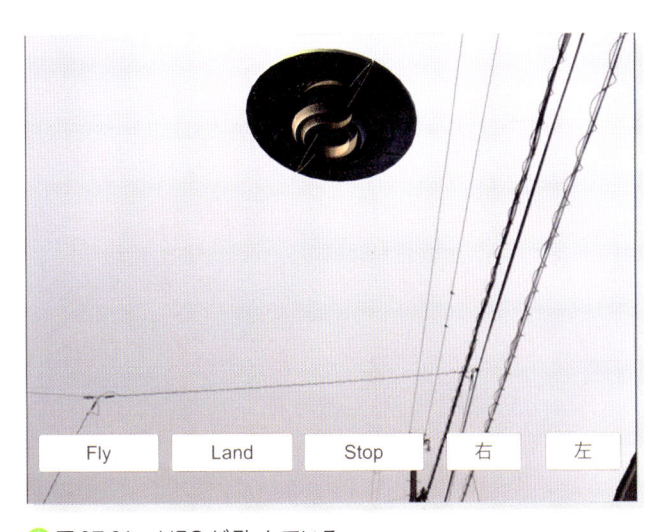

⬆ 図07-21　UFOがFlyしている

UFOが「Land」している図は図07-22になります。

⬆ 図07-22　UFOがLandしている

UFOがStopしている図は図07-23になります。

⬆ 図07-23　UFOがStopしている

　UFOが右方向や、左方向に回転しているのは静止画ではわかりませんので、動画を参照してください。

03 端末にビルドする

このままの状態でビルドしてiPadで動かしてみましょう。

まず、Unityメニューの「File」→「Build Settings」と選択して、Scenes In Build内にたくさんのサンプルが登録されていますが、ここでは、syuuwa_ARkit_Chapter7という名前でサンプルを保存しているので、「Add Open Scenes」のボタンをクリックして、「syuuwa_ARkit_Chapter7」を表示させて、チェックをつけてください。その後、「Switch Platform」をクリックします。

次に、第2章でも解説していたように、「Switch Platform」の横にある「Player Settings」ボタンをクリックします。Other Settingsの、Bundle Identifier、Camera Usage Description、Target Device 、Target Minimum iOS Version等を設定してください。詳細については、第2章を参照してください。

ここの設定が終われば、iPadとMacを接続しておきましょう。

「Build And Run」をクリックすると、ファイル名を保存する画面が表示されるので、「syuuwa_ARkit_Chapter7」と入力して、「Save」ボタンをクリックしてください。

「Save」をクリックするとビルドが開始されます。

ビルドが完了するとXcodeの画面が起動します。

これ以後の操作は、第2章のXcodeの操作とまったく同じ手順なので、解説は割愛させていただきます。わからない方は、第2章を参照してください。

ただし、新規にプロジェクトを作成してビルドした場合、Xcodeから、アプリに信頼を与えよというメッセージが表示されることがあります。この件については、第3章で図付きで解説していますので、そちらを参照してください。端末側で信頼を与える必要があります。

実際に動かしたのは動画7-1になります。

動画7-1 syuuwa_ARkit_Chapter7のサンプルを動かした動画

https://youtu.be/D-QbnZ3dYmo

モデルと一緒にダウンロードしたアニメーションの使い方

この章からは、サイトからダウンロードしたキャラクタとアニメーションを使って、これらをどのように関連付けして、キャラクタにアニメーションを適用させるかについて解説していきましょう（図08-01）。

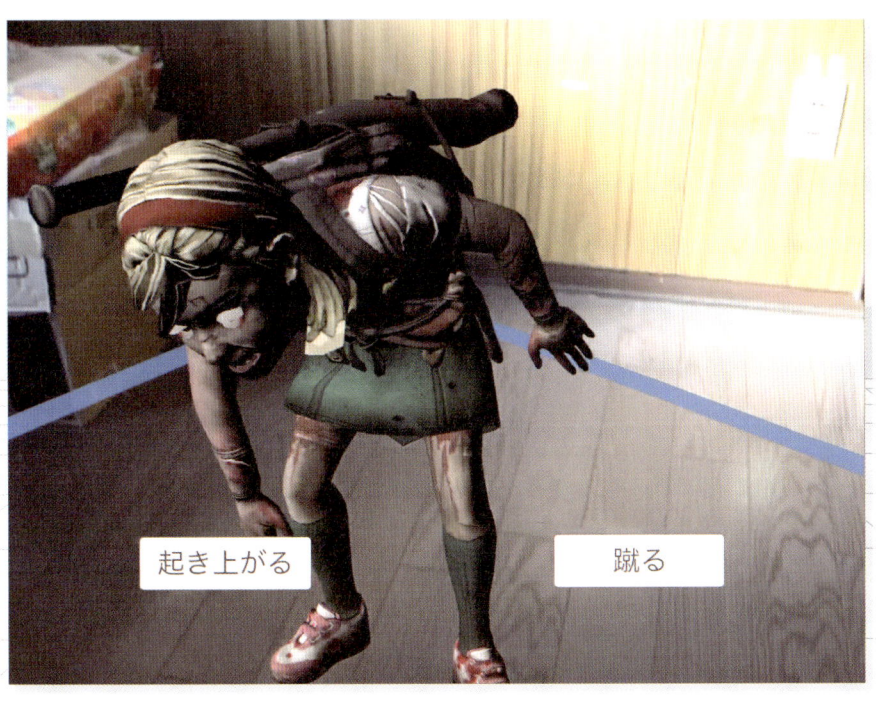

⬆ 図08-01　キャラクタとアニメーションが関連づいている

 プロジェクトの作成

Unityを起動して新しくプロジェクトを作成します。プロジェクト名はなんでも構いませんが、ここではsyuuwa_ARkit_Chapter8としました。

Asset StoreからARKitのPluginを取り込む

Asset Storeに入り、第2章で解説しているように「Unity ARKit Plugin」をインポートしておきましょう（図08-02）。

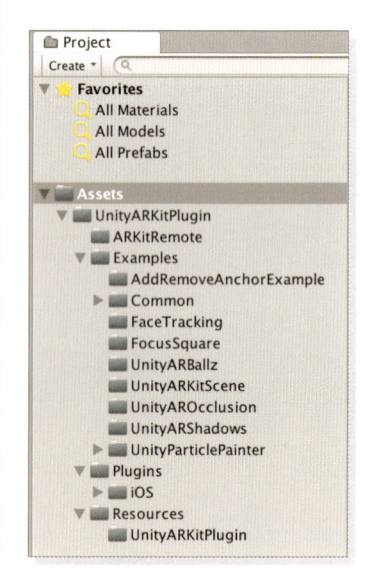

⬆ 図08-02　Unity ARKit Pluginをインポートしてプロジェクト内に取り込む

 ## キャラクタのモデルをダウンロードする

下記のページに入って、上部バーにあるCharactersをクリックします。

https://www.mixamo.com/#/

　するといろいろなキャラクタが表示されますので、お好みのキャラクタを選択してください（図08-03）。

　最初にこのページに入った時は、ログインを求められますので、アカウントをお持ちでない場合はアカウントを作成してください。

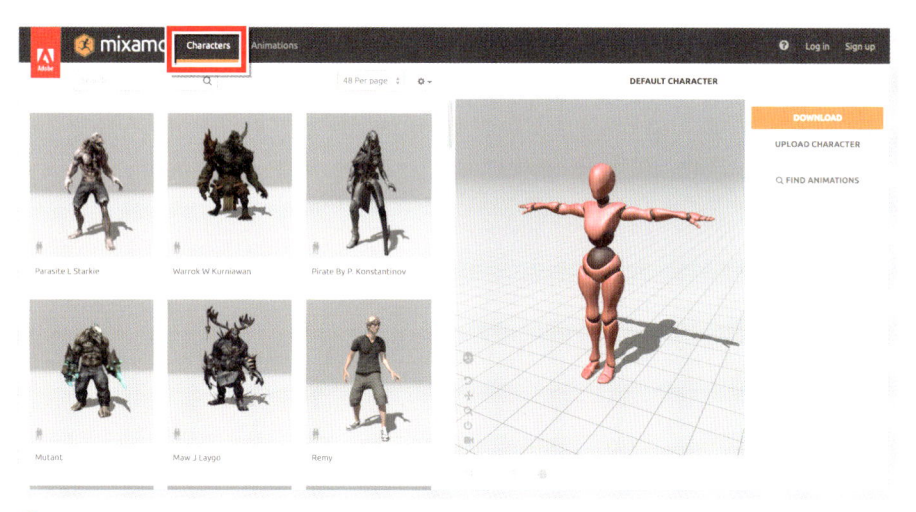

⬆ 図08-03　いろいろなキャラクタのモデルが表示された

　筆者は1ページ目にある「Girlscout T Masuyama」というゾンビ？のキャラクタを選択しました（図08-04）。

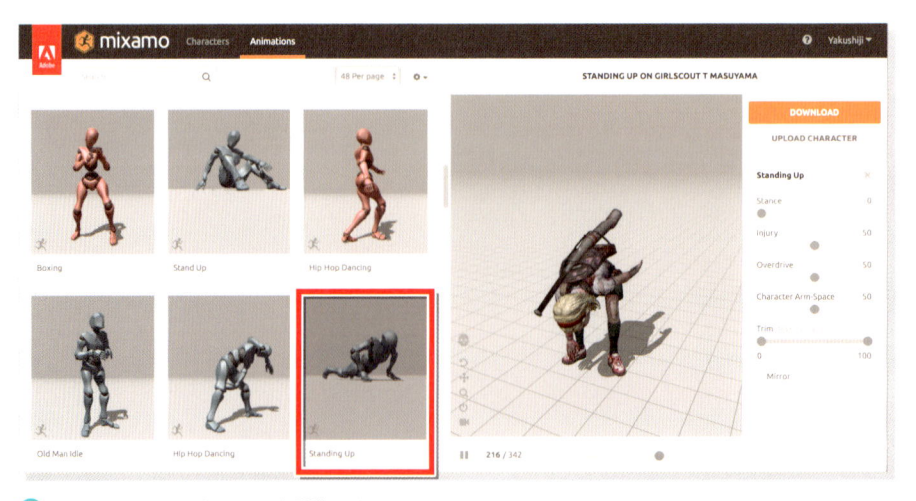

🔼 図08-04　Girlscout T Masuyamaのキャラクタを選択した

　次に、上部バーのCharactersの横にある、Animationsを選択します。すると色々なアニメーションが表示されますので、自分の気に入ったアニメーションを2個ほど選択してください（図08-05）。筆者はまず、1ページ目のStanding Upを選択しました。

🔼 図08-05　Standing Upを選択した

　選択したアニメーションを、選択したキャラクタが実演するアニメーションが表示されますので、これでよければ、右隅上にあるDownloadボタン

をクリックしてください。すると、DOWNLOAD SETTINGSの画面が表示されます。DOWNLOADボタンをクリックしてください。（図08-06）。この時、ログインを求められますので、アカウントを作成していなかった場合は、アカウントを作成してログインしてください。Formatには、「FBX for Unity(.fbx)」を指定してください。

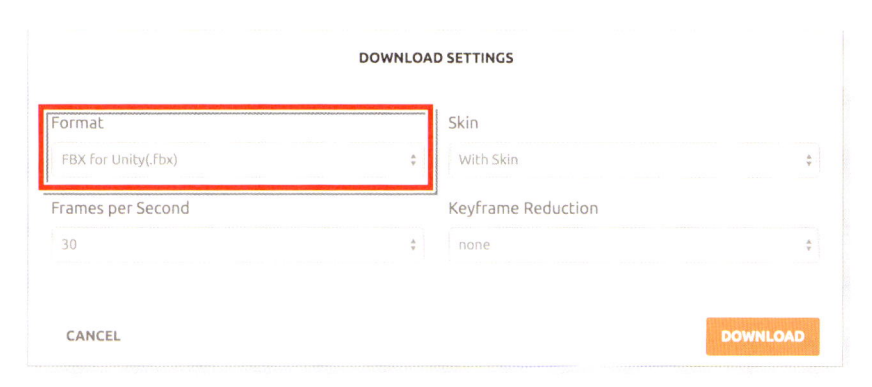

🔼 図08-06 DOWNLOAD SETTINGSからダウンロードする

　DOWNLOADボタンをクリックするとダウンロードが開始されます。ダウンロードが完了すればFinderにでも表示させておいて、後ほど適当なフォルダに保存してください。

　同じ手順で、あと1つのアニメーションをダウンロードしておきましょう。筆者はZombie Kickingをダウンロードしました。筆者は Zombieというフォルダを作って保存しました（図08-07）。

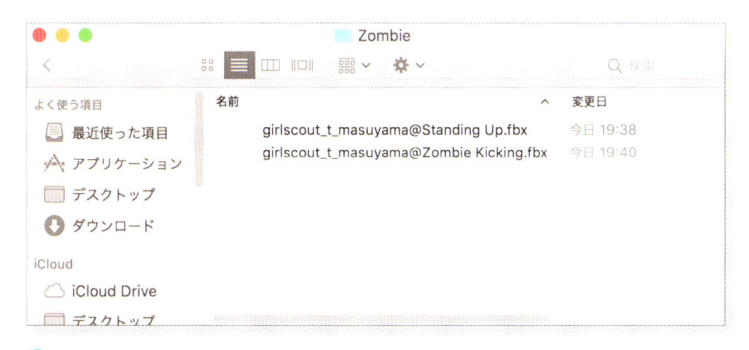

🔼 図08-07 ダウンロードしたアニメーションのファイルを保存した

ダウンロードしたファイルをUnityに取り込む

Unity の Project の Assets フォルダの下に Zombie というフォルダを作成して、Unity メニューの「Assets」→「Import New Asset」から、先ほどダウンロードしていたファイルを取り込みます（図08-08）。

取り込んだキャラクタがグレーで表示され、色がついていません。その際は、キャラクを選択して、Inspector を表示させ、Materials ボタンをクリックして、Extract Textures、Extract Materials をクリックしてください（図08-09）。どこに Texture や Material を展開するかを聞いてきますので、そのままで Choose を選択してください。これで、キャラクタに色が反映されます。

⬆ 図08-08 ダウンロードしておいたアニメーションファイルを読み込む

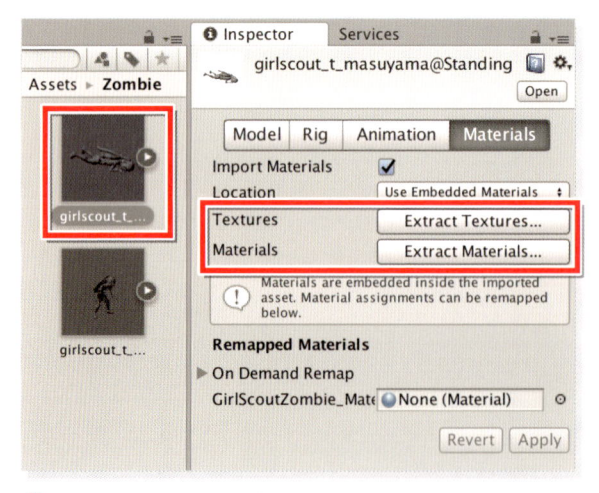

⬆ 図08-09　Materials ボタンをクリックして、Extract Textures、Extract Materials をクリック

すると、図08-10 のようにテクスチャやマテリアルが作成されて、キャラクタに色がつきます。残りのキャラクタは、この手順は不要です。後ほど解説しています。

　これで、キャラクタに色はついたのですが、実際に動かしてみると、キャラクタの身体が透けて表示されてしまいます。筆者はここで少しハマったのですが、図08-10の赤い枠で囲った、GirlScoutZombie_MaterialをクリックしてInspectorを表示させると、Rendering ModeがTransparent（透明）になっています。ここをOpaqueに変更すると透けなくなります（図08-11）。

⬆ 図08-10　キャラクタに色が付いた

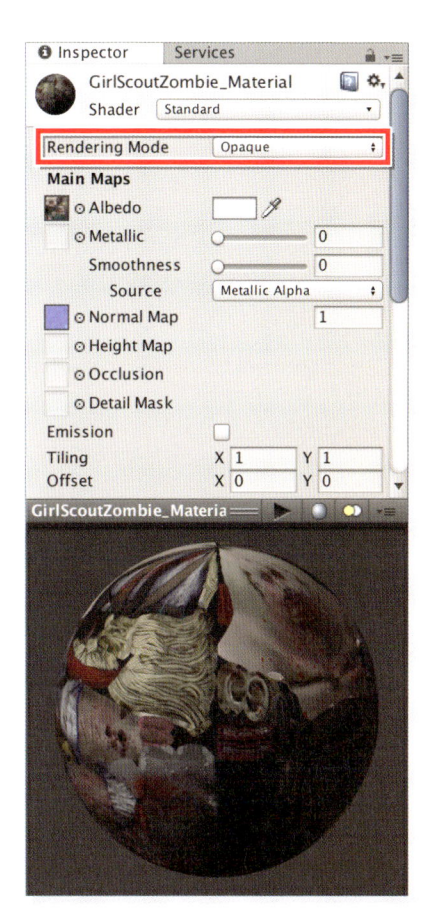

⬆ 図08-11　GirlScoutZombie_Materialの Rendering ModeがTransparentをOpaqueに 変更する

　ここで、ちょっと付け加えておきます。前述もしていましたが、ダウンロードしたファイルを、Unityに取り込む場合は、Unityメニューの「Assets」→「Import New Asset」から取り込みますが、このメニューを使用しなく

ても、ダウンロードしたファイルをUnityのProject内の任意のフォルダに
ドラッグ＆ドロップするだけで、取り込むこともできます。好きな方を選択
すればいいと思います。

　次に、色のついたキャラクタの1つを選択して、Inspectorを表示しま
す。Rigボタンをクリックすると、Animation TypeがGenericになって
いますので、Legacyに変更してください。Animationを使用する場合は
Legacyを、Animatorを使用する場合はHumanoidを選択します。ここ
では、Animationを使用しますので、Legacyを選択しておきます（図08-
12）。変更した後は、必ずApplyボタンをクリックしてください。残りの1つ
についても、同様にLegacyを指定して、Applyボタンをクリックしてくだ
さい。すると、グレーのキャラクタに色はつきますが、まだこのままでは身
体が透けてしまいます。そこで、InspectorのMaterialsからRemapped
MaterialsのGirlScoutZombie_Materialの右隅にある ◉ アイコンをク
リックして、Select Materialから、GirlScoutZombie_Materialを選択
してください。その後、必ず、Applyボタンをクリックしてください。これで
身体は透けなくなります（図08-13）。

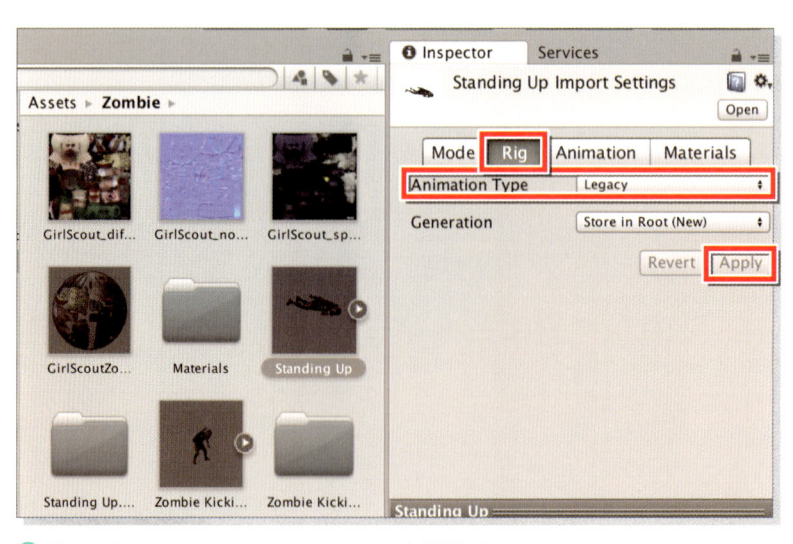

⬆ 図08-12　Animation TypeにLegacyを選択した

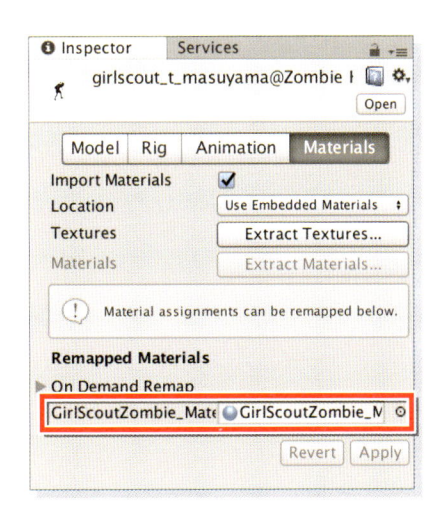

⬆ 図08-13 Select Materialから
GirlScoutZombie_Materialを選択する

書き忘れていましたが、図08-13のRigの横にある、Animationボタンをクリックして、表示されるWarp ModeにLoopを指定しておいてください。Wrap Modeは2箇所ありますので、2箇所ともにLoopを指定して、必ず「Apply」ボタンをクリックしておいてください（図08-14）。

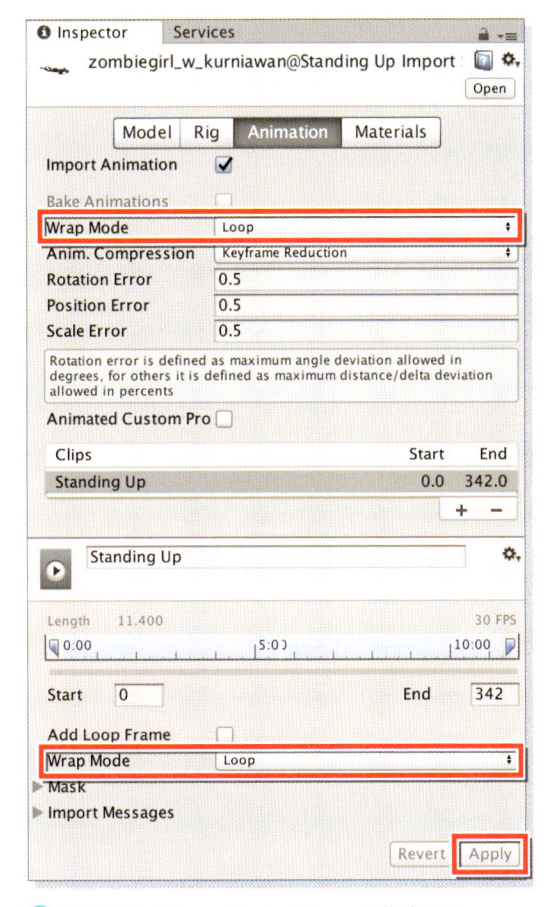

⬆ 図08-14 Wrap ModeにLoopを指定する

# UnityARkitSceneのサンプルファイルを開く

Examplesフォルダ内のUnityARkitSceneのサンプルファイルをダブルクリックすると、Hierarchy内に必要なファイルが表示されます。

Hierarchy内のRandomCubeとPointCloudParticleExampleのチェックをInspectorから外してください。

ここでSceneをUnityメニューの「File」→「Save Scene as」から、syuuwa_ARkit_Chapter8として保存しておきましょう。

# キャラクタをHierarchyに配置する

まず、Unityメニューの GameObject→Create Emptyから空のGameObjectを作成し、名前をZombie_Characterとしておいてください。このZombie_CharacterをHitCubeParentの上にドラッグ＆ドロップして、HitCubeParentの子としてください。その代わりに、先にあったHitCubeは削除してください（図08-15）。

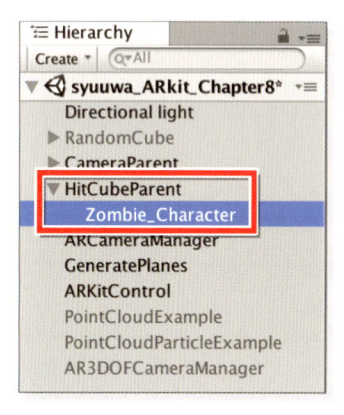

🔼 図08-15　Zombie_CharacterをHitCubeParentの子とした

Zombie_CharacterのInspectorの設定

Hierarchy内のZombie_Characterを選択して、Inspectorを表示します。TransformのPositionやRotationにはすべて0を、Scaleにはすべて1を指定しておいてください。ここの設定は少女のゾンビ自身の設定ではありません。少女のゾンビの親となるZombie_Characterの設定です。少女のゾンビ自身の設定は、この後行います。

「Add Component」から、検索欄に「Unity」と入力して、「Unity AR Kit Test Example」を選択して追加します。「Hit Transform」には、右端の ⊙ アイコンをクリックして、Select Transformのウインドウを表示して、HitCubeParentを選択します（図08-16）。

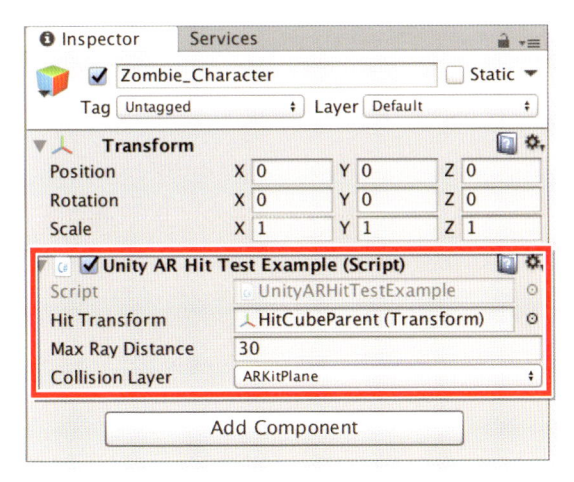

⬆ 図08-16　Unity AR Kit Test Exampleを追加しHit TransformにはHitCubeParentを指定する

次に、Zombie_Characterの子として、インポートしておいたgirlscout_t_masuyama@Standing Upとgirlscout_t_masuyama@Zombie Kickingのキャラクタを配置します。名前は、Standing、Kickingとしておきましょう（図08-17）。

⬆ 図08-17　Zombie_Characterの子としてZombiegirlを配置して名前を変えた

　図08-17で、Standingだけを残して、後のKickingはInspectorからチェックを外しておきます。2つ共にチェックが付いていると、キャラクタが一度に2人表示されてしまいます。それで、最初に表示されるのは、Standingのキャラクタだけとしておきます。また2つのキャラクタのInspectorから、TransformのRotationのYに180を指定してカメラの方を向かせておきます。またScaleにはX、Y、Zに4を指定してサイズを大きくしておきます。Play Automaticallyのチェックは外して、Culling TypeにはAlways Animateを指定しておいてください。2つのキャラクタ共に同じ設定にしてください（図08-18）。

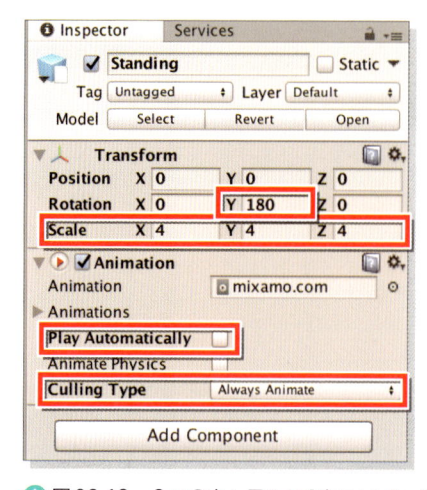

⬆ 図08-18　2つのキャラクタのInspectorを設定した

アニメーションを切り替えるためのボタンの追加

　アニメーションを切り替えるための「Standing」、「Kicking」、の2つのボタンを作成します。

　Hierarchyの「Create」→「UI」→「Button」と選択してください。Canvasは大変に大きいので、Scene画面を縮小していくとButtonが表示されます。

　Canvasを選択してInspectorを表示して、「Canvas Scaler（Script）」の「UI Scale Mode」を「Scale Width Screen Size」に指定してください（図08-19）。

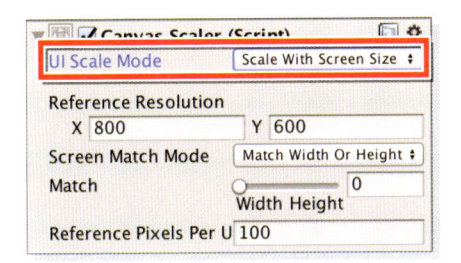

⬆ 図08-19　「UI Scale Mode」を「Scale Width Screen Size」に指定

　次にHierarchyのButtonを選択して、名前を「Standing」に変更しておきましょう。このStandingボタンを選択してInspectorを表示させてください。Rect Transformがありますので、Widthに160、Heightに50を指定してください（図08-20）。このあたりの数値は、後ほど設定する文字のサイズによって各自が好きに設定してもかまいません。

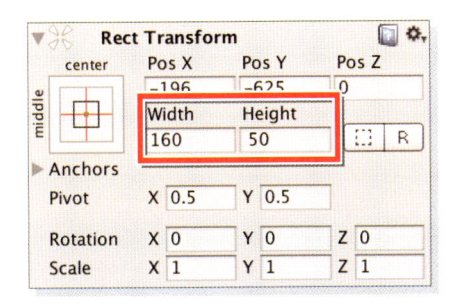

⬆ 図08-20　WidthとHeightを設定した

次に、HierarchyのStandingボタンを展開して「Text」を表示させて選択して、Inspectorを表示してください。ここでは、Textに「起き上がる」と指定し、Font Sizeに25を指定します（図08-21）。

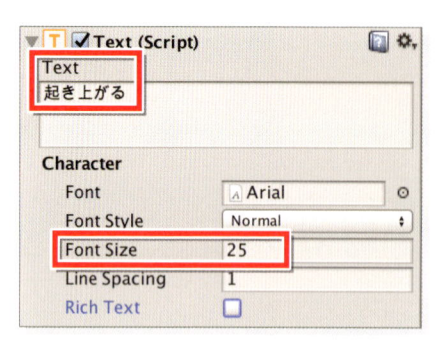

⬆ 図08-21　TextとFont Sizeを指定した

ボタンの位置は後ほどきめましょう。Standingボタンの上でマウスの右クリックをしてDuplicateを選択してStandingの複製を作って、これの名前をKickingに変更すると簡単にボタンが作成できます。Hierarchy内は図08-22のようになっていると思います。もちろんTextの内容も「蹴る」に変更し、Font Sizeは25に指定しておきます。

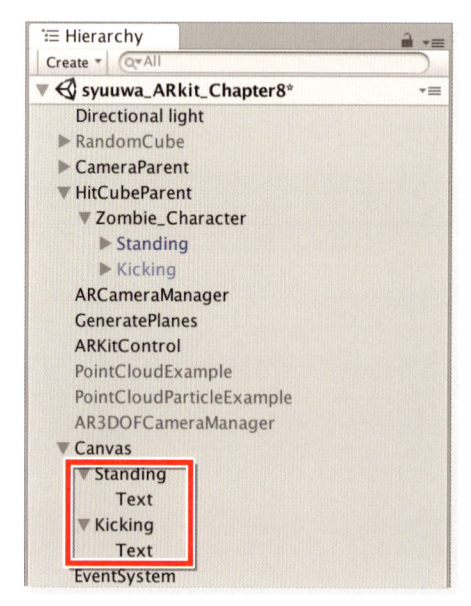

⬆ 図08-22　Standing、Kickingボタンを配置した

　後はボタンを適当な位置に配置しておきましょう。筆者は図08-23のように配置しました。

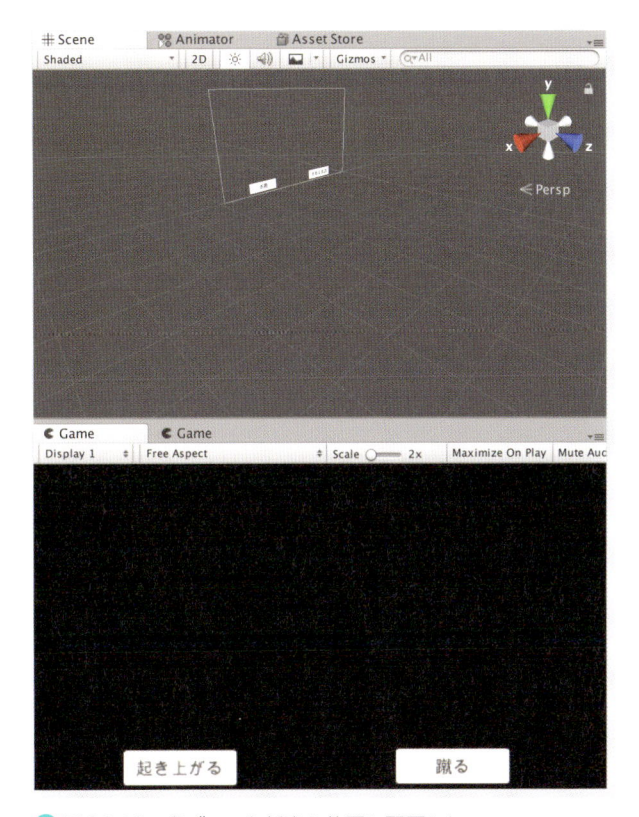

🔼 図08-23　各ボタンを任意の位置に配置した

　ここで、UnityメニューからSceneを上書き保存しておきましょう。

02 プログラムを書く

まず、Hierarchy から HitCubeParent の子である Zombie_Character（Zombie_Character は少女のゾンビ、Standing や Kicking から見ると親にあたりますが、HitCubeParent から見ると子になります）を選択して、Inspector の「Add Component」で新しい Script を作成します。Name は ZombieScript で Language には C Sharp を選択します。Inspector に表示される ZombieScript をクリックすると VS2017 が起動しますので、リスト 8-1 のコードを記述します。

リスト8-1　ZombieScript.cs

```csharp
using System.Collections;
using System.Collections.Generic;
using UnityEngine;

public class ZombieScript : MonoBehaviour {

    //publicでGameObject型の変数を2個宣言しておきます
    public GameObject ZombieAction1;
    public GameObject ZombieAction2;

    //Animation型の変数animを宣言しておきます
    private Animation anim;

    //ゾンビが立ち上がる処理です
    public void StandingAction()
    {
        //GetComponentでAnimationコンポーネントを取得して、変数animで参照します
        anim = ZombieAction1.GetComponent<Animation>();

        //立ち上がるゾンビのキャラクタだけ表示させて、あとは非表示にし、Standingの
        //アニメを実行します
```

```
ZombieAction1.SetActive(true);
ZombieAction2.SetActive(false);
anim.Play();
}

//ゾンビがキックする処理です
public void KickAction()
{
    anim = ZombieAction2.GetComponent<Animation>();
    //キックするゾンビのキャラクタだけ表示させて、あとは非表示にし、Kickの
    //アニメを実行します
    ZombieAction1.SetActive(false);
    ZombieAction2.SetActive(true);
    anim.Play();

}
}
```

VS2017メニューの「ビルド」→「すべてビルド」を実行しておいてください。

リスト8-1の中で、publicで宣言していた変数は、Inspector内にプロパティとして表示されます。図08-24のように、各項目にHierarchy内のコンポーネントをドラッグ＆ドロップしてください。

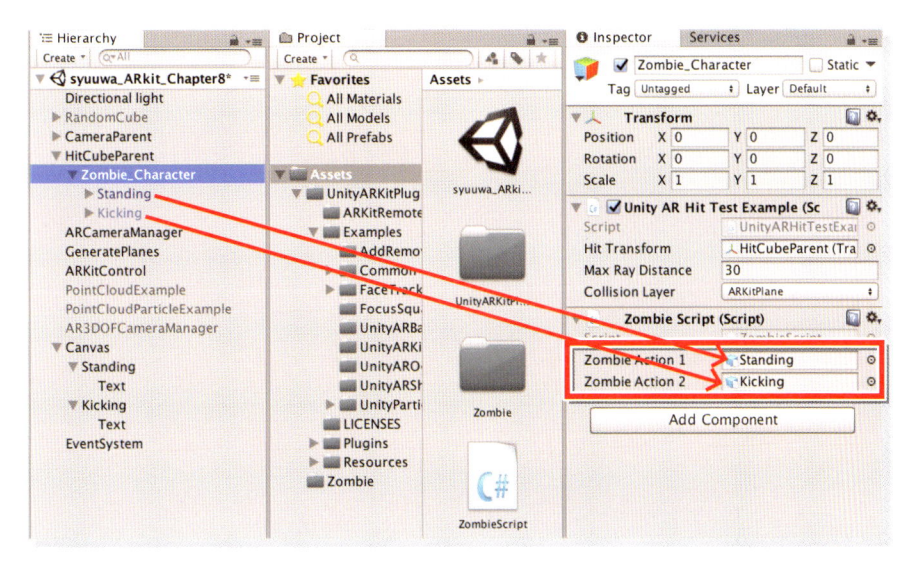

⬆ 図08-24　表示されたプロパティにHierarchy内のコンポーネントを指定する

 ## プログラムをボタンと関連付ける

　まず、HierarchyからStandingを選択して、Inspectorを表示してください。Button（Script）に「On Click（）」というイベントがありますので、これの右下にある+アイコンをクリックします。すると図08-25のように「On Click（）」内が変化します。

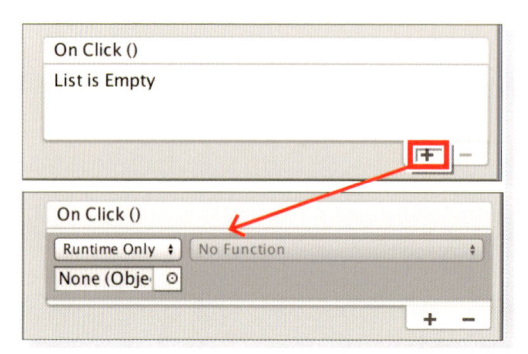

⬆ 図08-25　+アイコンをクリックするとした図のように変化した

　図08-25の下図の「None（Object）」とあるところに、HierarchyのZombie_Characterをドラッグ＆ドロップして下さい。すると図08-26のようにグレー表示だった、「No Function」が上下▼アイコンで選択が可能になります。

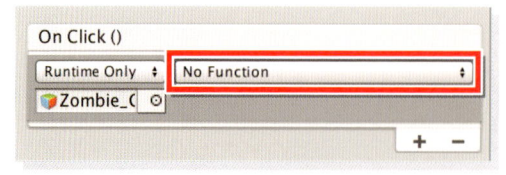

⬆ 図08-26　No Functionが選択可能になった

　ＮｏＦｕｎｃｔｉｏｎの上下▼アイコンをクリックして「ZombieScript→StandingAction（）」と選択します（図08-27）。

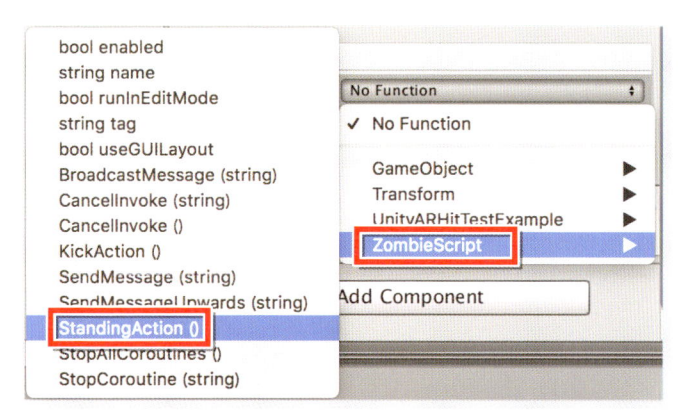

⬆ 図08-27 「ZombieScript→StandingAction ()」と選択

ほかのKickingに関しても同じ手順で、「KickAction ()」を選択してください。

UnityARHitTestExample.csにコードを追加する

Hierarchy内のHitCubeParentの子である、Zombie_Characterを選択して、UnityARHitTestExample.cs内に、ボタンをタップしたということを認識するコードを追加します。このコードを追加していないと、ボタンをタップしたのか、端末の画面をタップしたのか、判断がつかず、ボタンタップの処理が実行されません。

追加するコードは第5章で解説していますので、そちらを参照してください。ボタンタップを認識させるコードはすべてにおいて共通なので、使い回しが可能です。

Unity ARkit Pluginのアップデートで、UnityARHitTestExample.csのコードの内容が少し変更されていますが、コードを追加する箇所は同じですので、すぐにわかると思います。

では、ここまでのSceneを上書き保存しておきましょう。

キャラクタが「Standing」しているのは図08-28になります。

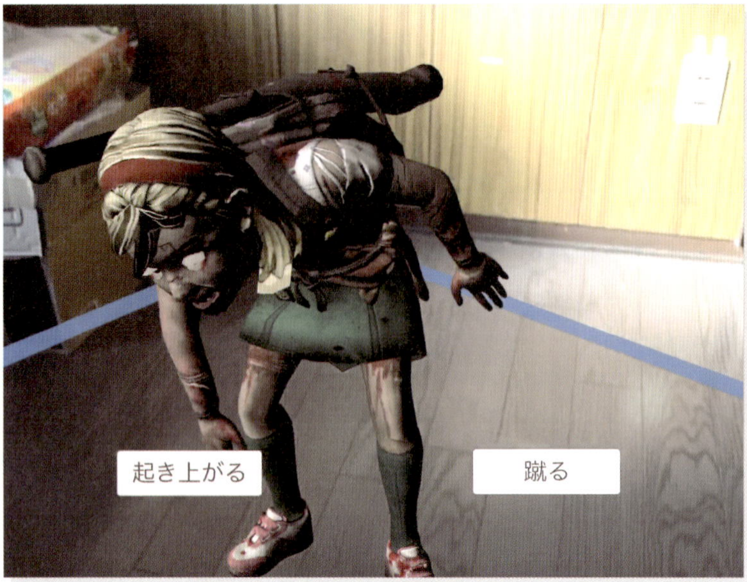

図08-28 キャラクタが「Standing」している

キャラクタが「Kick」しているのは8-29になります。

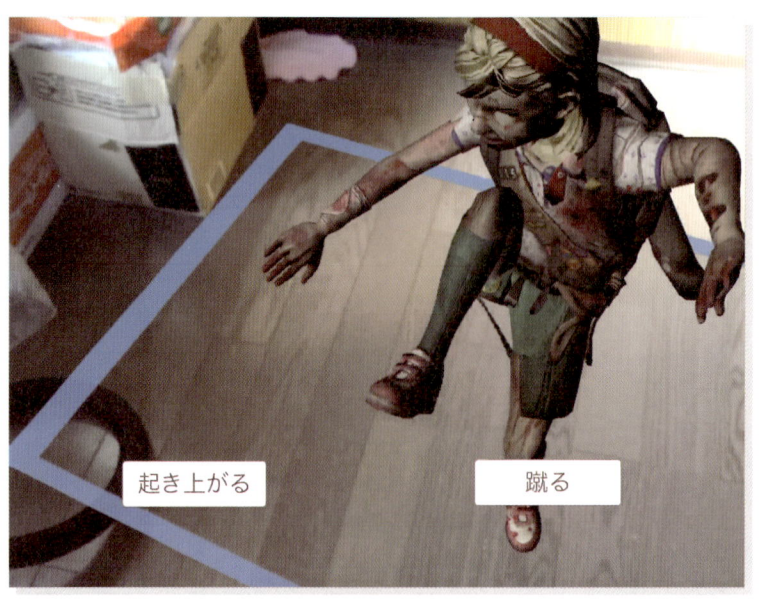

図08-29 キャラクタが「Kick」している

03 端末にビルドする

このままの状態でビルドしてiPadで動かしてみましょう。

まず、Unityメニューの「File」→「Build Settings」と選択して、Scenes In Build内にたくさんのサンプルが登録されていますが、ここでは、syuuwa_ARkit_Chapter8という名前でサンプルを保存しているので、「Add Open Scenes」のボタンをクリックして、「syuuwa_ARkit_Chapter8」を表示させて、チェックをつけてください。その後、「Switch Platform」をクリックします。

次に、第2章でも解説していたように、「Switch Platform」の横にある「Player Settings」ボタンをクリックします。Other Settingsの、Bundle Identifier、Camera Usage Description、Target Device 、Target Minimum iOS Version等を設定してください。詳細については、第2章を参照してください。

ここの設定が終われば、iPadとMacを接続しておきましょう。

「Build And Run」をクリックすると、ファイル名を保存する画面が表示されるので、「syuuwa_ARkit_Chapter8」と入力して、「Save」ボタンをクリックしてください。

「Save」をクリックするとビルドが開始されます。

ビルドが完了するとXcodeの画面が起動します。

これ以後の操作は、第2章のXcodeの操作とまったく同じ手順なので、解説は割愛させていただきます。わからない方は、第2章を参照してください。

ただし、新規にプロジェクトを作成してビルドした場合、Xcodeから、アプリに信頼を与えよというメッセージが表示されることがあります。この件については、第3章で図付きで解説していますので、そちらを参照してくだ

さい。端末側で信頼を与える必要があります。

実際に動かしたのは動画8-1になります。

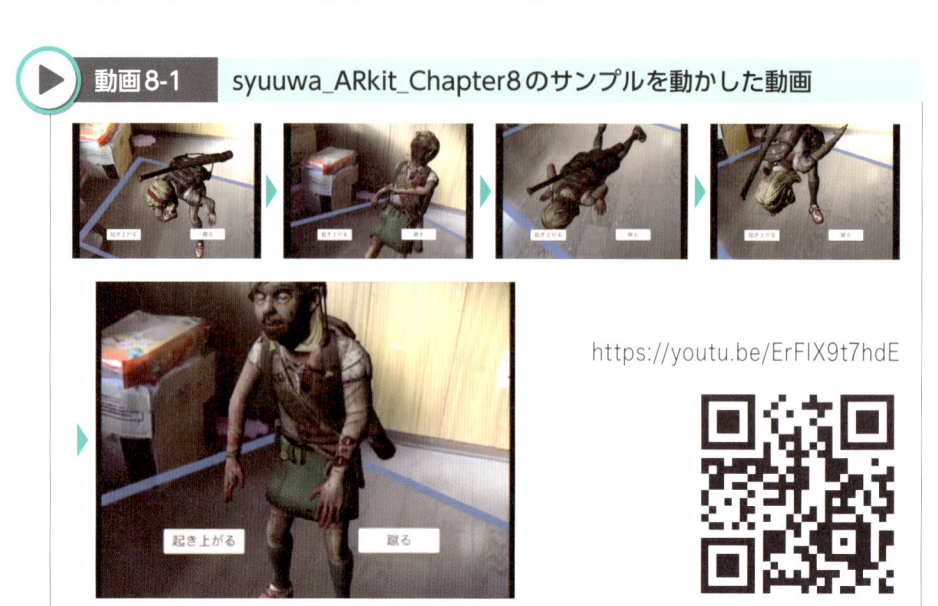

▶ **動画8-1** syuuwa_ARkit_Chapter8のサンプルを動かした動画

https://youtu.be/ErFIX9t7hdE

09 モデルの各パーツを変化させるには

この章では、車のボディの色を変えたり、ライトを点灯させたりするサンプルを紹介します（図09-01）。車のボディの色を変化させるには、車を構成している各パーツのオブジェクトを変化させる必要があります。またライトを点灯させるにはSpot lightを使用します。どのように、これらを使用していけばいいのかを解説していきたいと思います。

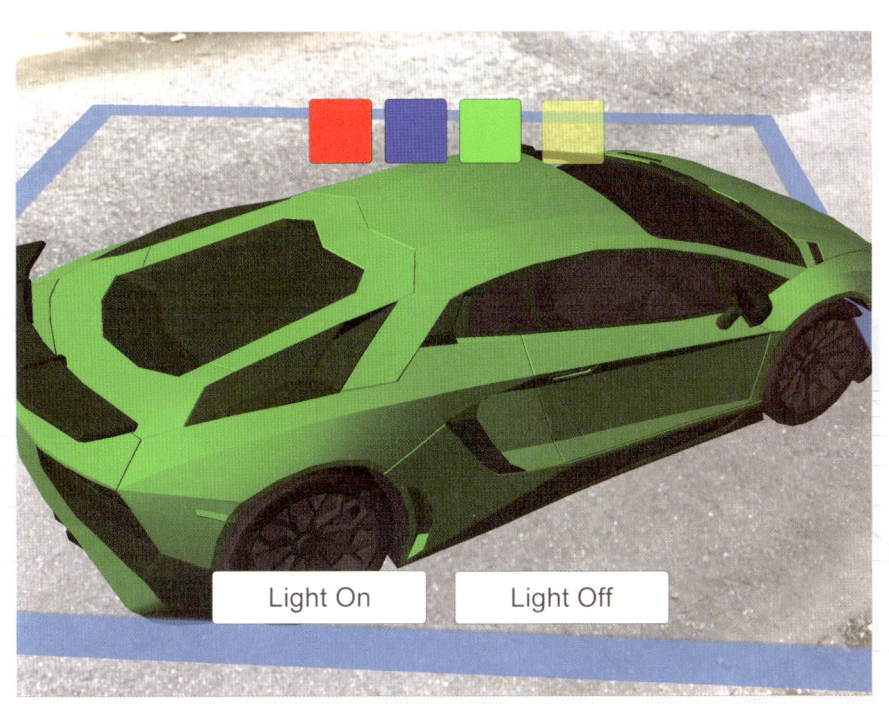

⬆ 図09-01　車体の色が変わった

01 プロジェクトの作成

Unityを起動して新しくプロジェクトを作成します。プロジェクト名はなんでも構いませんが、ここではsyuuwa_ARkit_Chapter9としました。

Asset StoreからARKitのPluginを取り込む

Asset Storeに入り、第2章で解説しているように「Unity ARKit Plugin」をインポートしておきましょう（図09-02）。

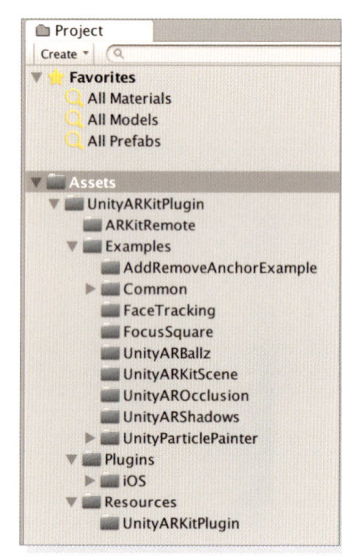

⬆ 図09-02　Unity ARKit Pluginをインポートしてプロジェクト内に取り込む

Carのモデルをダウンロードする

下記のURLからCarのモデルをダウンロードしてください（図09-03）。

https://www.turbosquid.com/3d-models/3d-lamborghini-aventador-model/1117798

「Download」というボタンが右にありますので、これをクリックして下さい。その際、サインインを求められますので、事前にAccountの登録をしておいてください。

「Download」ボタンを押すと、ダウンロードするModelの一覧が表示されますので、黄色い車にチェックを入れて、autodesk用のFBXファイルをダウンロードして（図09-04）、適当なフォルダに保存して解凍しておいてください。

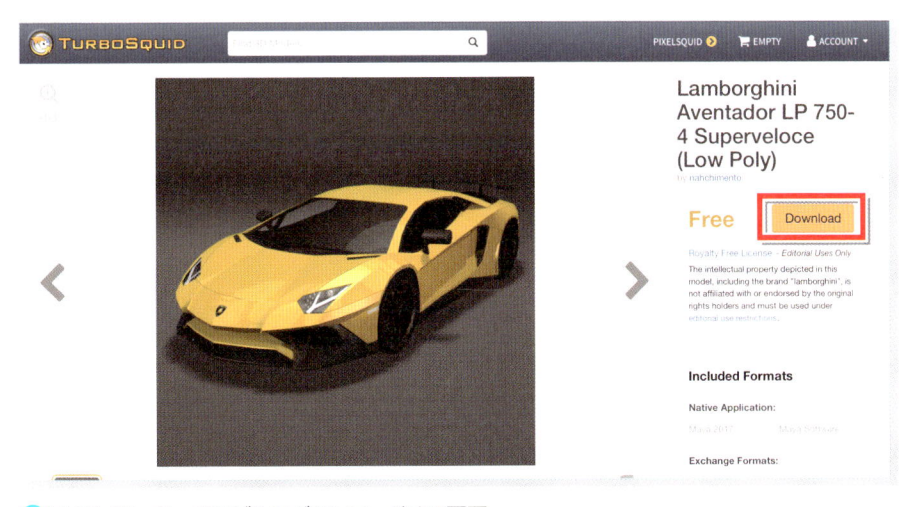

⬆ 図09-03 Carのモデルをダウンロードする画面

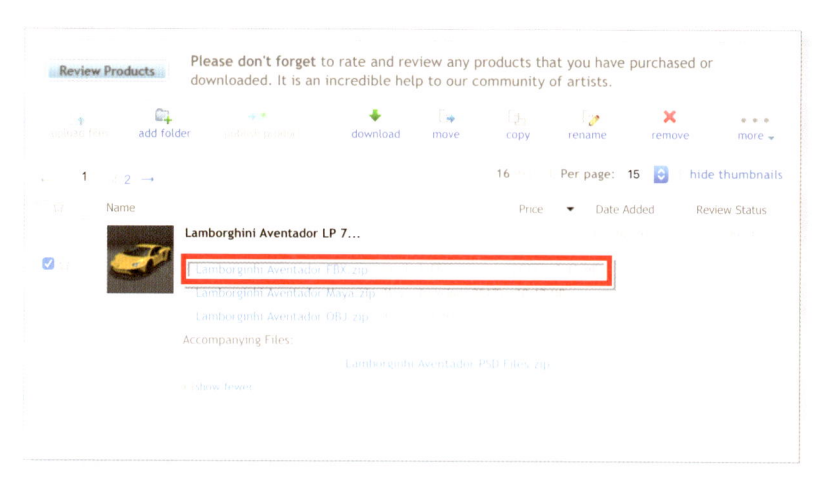

⬆ 図09-04　autodesk用のFBXファイルをダウンロードする

Carのモデルを取り込む

　ダウンロードすると、Lamborginhi Aventador FBXというフォルダが作成されて、必要なファイル一式が入っています。ProjectのAssetsフォルダの上に、この、Lamborginhi Aventador FBXをドラッグ＆ドロップして取り込んでください（図09-05）。

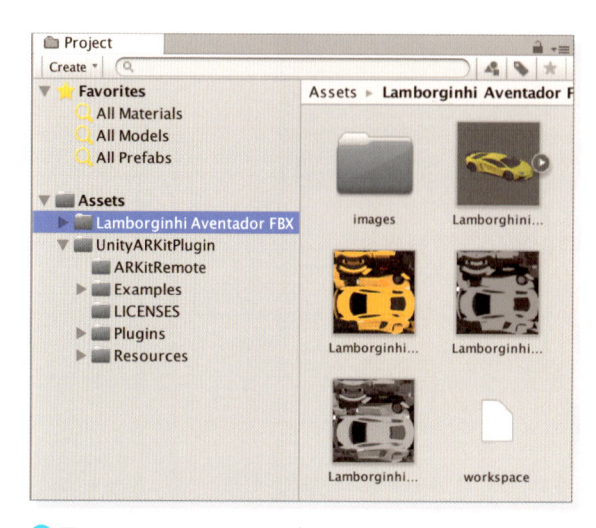

⬆ 図09-05　Assetsフォルダの下に、Lamborginhi Aventador FBXを取り込んだ

 Lamborghini_Aventador.fbxのAnimation TypeをLegacyにする

Lamborghini_Aventador FBXフォルダのLamborghini_Aventador.fbxを選択して、Inspectorを表示させ、「Rig」ボタンをクリックして、Animation TypeがGenericになっていますので、これを「Legacy」に変更してください。変更後は必ずApplyボタンをクリックして下さい（図09-06）。

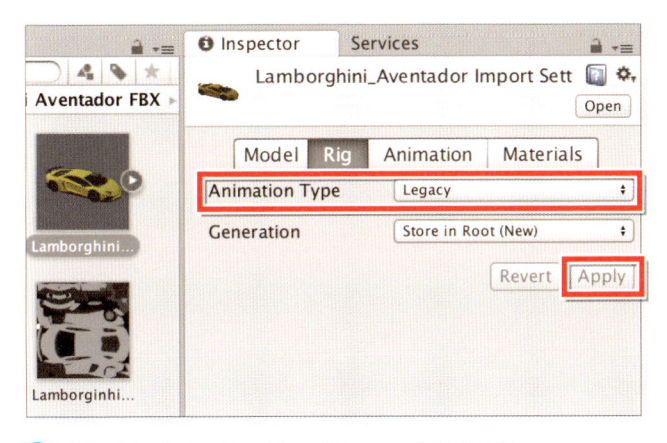

⬆ 図09-06　Animation TypeをLegacyに変更する

 UnityARkitSceneのサンプルファイルを開く

Examplesフォルダ内のUnityARkitSceneのサンプルファイルをダブルクリックすると、Hierarchy内に必要なファイルが表示されます。

Hierarchy内のRandomCubeとPointCloudParticleExampleのチェックをInspectorから外してください。

Lamborghini_Aventador.fbx を Hierarchy に配置する

まず、Lamborghini_Aventador.fbxをHitCubeParentの上にドラッグ&ドロップして、HitCubeParentの子としてください。その代わりに、先にあったHitCubeは削除してください。Lamborghini_Aventador.fbxの名前をCarと変更しておきます（図09-07）。

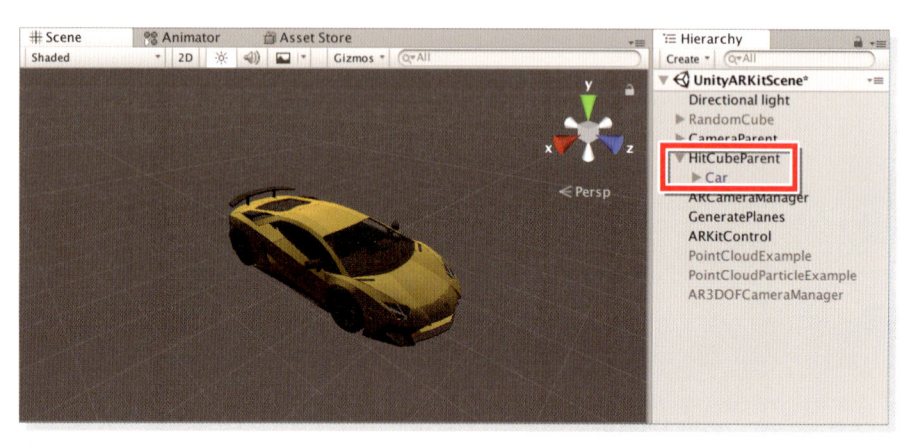

⬆ 図09-07　Lamborghini_Aventador.fbxをHitCubeParentの子とした

Car の Inspector の設定

Hierarchy内のCarを選択して、Inspectorを表示します。TransformのRotationのYには90を、Scaleにはすべて5を指定しておいてください。この辺りの値は必ずこの数値でなければならないという訳ではありません。いろいろ触って、綺麗にマッチした値を指定するといいでしょう。

「Add Component」から、検索欄に「Unity」と入力して、「Unity AR Kit Test Example」を選択して追加します。「Hit Transform」には、右端の ⊙ アイコンをクリックして、Select Transformのウインドウを表示して、HitCubeParentを選択します（図09-08）。

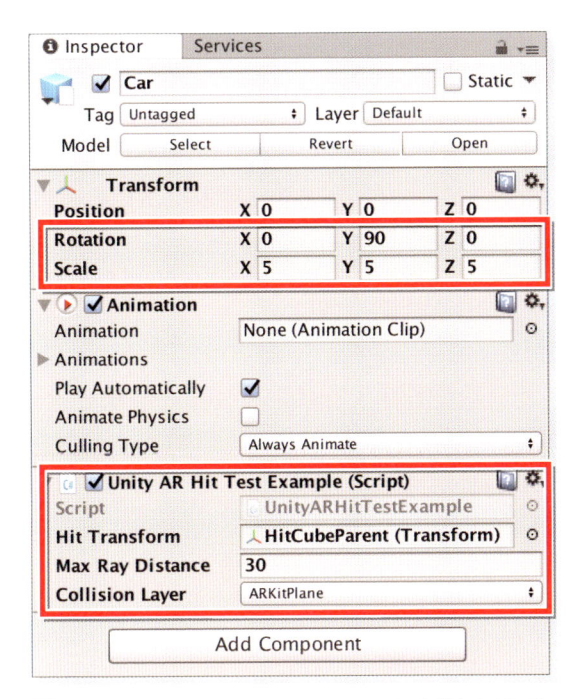

🔼 図09-08　Unity AR Kit Test Exampleを追加しHit TransformにはHitCubeParentを指定する

Carをカスタマイズするためのボタンの追加

　まず、車体の色を変えるためのボタンを4個配置しましょう。Hierarchy
の「Create」→「UI」→「Button」と選択してください。Canvasは大変に
大きいので、Scene画面を縮小していくとButtonが表示されます。

　Canvasを選択してInspectorを表示して、「Canvas Scaler（Script）」
の「UI Scale Mode」を「Scale Width Screen Size」に指定してください
（図09-09）。

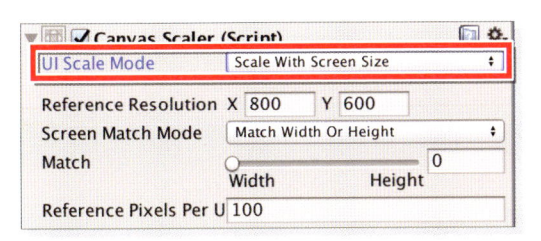

🔼 図09-09　「UI Scale Mode」を「Scale Width Screen Size」に指定

次にHierarchyのButtonを選択して名前をRedとしてください。InspectorからRect TransformのWidthとHeightに60を指定してください。正方形のボタンを作成します。次に、Image（Script）のColorの白い矩形をクリックするとColorが起動しますので、赤色を選択してください。ボタンが赤色に変化します（図09-10）。

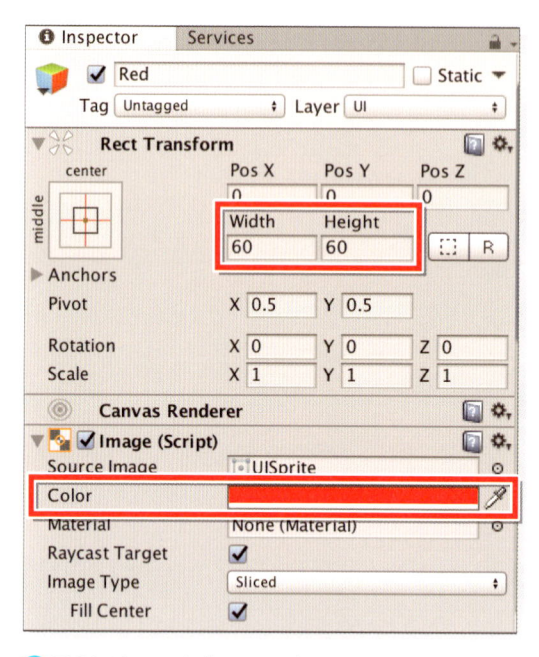

⬆ 図09-10　Redボタンの設定をした

　作成した、RedのButtonをHierarchy内で選択して、マウスの右クリックで表示されるDuplicateから、あと3個のButtonの複製を作ってください。名前は「Blue」、「Green」、「Gold」とし、図09-10のImage（Script）のColorから、名前に合致した色を指定してください。すべてのボタンが重なって表示されていますので、Red、Blue、Green、Goldと表示されるようにトランスフォームツールでボタンを移動してください。

　図09-11のような見栄えになるように配置してください。特にこの配置でないといけないということはありません、各自が好きな場所に配置しても問

題はないです。このままだとButtonの中にButtonという文字が表示されていますので、ButtonのTextを選択して、Inspectorを表示させてText内を空にしてください。すべてのボタンに対して行ってください。

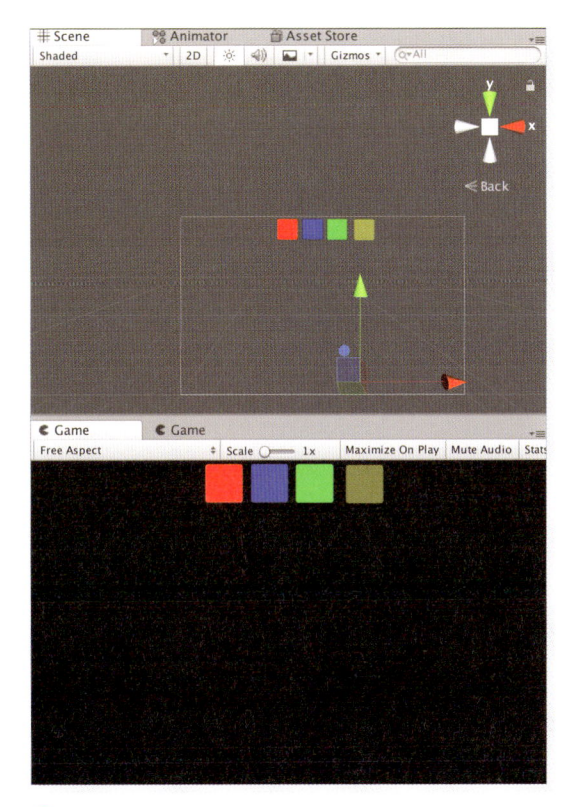

🔼 図09-11　各色のボタンを配置した

以上で、車体の色を変更するレイアウトは完成しましたのでプログラムを書いていきます。

02 プログラムを書く

プログラムを書いていきましょう。

 車のボディの色を変える

車のボディの色を変えるには、Hierarchy内のCarの中にある、Bodyを選択して（図09-12）Inspectorを示させて、「Add Component」でNew Scriptから「ChangeColor」という新しいスクリプトを作成します（図09-13）。

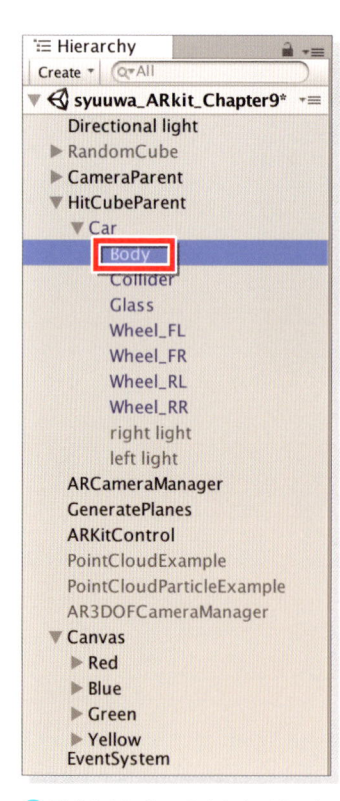

⬆図09-12 Carの中にあるBodyを選択する

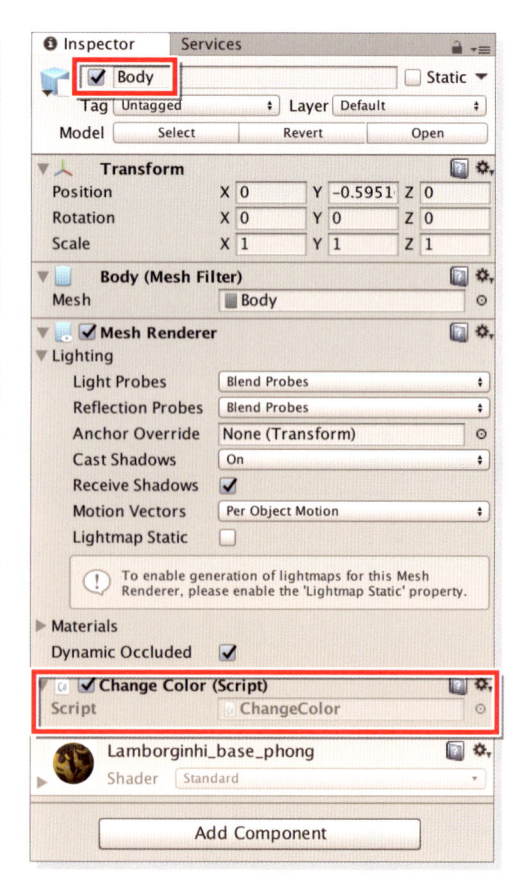

⬆図09-13 ChangeColorという新しいスクリプトを作成する

ChangeColorをダブルクリックしてVS2017を起動してリスト9-1の
コードを記述します。

リスト9-1 **ChangeColor.cs**

```csharp
using System.Collections;
using System.Collections.Generic;
using UnityEngine;

public class ChangeColor : MonoBehaviour
{
    //Render型の配列変数rnを作成する
    Renderer[] rn;

    void Start()
    {
        // GetComponentsInChildrenで、子供も含めたRenderコンポーネントを
        // 取得して、rnで参照する
        rn = gameObject.GetComponentsInChildren<Renderer>();

    }
    //赤いボタンがタップされたとき
    public void Red()
    {
        //ボディの色をredにする
        rn[0].material.color = Color.red;
    }
    //青いボタンがタップされたとき
    public void Blue()
    {
        //ボディの色をblueにする
        rn[0].material.color = Color.blue;
    }
    //緑のボタンがタップされたとき
    public void Green()
    {
        //ボディの色をgreenにする
        rn[0].material.color = Color.green;
    }
    //ゴールドのボタンがタップされたとき
    public void Gold()
```

```
    {
        //ボディの色をyellowにする
        rn[0].material.color = Color.yellow;
    }
}
```

VS2017メニューの「ビルド」→「すべてビルド」の実行を忘れないでください。

Lights On、Lights Offのボタンを追加する

いつものようにHierarchyの「Create」→「UI」→「Button」と選択してButtonを作成してください。最初のButtonの名前は「Light On」としておいてください。Light Onを選択してInspectorからWidthに200、Heightに50と指定しておきます。その後Textを開きButtonのTextにもLight Onと入力してください。Font Sizeには25と指定します。

Hierarchy からLight On を選択して、マウスの右クリックで表示されるDuplicateから、あと1個、複製を作成してください。名前は「Light Off」とし、Textの中身もこの名前に変更しておきます。これらのボタンは重なって表示されていますので、トランスフォームツールを使って図09-14のように配置して下さい。

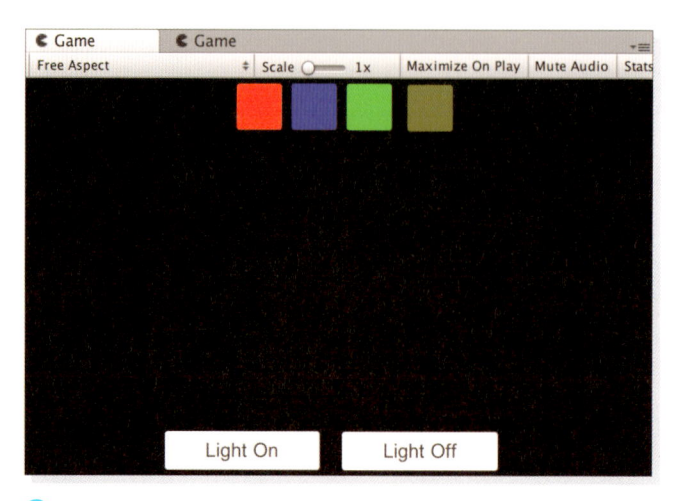

🔼 図09-14　Light操作に関するボタンを配置した

車体の色を変化させるスクリプトとボタンの色を関連付ける

　まず、HierarchyからRedを選択して、Inspectorを表示させ、「On Click ()」の＋をクリックします。「None (Object)」の欄に、HierarchyからBodyをドラッグ＆ドロップします。そして、「No Function」から「ChangeColor→Red ()」と選択してください。ほかのBlueボタンには「Blue ()」を、Greenボタンには「Green ()」を、Goldボタンには「Gold ()」を指定してください (9-15)。

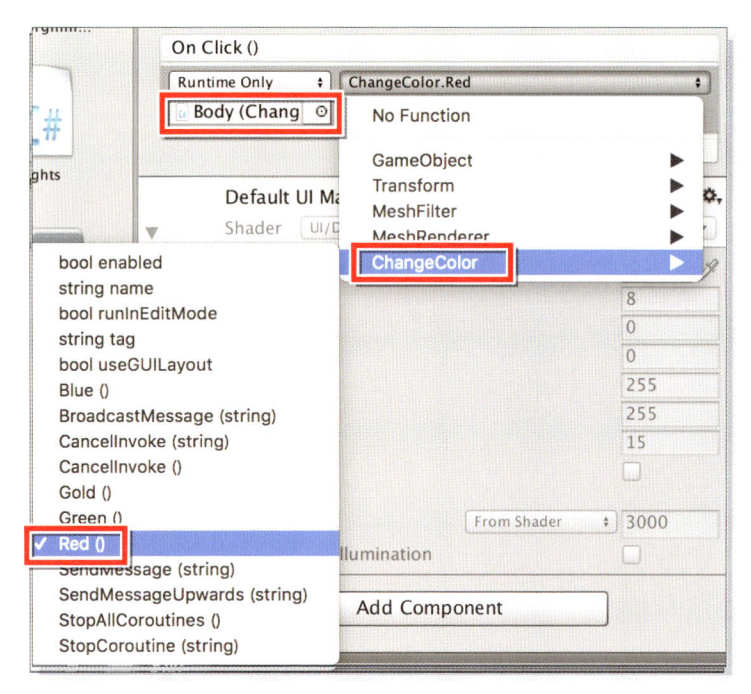

🔼 図09-15　車のボディの色とボタンの関連付け。ほかの色のボタンに対しても同様に関連付ける

　以上で車のボディの色を変更させる処理の実装は終わりです。

　ここまでのSceneをUnityメニューの「File」→「Save Scene as」からsyuuwa_ARkit_Chapter9として保存しておきましょう。

Lights On と Lights Off の実装

次にLights OnとLights Offを実装します。

　まず、HierarchyのCarの中のBodyをダブルクリックしてCarを大きく表示してください。正面のライトが見えるように右隅上の座標軸を使用して車を正面に向けてください（図09-16）。

⬆ **図09-16** 車を正面に向けた

　Hierarchyの「Create」→「Light」→「Spot Light」と選択します。このSpot Lightの名前をright lightと変更してCarの子要素としてください。InspectorからTransformのRotationのYには「-180」と指定します。LightのTypeには「Spot」を選択します。Intensityには「9」を指定して下さい。これは明るさの強度になります。またSpot Lightが車の背後に隠れると光が見えませんので、TransformのPositionのZの値をマウスで増減させながら、ライトの光がともるようにしてください。左右のライトともに同じです。Zの値によっては、Spot Lightが車の後ろに隠れてしまって、前面のライトが光らなくなりますので、注意してください。また、Positionの位置もいろいろ変更して、光がライトに当たるよう調節してください。right lightを選択して、マウスの右クリックで表示されるDuplicate

から複製を作成し、名前をleft lightに変更して、ライトの位置を左に移動させましょう。

設定が完了すれば、Inspectorからright lightとleft lightのチェックは外しておいてください（図09-17）。

チェックがついたままでは、最初からライトが点灯した状態で表示されてしまいます。

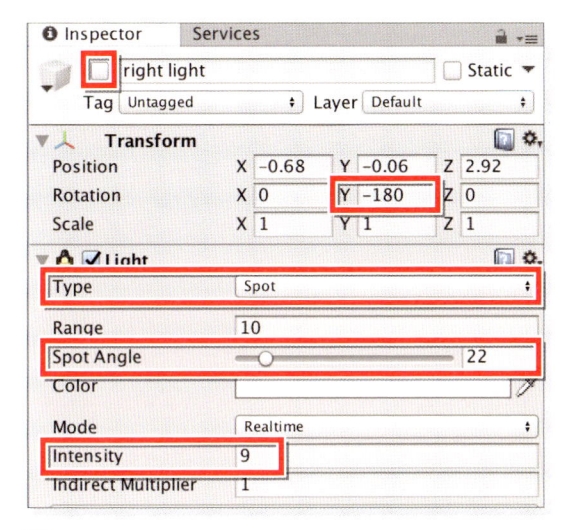

⬆ 図09-17　right lightのInspectorを設定した

right lightのInspectorの「Add Component」からLightsという新しいスクリプトを追加してください。LightsをダブルクリックしてVS2017を起動して、リスト9-2のコードを書きます。

リスト9-2　Lights.cs

```csharp
using System.Collections;
using System.Collections.Generic;
using UnityEngine;

public class Lights : MonoBehaviour
{
    //最初はライトはOffにしておきます
```

```
    void Start()
{
//LightのGameObjectをfalseにして表示します。ライトが消えています
gameObject.SetActive(false);
}
//ライトオンの処理
    public void LightsOn()
    {
//LightのGameObjectをtrueにして表示します。ライトが点灯します
        gameObject.SetActive(true);
    }
//ライトオフの処理
    public void LightsOff()
    {
//LightのGameObjectをfalseにします、するとライトが消えます
        gameObject.SetActive(false);
    }
}
```

VS2017メニューの「ビルド」→「すべてビルド」の実行を忘れないでください。

このLightsスクリプトはleft lightにも追加しておいてください。

スクリプトとボタンを関連付けていきましょう。Hierarchyから、Light Onを選択してInspectorを表示します。ここでは「On Click ()」の＋ボタンを2回クリックします。なぜなら、ライトは左右にあるからです。設定方法は何度も出てきていますのでわかると思います。図09-18のように設定してください。

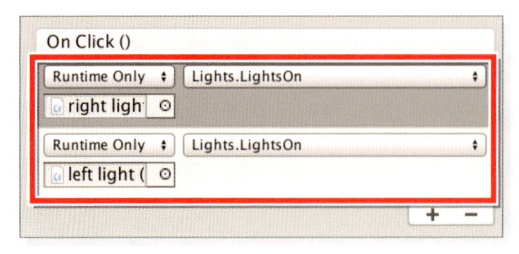

⬆ 図09-18　Light Onを設定した

同様に、Light Offに対しても設定してください。「No Function」には「Lights.lights Off」を指定することになります。

 ## UnityARHitTestExample.csにコードを追加する

Hierarchy内のHitCubeParentの子である、Carを選択して、UnityARHitTestExample.cs内に、ボタンをタップしたということを認識するコードを追加します。このコードを追加していないと、ボタンをタップしたのか、端末の画面をタップしたのか判断がつかず、ボタンタップの処理が実行されません。

追加するコードは第5章で解説していますので、そちらを参照してください。ボタンタップを認識させるコードはすべてにおいて共通なので、使い回しが可能です。

Unity ARKit Pluginのアップデートで、UnityARHitTestExample.csのコードの内容が少し変更されていますが、コードを追加する箇所は同じですので、すぐにわかると思います。

では、ここまでのSceneを上書き保存しておきましょう。

車体の色が変化しているのは図09-19になります。

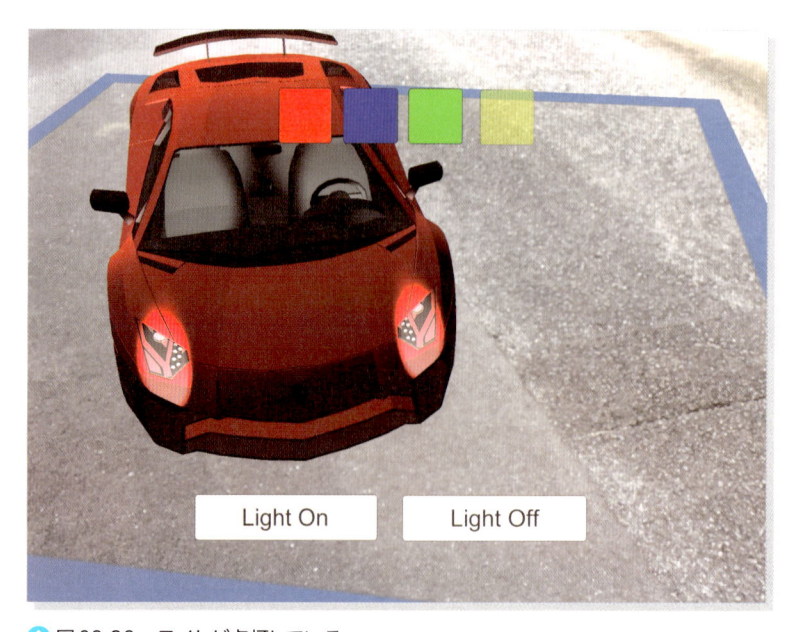

🔼 図09-19　車体の色が変化した

ライトが点灯しているのは図09-20になります。

🔼 図09-20　ライトが点灯している

03 端末にビルドする

このままの状態でビルドしてiPadで動かしてみましょう。

まず、Unityメニューの「File」→「Build Settings」と選択して、Scenes In Build内にたくさんのサンプルが登録されていますが、ここでは、syuuwa_ARkit_Chapter9という名前でサンプルを保存しているので、「Add Open Scenes」のボタンをクリックして、「syuuwa_ARkit_Chapter9」を表示させて、チェックをつけてください。その後、「Switch Platform」をクリックします。

次に、第2章でも解説していたように、「Switch Platform」の横にある「Player Settings」ボタンをクリックします。Other Settingsの、Bundle Identifier、Camera Usage Description、Target Device 、Target Minimum iOS Version等を設定してください。詳細については、第2章を参照してください。

ここの設定が終われば、iPadとMacを接続しておきましょう。

「Build And Run」をクリックすると、ファイル名を保存する画面が表示されるので、「syuuwa_ARkit_Chapter9」と入力して、「Save」ボタンをクリックしてください。

「Save」をクリックするとビルドが開始されます。

ビルドが完了するとXcodeの画面が起動します。

これ以後の操作は、第2章のXcodeの操作とまったく同じ手順なので、解説は割愛させていただきます。わからない方は、第2章を参照してください。

ただし、新規にプロジェクトを作成してビルドした場合、Xcodeから、アプリに信頼を与えよというメッセージが表示されることがあります。この件については、第3章で図付きで解説していますので、そちらを参照してくだ

さい。端末側で信頼を与える必要があります。

実際に動かしたのは動画9-1になります。

動画9-1　syuuwa_ARkit_Chapter9のサンプルを動かした動画

https://youtu.be/zpn-od4N3lc

10 モデルにパーティクルシステムを適用するには

この章では、モデルにパーティクルシステムを適用させて、特殊効果を持たせてみましょう。パーティクルシステムとは、シーン内で大量の小さな2Dの画像によって生みだされ、動きを付けられる水、雲、炎などの流体をシミュレーションするものです。この章のモデルとパーティクルシステムのAssetは、Asset Storeからダウンロードします。すべて無料で提供されています。

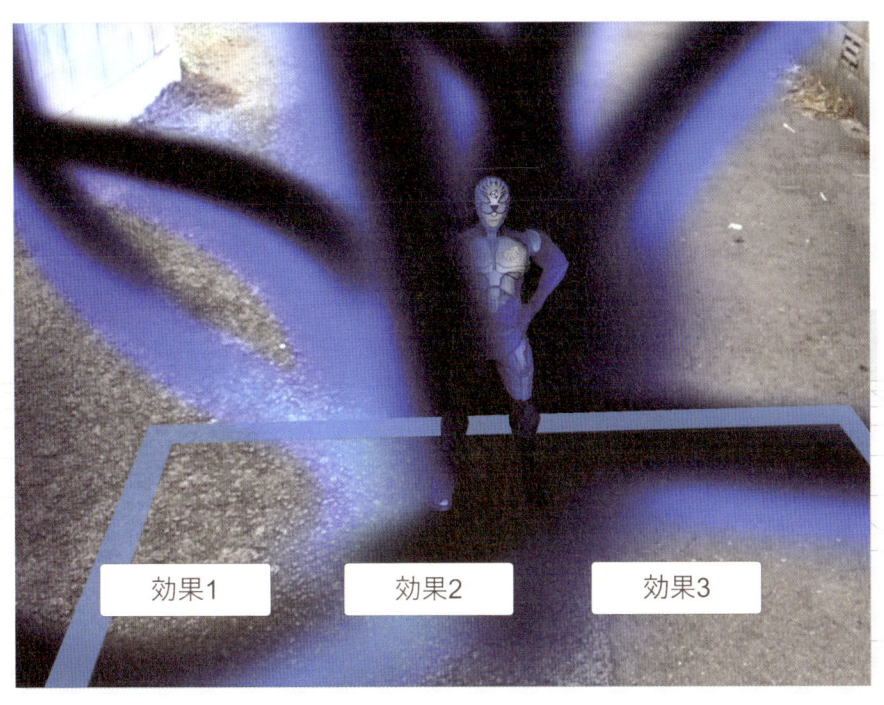

⬆ 図10-01　モデルにパーティクルシステムが適用されている

01 プロジェクトの作成

Unityを起動して新しくプロジェクトを作成します。プロジェクト名はなんでも構いませんが、ここではsyuuwa_ARkit_Chapter10としました。

 ## Asset StoreからARKitのPluginを取り込む

Asset Storeに入り、第2章で解説しているように「Unity ARKit Plugin」をインポートしておきましょう（図10-02）。

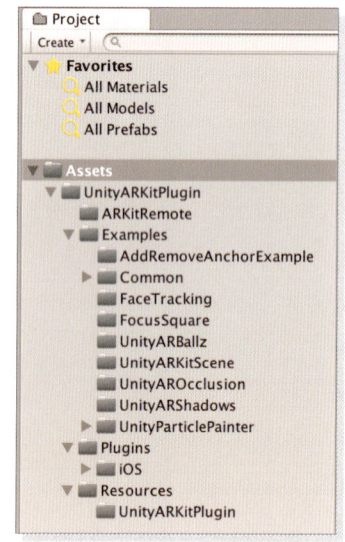

⬆ <u>図10-02</u>　Unity ARKit Pluginをインポートしてプロジェクトに取り込む

 ## Asset Storeからモデルをダウンロードする

　まずは、Asset Storeからパーティクルシステムを適用するモデルを「ダウンロード」→「インポート」します。検索欄に「Unity Mask」と入力すると、Unity Mask Manが表示されます。まずは、これをプロジェクト内に取り込んでください（図10-03）。

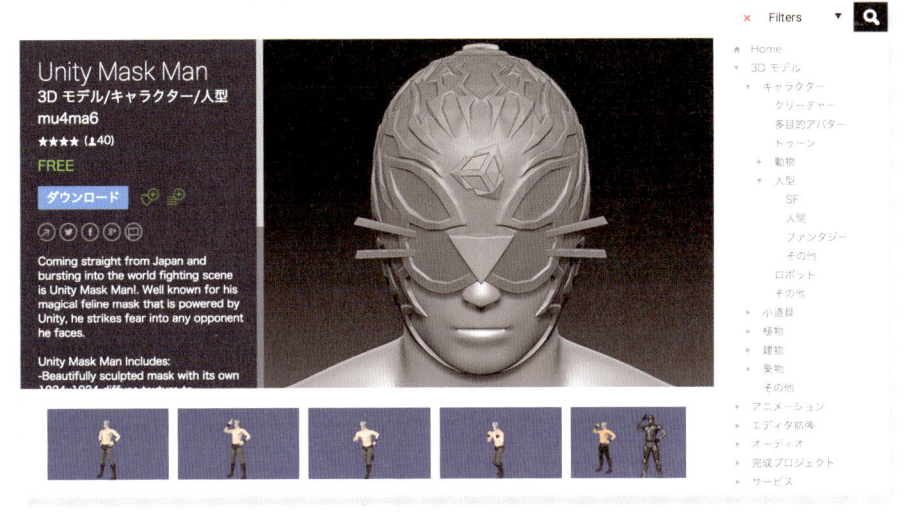

⬆ 図10-03　Unity Mask Manをインポートする

　同じく、Asset StoreからパーティクルシステムのAssetをダウンロードします。

 ## パーティクルシステムのAssetをダウンロードする

　検索欄に「Particle Ribbon」と入力して、虫眼鏡アイコンをクリックすると、Particle Ribbonが表示されますので、プロジェクト内に取り込んでください（図10-04）。

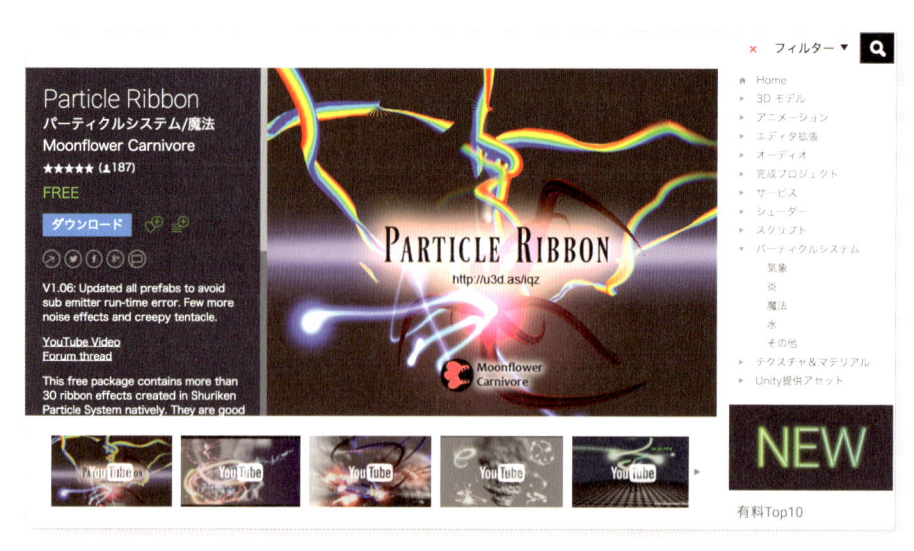

⬆ 図10-04　Particle Ribbonをインポートする

　するとProject内に、Unity Mask ManとParticle Ribbonのファイル
が取り込まれています（図10-05）。

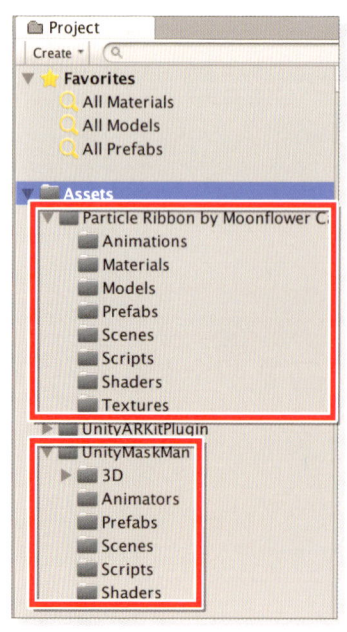

⬆ 図10-05　Unity Mask ManとParticle Ribbonのファイルが取り込まれた

 ## UnityARkitSceneのサンプルファイルを開く

Examplesフォルダ内のUnityARkitSceneのサンプルファイルをダブル
クリックすると、Hierarchy内に必要なファイルが表示されます。

Hierarchy内のRandomCubeとPointCloudParticleExampleの
チェックをInspectorから外してください。

 ## Unity Mask ManをHierarchyに配置する

まず、「Assets」→「UnityMaskMasn」→「Prefabs」フォルダ
内のUnityManをHitCubeParentの上にドラッグ＆ドロップして、
HitCubeParentの子としてください。その代わりに、先にあったHitCube
は削除してください（図10-06）。

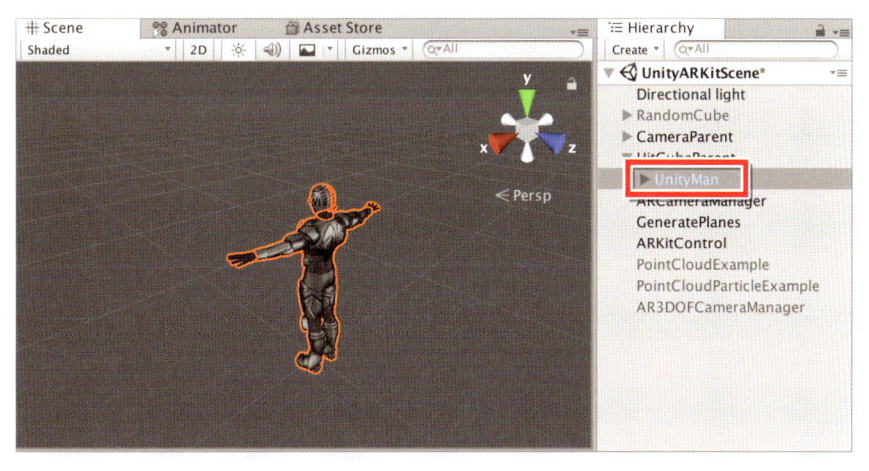

🔼 図10-06　UnityManをHitCubeParentの子とし、Inspector内を設定した

UnityManのInspectorの設定

　Hierarchy内のUnityManを選択して、Inspectorを表示します。TransformのRotationのYに180を指定してカメラの方を向けておきましょう。また、Scaleにもすべて4を指定してサイズを大きくしておきます。「Add Component」から、検索欄に「Unity」と入力して、「Unity AR Kit Test Example」を選択して追加します。「Hit Transform」には、右端の⊙アイコンをクリックして、Select Transformのウインドウを表示して、HitCubeParentを選択します（図10-07）。

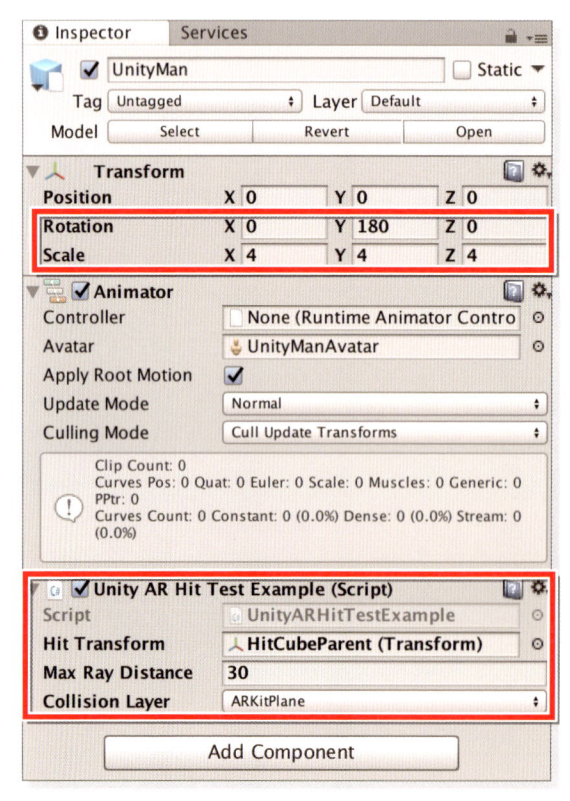

⬆図10-07　Unity AR Kit Test Exampleを追加し、Hit Transformには、HitCubeParentを指定する

UnityManにパーティクルシステムを追加する

　まず、「Assets」→「Particle Ribbon by Moonflower Carnivore」
→「Prefabs」内にある、spiral_02.1.3 NoiseをUnityManの上にド
ラッグドロップします。すると、Scene画面ですぐにパーティクルが実行
されますが、気にしないでいてください。次に同じく、Liberate_05.1
Fairydust cheapをUnityManの上にドラッグ&ドロップします。もう1
個、Liberate_04.2 Darknessを配置します。全部で3個のパーティクル
システムが配置されたことになります（図10-08）。

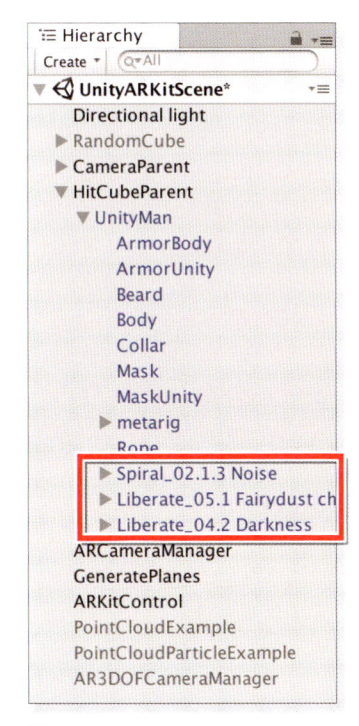

⬆図10-08　3個のパーティクルシステムを配置した

　これら、3個のパーティクルシステムを一度に選択してInspectorを表示
させて、ParyticleSystem内のPlay On Awakeのチェックを外しておき
ます。ここにチェックが入っているとアプリを起動した途端、自動的にパー

ティクルが実行されます（図10-09）。

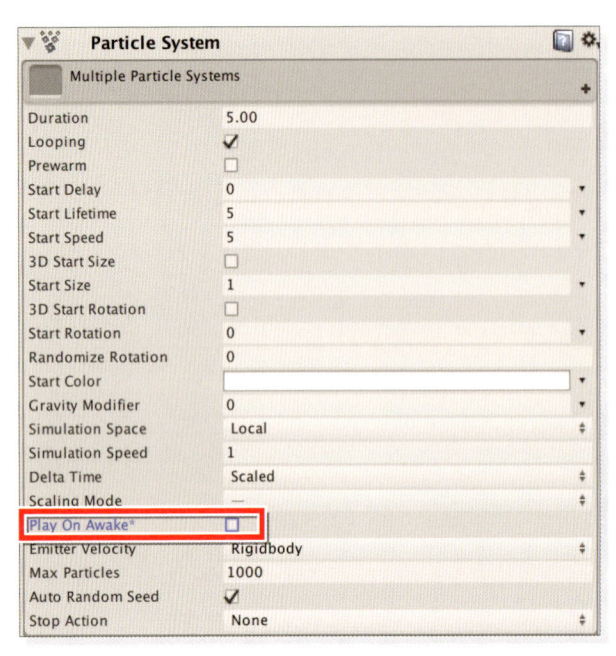

⬆ 図10-09　配置した3個のパーティクルシステムのPlay On Awakeのチェックを外す

パーティクルを切り替えるためのボタンの追加

　まず、パーティクルを切り替えるためのボタンを3個配置しましょう。Hierarchyの「Create」→「UI」→「Button」と選択してください。Canvasは大変に大きいので、Scene画面を縮小していくとButtonが表示されます。

　Canvasを選択してInspectorを表示して、「Canvas Scaler（Script）」の「UI Scale Mode」を「Scale Width Screen Size」に指定してください（図10-10）。

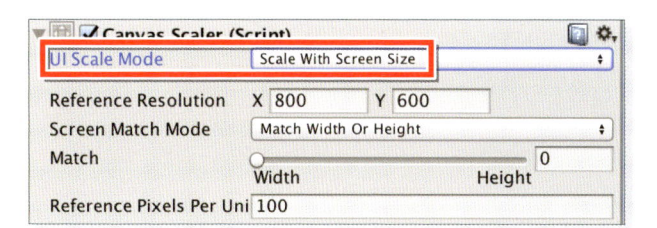

🔼 図10-10　「UI Scale Mode」を「Scale Width Screen Size」に指定

　次にHierarchyのButtonを選択して名前をParticle1としてください。InspectorからRect TransformのWidthとHeightに160と50を指定してください。Particle1のボタンを展開するとTextが表示されますので、選択してInspectorを表示して、Text欄に「効果1 」と入力しFont Sizeに25を指定しておきます（図10-11）。

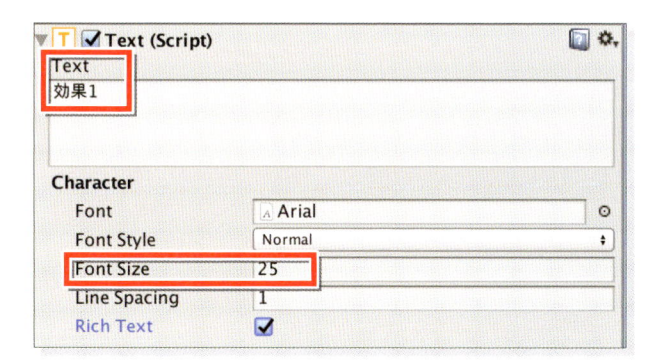

🔼 図10-11　Particle1ボタンのTextのInspectorを設定した

　作成した、Particle1のButtonをHierarchy内で選択して、マウスの右クリックで表示されるDuplicateから、あと、2個のButtonの複製を作ってください。名前は「Particle2」、「Particle3」とします。Hierarchyの中は図10-12のようになります。また、ボタンのTextの中身は、「効果2」、「効果3」としておいてください。これらのボタンは重なって表示されていますので、トランスフォームツールを使って図10-13のように配置して下さい。

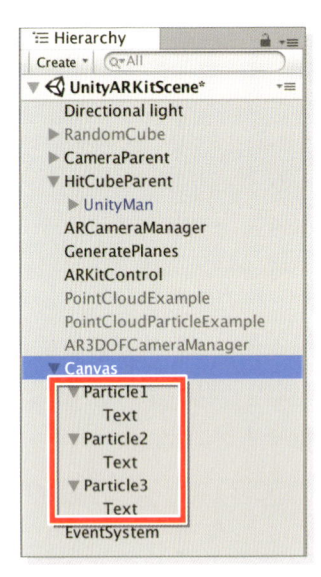

⬆ 図10-12　ボタンを配置したHierarchyの内容

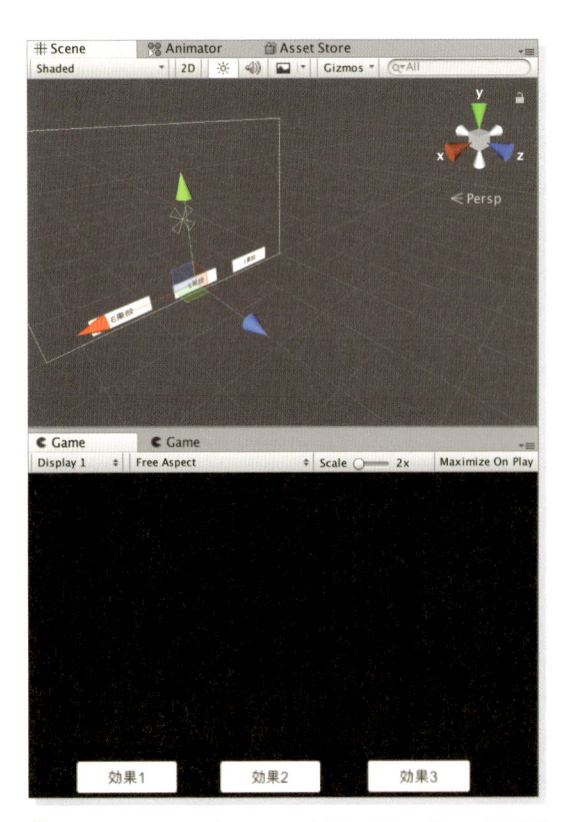

⬆ 図10-13　ParticleSystemを切り替えるボタンを配置した

ここまでのSceneをUnityメニューの「File」→「Save Scene as」から、syuuwa_ARkit_Chapter10として保存しておきましょう。

解説が前後しましたが、UnityMaskのInspectorのAnimatorのControllerには。右隅の◉アイコンから、UnityMaskManAnimatorを選択しておきましょう（図10-14）。特に選択しなくても問題はないのですが、何も指定しなかった場合はUnityMaskが棒立ちのようになってしまい、面白くありません。

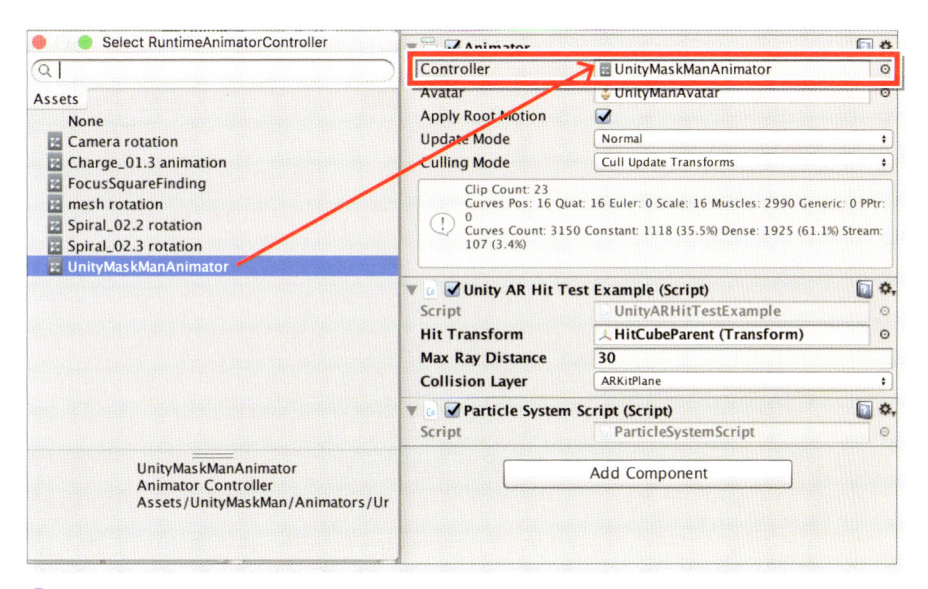

⬆ 図10-14　AnimatorのControllerを指定する

プログラムを書く

HierarchyからUnityMaskを選択してInspectorを表示し、「Add Component」から、新しいスクリプトを作成します。Nameは ParticleSystemScriptとし、LanguageにはC Sharpを指定します。 Inspectorに追加された、ParticleSystemScriptをダブルクリックする とVS2017が起動しますので、リスト10-1のコードを記述します。

リスト10-1 ParticleSystemScript.cs

```csharp
using System.Collections;
using System.Collections.Generic;
using UnityEngine;

public class ParticleSystemScript : MonoBehaviour
{
//各GameObject型の変数objからobj3を宣言します
    GameObject obj;
    GameObject obj2;
    GameObject obj3;

//各ParticleSystem型の変数psからps3を宣言します
    ParticleSystem ps;
    ParticleSystem ps2;
    ParticleSystem ps3;

    void Start()
    {
//Hierarchy内に配置された各パーティクルにGameObject型の変数で参照します
        obj = GameObject.Find("Spiral_02.1.3 Noise");
        obj2 = GameObject.Find("Liberate_05.1 Fairydust cheap");
        obj3 = GameObject.Find("Liberate_04.2 Darkness");
```

```
//GetComponentでParticleSystemにアクセスしParticleSystem型の変数で参照します
        ps = obj.GetComponent<ParticleSystem>();
        ps2 = obj2.GetComponent<ParticleSystem>();
        ps3 = obj3.GetComponent<ParticleSystem>();

//最初はすべてのParticleSystemを非表示にしておきます
        obj.SetActive(false);
        obj2.SetActive(false);
        obj3.SetActive(false);
    }

//「効果1」のボタンがタップされた時
    public void Ps1Start()
    {
//piral_02.1.3 Noiseのパーティクルだけを実行し、他のパーティクルは停止します
        ps2.Stop();
        ps3.Stop();
        obj.SetActive(true);
        obj2.SetActive(false);
        obj3.SetActive(false);

        ps.Play();
    }

//「効果2」のボタンがタップされた時
    public void Ps2Start()
    {
//Liberate_05.1 Fairydust cheapのパーティクルだけを実行し、
//他のパーティクルは停止します
        obj.SetActive(false);
        obj2.SetActive(true);
        obj3.SetActive(false);
        ps.Stop();
        ps3.Stop();

        ps2.Play();
    }
//「効果3」のボタンがタップされた時
    public void Ps3Start()
    {
```

```
// Liberate_04.2 Darknessのパーティクルだけを実行し、他のパーティクルは停止します
        obj.SetActive(false);
        obj2.SetActive(false);
        obj3.SetActive(true);
        ps.Stop();
        ps2.Stop();

        ps3.Play();
    }
}
```

VS2017メニューの「ビルド」→「すべてビルド」を必ず実行してください。

スクリプトとボタンを関連付ける

　まず、HierarchyからParticle1を選択して、Inspectorを表示させ、「On Click()」の+をクリックします。「None(Object)」の欄に、HierarchyからUnityMaskをドラッグ&ドロップします。そして、「No Function」から「ParticleSystemScript→Ps1Start()」と選択してください。ほかのParticle2ボタンには「Ps2Start()」を、Particle3ボタンには「Ps3Start()」を指定してください(図10-15)。

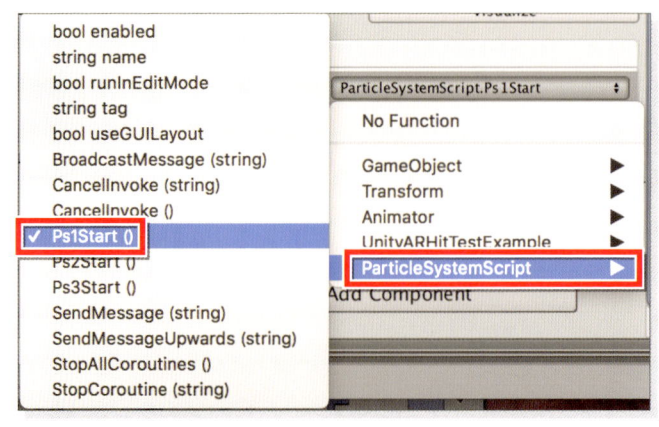

⬆ 図10-15　パーティクルとボタンの関連付け。ほかのボタンに対しても同様に関連付ける

UnityARHitTestExample.csにコードを追加する

　Hierarchy内のHitCubeParentの子である、UnityMaskを選択して、UnityARHitTestExample.cs内に、ボタンをタップしたということを認識するコードを追加します。このコードを追加していないと、ボタンをタップしたのか、端末の画面をタップしたのか、判断がつかず、ボタンタップの処理が実行されません。

　追加するコードは第5章で解説していますので、そちらを参照してください。ボタンタップを認識させるコードはすべてにおいて共通なので、使い回しが可能です。

　Unity ARKit Pluginのアップデートで、UnityARHitTestExample.csのコードの内容が少し変更されていますが、コードを追加する箇所は同じですので、すぐにわかると思います。

　では、ここまでのSceneを上書き保存しておきましょう。

　「効果1」のパーティクルは図10-16になります。

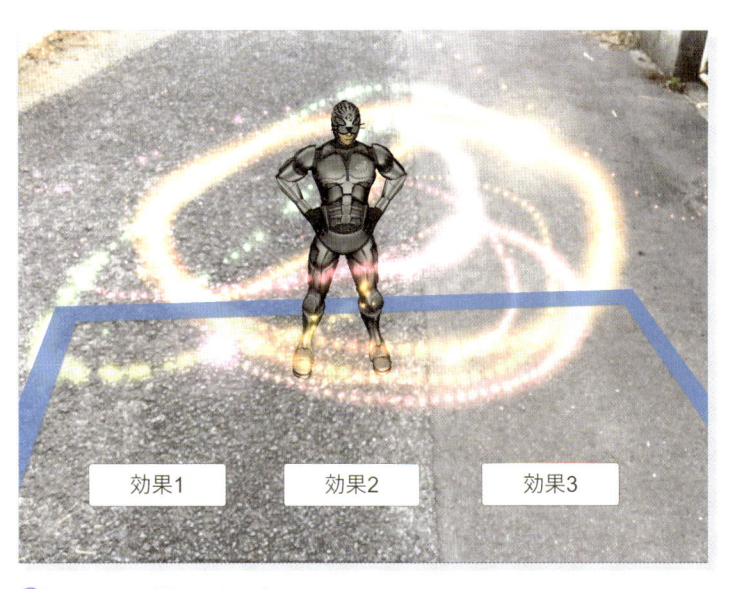

⬆ 図10-16　「効果1」のパーティクル

「効果2」のパーティクルは図10-17になります。

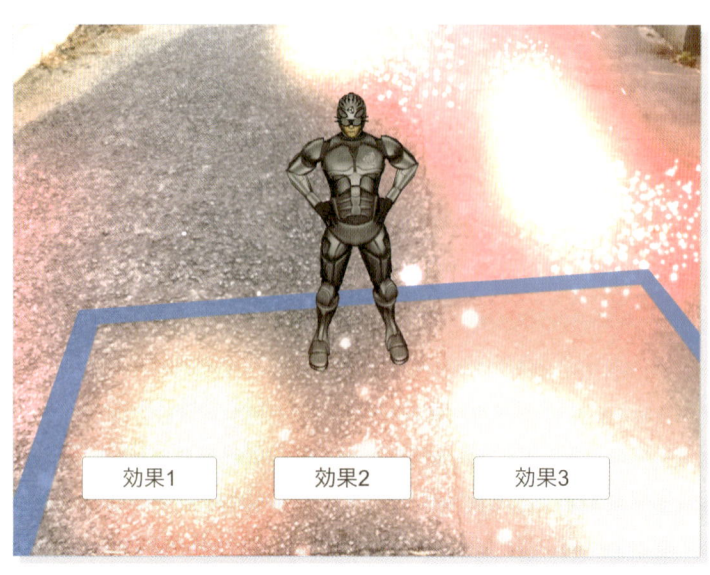

⬆ 図10-17 「効果2」のパーティクル

「効果3」のパーティクルは図10-18になります。

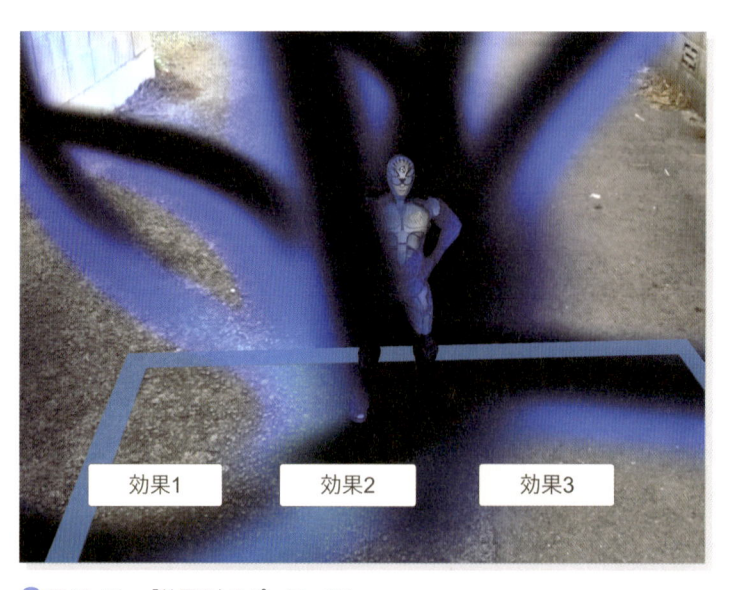

⬆ 図10-18 「効果3」のパーティクル

端末にビルドする

このままの状態でビルドしてiPadで動かしてみましょう。

まず、Unityメニューの「File」→「Build Settings」と選択して、Scenes In Build内にたくさんのサンプルが登録されていますが、ここでは、syuuwa_ARkit_Chapter10という名前でサンプルを保存しているので、「Add Open Scenes」のボタンをクリックして、「syuuwa_ARkit_Chapter10」を表示させて、チェックをつけてください。その後、「Switch Platform」をクリックします。

次に、第2章でも解説していたように、「Switch Platform」の横にある「Player Settings」ボタンをクリックします。Other Settingsの、Bundle Identifier、Camera Usage Description、Target Device 、Target Minimum iOS Version等を設定してください。詳細については、第2章を参照してください。

ここの設定が終われば、iPadとMacを接続しておきましょう。

「Build And Run」をクリックすると、ファイル名を保存する画面が表示されるので、「syuuwa_ARkit_Chapter10」と入力して、「Save」ボタンをクリックしてください。

「Save」をクリックするとビルドが開始されます。

ビルドが完了するとXcodeの画面が起動します。

これ以後の操作は、第2章のXcodeの操作とまったく同じ手順なので、解説は割愛させていただきます。わからない方は、第2章を参照してください。

ただし、新規にプロジェクトを作成してビルドした場合、Xcodeから、アプリに信頼を与えよというメッセージが表示されることがあります。この件につきましては、第3章で図付きで解説していますので、そちらを参照して

ください。端末側で信頼を与える必要があります。

実際に動かしたのは動画10-1になります。

動画10-1　syuuwa_ARkit_Chapter10のサンプルを動かした動画

https://youtu.be/Qm9lUfjjZ0c

GameObjectの配列を使うには

この章では、GameObjectの配列に、いろいろなモデルを格納して、画面タップで、格納されたモデルをランダムに表示させる方法を解説しましょう。GameObjectの配列にモデルを格納しておくと、ランダムに取り出すのではなく、インデックス番号を指定して取り出すこともできるので、大変に便利です。

⬆ 図11-01　ランダムにドラゴンを取得して表示させている

01 プロジェクトの作成

Unityを起動して新しくプロジェクトを作成します。プロジェクト名はなんでも構いませんが、ここではsyuuwa_ARkit_Chapter11としました。

Asset StoreからARKitのPluginを取り込む

Asset Storeに入り、第2章で解説しているように「Unity ARKit Plugin」をインポートしておきましょう（図11-02）。

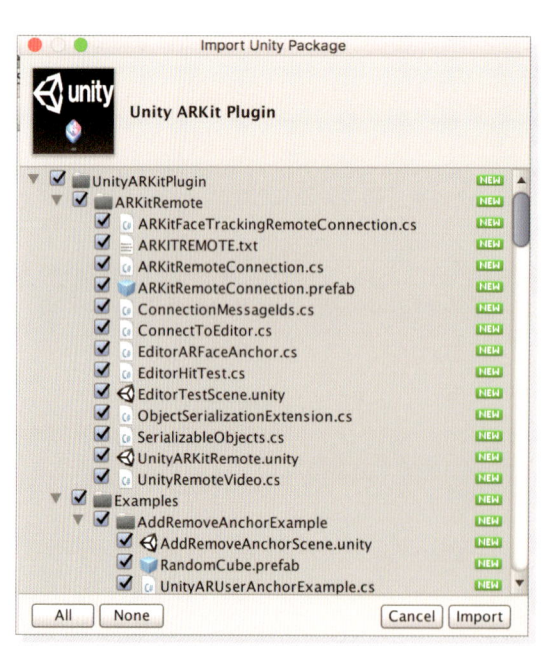
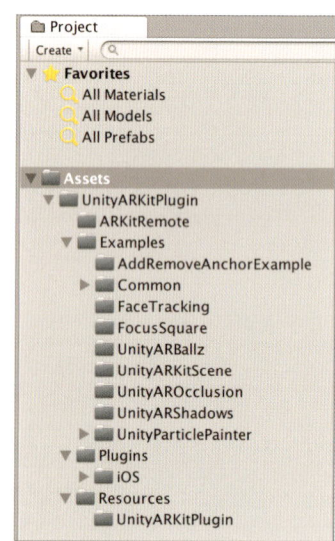

⬆ 図11-02　Unity ARKit Pluginをインポートしてプロジェクト内に取り込む

 Asset Storeからモデルをダウンロードする

　まずは、Asset StoreからGameObjectに格納するモデルを「ダウンロード」→「インポート」します。検索欄に「Little Dragon:Sea」と入力すると、Little Dragonが表示されます。まずは、これをプロジェクト内に取り込んでください（図11-03）。ただしこのAssetは有料になります。有料のAssetに抵抗のある方は、無料のUnitychan、Robot Kyle、Unity Mask Man等を別個にダウンロードして使用していただいても構いません。ここでは、筆者が過去に購入したLittle Dragonを使用させていただきます。

⬆ 図11-03　Little Dragon:Seaをインポートする

　すると、Project内に、Little Dragon:Seaのファイルが取り込まれています（図11-04）。

⬆ 図11-04　Little Dragon:Seaのファイルが取り込まれた

　ここで、Unityのメニューから「File」→「Save Scene as」と選択して、syuuwa_ARkit_Chapter11として保存しておきましょう。

UnityARkitSceneのサンプルファイルを開く

　Examplesフォルダ内のUnityARkitSceneのサンプルファイルをダブルクリックすると、Hierarchy内に必要なファイルが表示されます。
　Hierarchy内のRandomCubeとPointCloudParticleExampleのチェックをInspectorから外してください。

DragonsCollectionをHierarchyに配置する

　Hierarchy内のHitCubeParentの子であるHitCubeをマウスの右クリックで削除してください。次に、HitCubeParentを選択してマウス

の右クリックで表示されるメニューから、Create Emptyを選択してください。すると、HitCubeParent内に空のGameObjectが作成されますので、名前を DragonsCollectionとしておいてください。この作成したDragonsCollectionを選択してInspectorを表示させて、「Add Component」の検索欄に「Unity」と入力して、表示される項目から、Unity AR Hit Test Exampleを追加してください（図11-05）。Hit TransformにはHitCubeParentを指定してください。

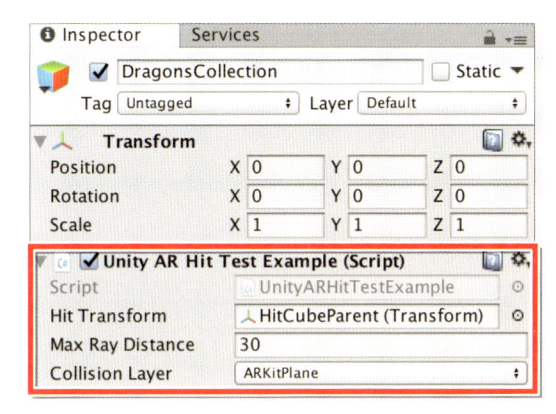

🔼 図11-05　DragonsCollectionにUnity AR Hit Test Exampleを追加した

　この作成したDragonsCollectionの上に、「Assets」→「Malbers Animation」→「Dragons」→「Sea Dragon」→「Prefabs」フォルダ内の中の各フォルダに別れた中にあるPrefabファイルをドラッグ＆ドロップしてください。ただ、水色のCubeで存在しているPrefabは、一体どんなDragonなのかわかりません。その場合はCubeの横に表示されている▶ アイコンをクリックすると、中身が展開されて、小さいですがDragonを確認することができます（図11-06）。

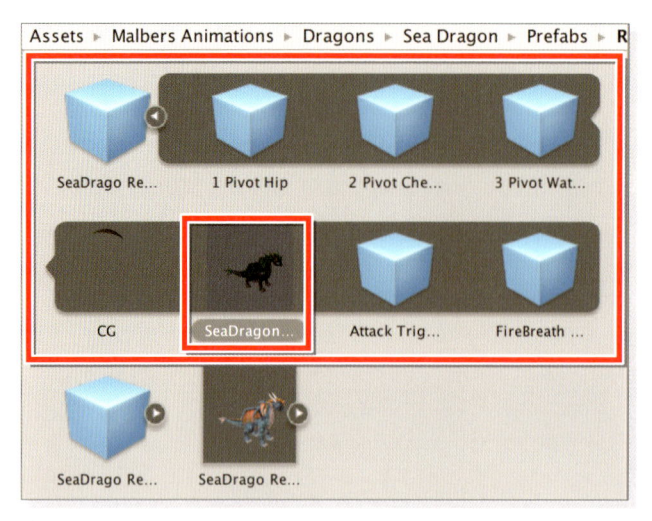

⬆ 図11-06 Cube を展開して Dragon を確認できる

　図11-06の方法で確認して、気に入ったＤｒａｇｏｎのｐｒｅｆａｂを Hierarchy の DragonsCollection の上にドラッグ＆ドロップしてください。 5つほど配置するといいでしょう。筆者は図11-07のように配置しました。

⬆ 図11-07　5つの Dragon を DragonsCollection の下に配置した

HierarchyのDragonsCollection内に配置したDragonのInspectorの設定

　HierarchyのDragonsCollection内に配置した5つのDragonを一度に選択して、Inspectorを表示させてください。まず、TransformのRotationのYに180と指定してカメラの方を向けます。Dragonのサイズはデフォルトでは大きいので、5つともすべて同じ大きさにしておきましょう。Scaleのすべての値に、0.3と指定してください（図11-08）。

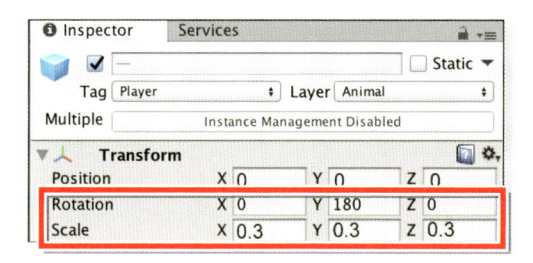

⬆ 図11-08　5つのDragonのInspectorを一気に設定する

　この5つのDragonをInspectorで見ると、いろいろなコンポーネントが付加されています。ほとんどが不要ですので、図11-09のような内容にしてください。

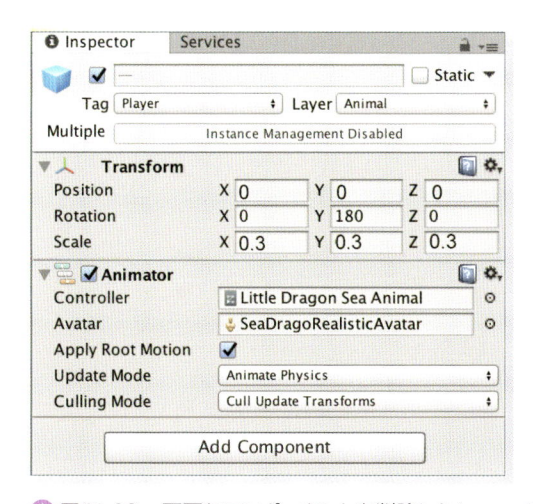

⬆ 図11-09　不要なコンポーネントを削除したInspector

コンポーネントを削除する場合は、右端に表示されている歯車アイコンをクリックして、Remove Componentから削除できます（図11-10）。ただ、他のコンポーネントと関連づいているものは削除できませんので、まずは、削除できるコンポーネントを削除していけば、最後にはすべて削除できます。

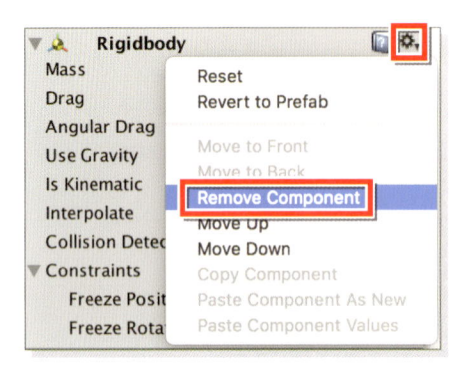

⬆ 図11-10　コンポーネントは歯車アイコンから削除する

DragonをPrefab化する

Hierarchy内のHitCubeParentの子であるDragonsCollectionに追加した、5つのDragonをAssetsフォルダにドラッグ＆ドロップしてPrefab化してください（図11-11）。DragonsCollectionの中に残っている5つのDragonは削除してください。

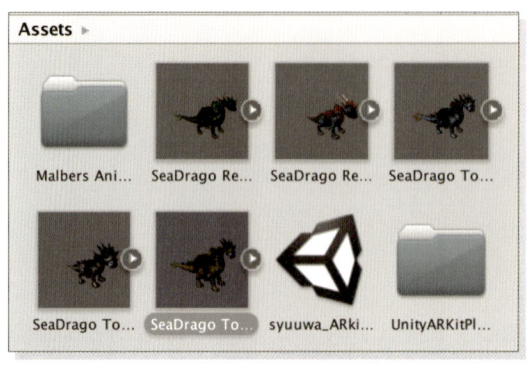

⬆ 図11-11　5つのDragonをPrefab化した

02 プログラムを書く

HierarchyからDragonsCollectionを選択してInspectorを表示し、UnityARHitTestExample.csをリスト11-1のように編集します。

リスト11-1　UnityARHitTestExample.cs

```csharp
using System;
using System.Collections.Generic;

namespace UnityEngine.XR.iOS
{
    public class UnityARHitTestExample : MonoBehaviour
    {
        public Transform m_HitTransform;
        public float maxRayDistance = 30.0f;
        public LayerMask collisionLayer = 1 << 10; //ARKitPlane layer
        //publicな配列変数GameObject型のdragonsを宣言します
        public GameObject[] dragons;
        //ランダムな数を格納するint型の変数numberを宣言します
        private int number;


        //以下コメントアウトします
        //bool HitTestWithResultType (ARPoint point, ARHitTestResultTy
pe resultTypes)
        //{
        //     List<ARHitTestResult> hitResults =
        //     UnityARSessionNativeInterface.
        //     GetARSessionNativeInterface ().
        //     HitTest(point, resultTypes);
        //     if (hitResults.Count > 0) {
        //         foreach (var hitResult in hitResults) {
        //             Debug.Log ("Got hit!");
        //             m_HitTransform.position = UnityARMatrixOps.Ge
tPosition (hitResult.worldTransform);
```

```
//                m_HitTransform.rotation = UnityARMatrixOps.Ge
tRotation (hitResult.worldTransform);
//                Debug.Log (string.Format ("x:{0:0.######}
//    y:{1:0.######} z:{2:0.######}", m_HitTransform.position.x, m_
//    HitTransform.position.y, m_HitTransform.position.z));
//                return true;
//          }
//      }
//    return false;
//}
//コメントアウト終わり

//ランダムなDragonを生成するCeateObj関数
void CreateObj(Vector3 atPosition)
{
    //変数numberに生成される乱数を格納します
    number = Random.Range(0, dragons.Length);
    //Instantiateに、配列変数であるdragonのインデックスに乱数を指定して、
    //ドラゴンの複製を生成します
    GameObject dragon = Instantiate(dragons[number], atPosi
tion, Quaternion.identity);
    dragon.transform.LookAt(dragons[number].transform);
    dragon.transform.rotation = Quaternion.Euler(0.0f,
    dragon.transform.rotation.eulerAngles.y,
    dragon.transform.rotation.z);
}

void Update()
{
    //以下コメントアウト
    // #if UNITY_EDITOR   //we will only use this script on
    // the editor side, though there is nothing that would
    // prevent it from working on device
    // if (Input.GetMouseButtonDown (0)) {
    // Ray ray = Camera.main.ScreenPointToRay (Input.mouse
    // Position);
    // RaycastHit hit;

    //  //we'll try to hit one of the plane collider gameob
jects that were generated by the plugin
```

```
            //  //effectively similar to calling HitTest with ARHit
TestResultType.ARHitTestResultTypeExistingPlaneUsingExtent
            //  if (Physics.Raycast (ray, out hit, maxRayDistance,
collisionLayer)) {
            //      //we're going to get the position from the cont
act point
            //      m_HitTransform.position = hit.point;
            //      Debug.Log (string.Format ("x:{0:0.######}
            //      y:{1:0.######} z:{2:0.######}",
            //      m_HitTransform.position.x, m_HitTransform.
            //      position.y, m_HitTransform.position.z));

            //      //and the rotation from the transform of the pl
ane collider
            //      m_HitTransform.rotation = hit.transform.rotation;
            //  }
            //}
            //#else
            //コメントアウト終わり

            if (Input.touchCount > 0 && m_HitTransform != null)
            {
                var touch = Input.GetTouch(0);
                if (touch.phase == TouchPhase.Began || touch.phase
== TouchPhase.Moved)
                {
                    var screenPosition = Camera.main.ScreenToViewpo
rtPoint(touch.position);
                    ARPoint point = new ARPoint
                    {
                        x = screenPosition.x,
                        y = screenPosition.y
                    };
                    //以下、Unity ARKit Pluginがアップデート前のコードを使用
                    List<ARHitTestResult> hitresults = UnityARSessi
onNativeInterface.GetARSessionNativeInterface().HitTest(point, ARHi
tTestResultType.ARHitTestResultTypeFeaturePoint);
                    if (hitresults.Count > 0)
                    {
                        foreach (var hitResult in hitresults)
```

```
                            {
                                    Vector3 position = UnityARMatrixOps.Get
        Position(hitResult.worldTransform);

                                    //CreateObj関数を呼び出して、タップした位置に
                                    //ランダムなドラゴンを表示します
                                    CreateObj(new Vector3(position.x, posit
        ion.y, position.z));

                                    break;
                            }
                    }
                    //以下コメントアウト
                    // prioritize reults types
                    //ARHitTestResultType[] resultTypes = {
                    //      ARHitTestResultType.ARHitTestResultTypeEx
        istingPlaneUsingExtent,
                    //      // if you want to use infinite planes use
         this:
                    //      //ARHitTestResultType.ARHitTestResultType
        ExistingPlane,
                    //      ARHitTestResultType.ARHitTestResultTypeHo
        rizontalPlane,
                    //      ARHitTestResultType.ARHitTestResultTypeFe
        aturePoint
                    //};

                    //foreach (ARHitTestResultType resultType in re
        sultTypes)
                    //{
                    //      if (HitTestWithResultType (point, resultT
        ype))
                    //      {
                    //          return;
                    //      }
                    //}
                    //コメントアウト終わり
                }
            }
            //ここもコメントアウト
            //#endif
```

```
        }
      }
    }
```

VS2017メニューの「ビルド」→「すべてビルド」を実行してください。

UnityARHitTestExampleに追加された Dragonsのプロパティにドラゴンを指定する

UnityARHitTestExample.cs内でpublic変数として宣言した配列変数 のDragonsが、Inspector内に表示されますので、これを展開してSize に5を指定します。すると、Element 0からElement 4の要素が表示さ れますので、空欄の場所に、Assetsフォルダで作成しておいたドラゴンの Prefabをドラッグ&ドロップしていってください（図11-12）。

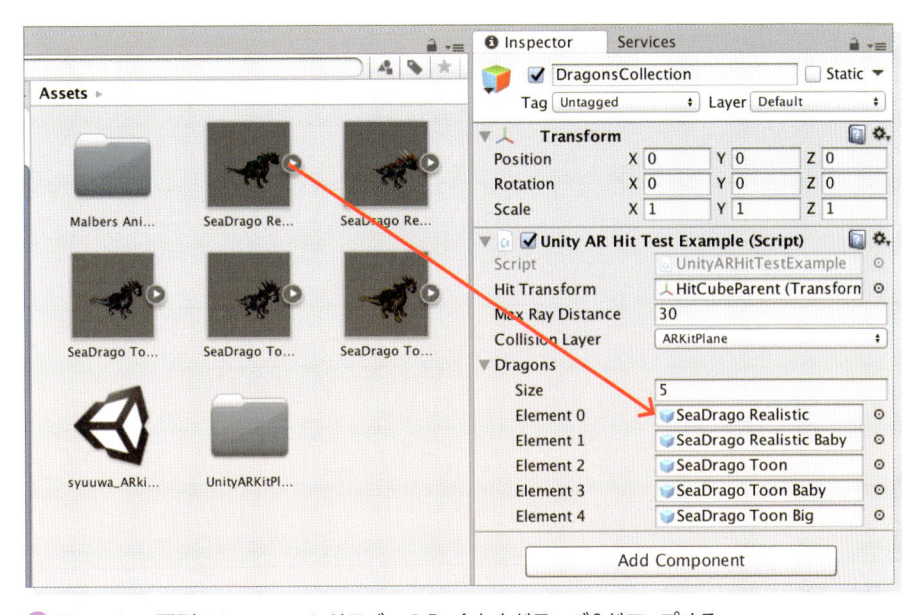

⬆ 図11-12　配列のDragonsにドラゴンのPrefabをドラッグ&ドロップする

　配列からドラゴンをランダムに取り出して表示したのが図11-13になります。認識された平面をタップするだけで、Dragonがランダムに表示されます。

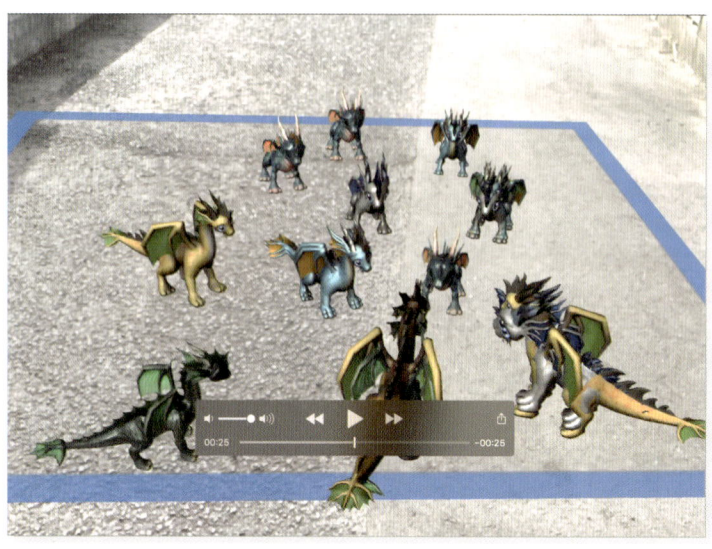

⬆ <u>図11-13</u>　配列からドラゴンをランダムに取り出して表示

03 端末にビルドする

このままの状態でビルドしてiPadで動かしてみましょう。

まず、Unityメニューの「File」→「Build Settings」と選択して、Scenes In Build内にたくさんのサンプルが登録されていますが、ここでは、syuuwa_ARkit_Chapter11という名前でサンプルを保存しているので、「Add Open Scenes」のボタンをクリックして、「syuuwa_ARkit_Chapter11」を表示させて、チェックをつけてください。その後、「Switch Platform」をクリックします。

次に、第2章でも解説していたように、「Switch Platform」の横にある「Player Settings」ボタンをクリックします。Other Settingsの、Bundle Identifier、Camera Usage Description、Target Device 、Target Minimum iOS Version等を設定してください。詳細については、第2章を参照してください。

ここの設定が終われば、iPadとMacを接続しておきましょう。

「Build And Run」をクリックすると、ファイル名を保存する画面が表示されるので、「syuuwa_ARkit_Chapter11」と入力して、「Save」ボタンをクリックしてください。

「Save」をクリックするとビルドが開始されます。

ビルドが完了するとXcodeの画面が起動します。

これ以後の操作は、第2章のXcodeの操作とまったく同じ手順なので、解説は割愛させていただきます。わからない方は、第2章を参照してください。

ただし、新規にプロジェクトを作成してビルドした場合、Xcodeから、アプリに信頼を与えよというメッセージが表示されることがあります。この件については、第3章で図付きで解説していますので、そちらを参照してくだ

さい。端末側で信頼を与える必要があります。

実際に動かしたのは動画11-1になります。

動画11-1 syuuwa_ARkit_Chapter11のサンプルを動かした動画

https://youtu.be/_AlicLVXJQY

動画を見るとわかりますが、認識された平面以外の空中をタップした場合は、異常に大きなDragonが表示されています。

12 Shaderを使って別世界への入り口ドアを作る

この章では、「別世界への入り口ドア」のような処理を作ってみます。現実世界から、別な世界にワープできるような処理です。別世界用に使用するのは単なる.mp4の動画です。この章のサンプルを作るにあたってはShaderが重要な役割を果たします。このサンプルで使用するShaderはダウンロードされたプロジェクトの「素材」フォルダの中に入っていますので、そのShaderを使用すれば、特にShaderを意識することはありません。本書では特にShaderについては触れていませんが、まったく触れていないのも不親切ですので、Shaderの概要についてだけ、この章の最後に追加しておきました。

⬆ 図12-01　別な世界に通じる入り口が見えている

01 プロジェクトの作成

Unityを起動して「プロジェクト」を作成しましょう。

ここではプロジェクト名は「syuuwa_ARkit_Chapter12」というプロジェクト名にしていますが、各自がわかりやすい名前にするといいでしょう。

Asset StoreからARKitのPluginを取り込む

Asset Storeに入り、第2章で解説しているように「Unity ARKit Plugin」をインポートしておきましょう（図12-02）。

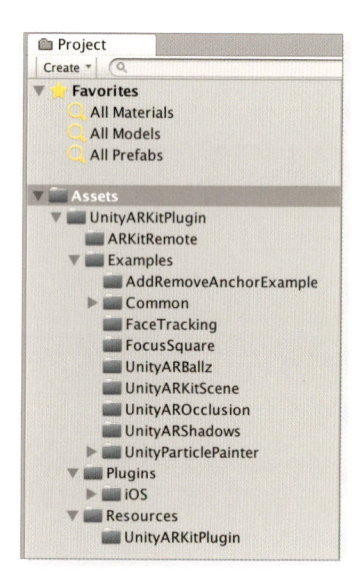

⬆ 図12-02 Unity ARKit Pluginをインポートしてプロジェクト内に取り込む

　このサンプル処理の肝となる部分は、Sphereの中に「Video Player」を適用して、その中に.mp4動画を入れておくことです。入り口となる部分だけ表示させて、周囲は透明化して現実世界を表示させます。この透明化の処理にShaderが必要なのです。Shaderについて本格的に学びたい方は、Shaderに関する書籍を1冊読まれることをお勧めします。

サンプルのUnityARkitSceneを開く

　ExamplesフォルダのUnityARkitSceneのサンプルファイルをダブルクリックすると、Hierarchy内に必要なファイルが表示されます。ここでは、RandamCube、GeneratePlanes、PointCloudParticleExampleのチェックを外してください。最初からチェックが外れているものはそのままにしておいてください（図12-03）。

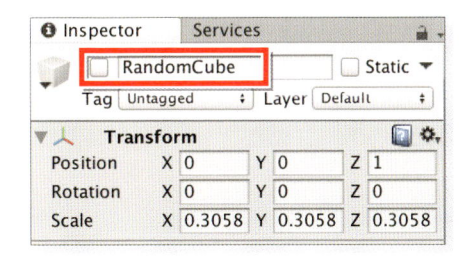

⬆ 図12-03　一例としてInspectorからRandomCubeのチェックを外した

　次に必要なものを入れておくためのフォルダを作成しておきましょう。
　Project内のAssetsフォルダの下に、MaterialsとShadersとVideosというフォルダを作成しておいてください（図12-04）。

⬆ 図12-04　Assetsフォルダの下にフォルダを追加した

このサンプルで使用するShaderやそのほかの素材については、ダウンロードしたサンプルファイル一式の中の「素材」というフォルダ内に入っていますので、それらを使ってください。「素材」というフォルダ内にあるShadersフォルダ内の、「Mask.shader」と「Insideout.shader」をAssetsの下にあるShadersフォルダ内に取り込んでおいてください。

また、MaterialsのフォルダにもMaterials素材フォルダから、Door_Cというマテリアルだけを取り込んでおいてください。

Shaderの中身に興味のある方はダブルクリックするとVS2017が開いてShaderの中身が見ることができますので、参考にするといいでしょう。

図12-05のx軸やy軸の方向を決めるアイコンを操作して、図12-06のような表示になるようにしてください。この方が正面を向いて表示されますので、レイアウトが容易になります。いろんな角度から見てみたい場合は、この図12-5のアイコンを操作すればいいです。

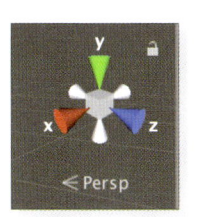

🔼 図12-05　x軸やy軸を操作するアイコン

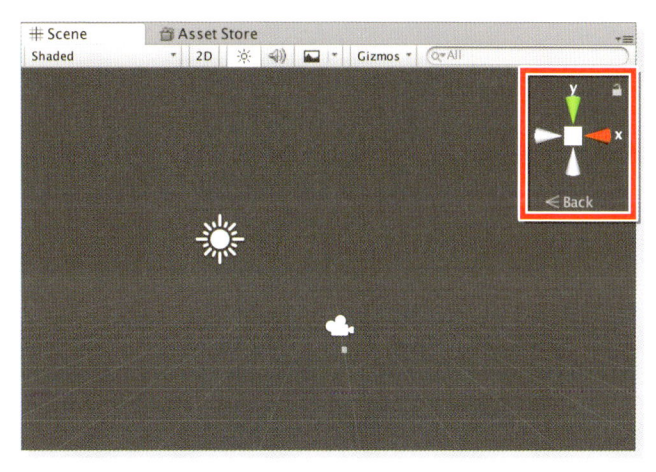

🔼 図12-06　正面からレイアウトが可能なように設定した

別世界への入り口を作る

　Hierarchy内のHitCubeParentの子であるHitCubeを削除してください。それから、ProjectのAssets内に、ダウンロードしたファイル一式の「素材」内のDoorフォルダ内にある、Door_Component_BI3_61.fbx（以下Door）ファイルをインポートしておいてください（図12-07）。

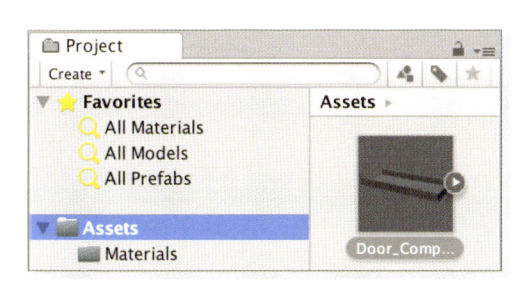

🔼 図12-07　ドア用のDoor_Component_BI3_61.fbxファイルをAssetsフォルダにインポートした

　この図12-07のDoorをHierarchy内のHitCubeParentの上にドラッグ&ドロップしてください（図12-08）。元からあったHitCubeは削除してください。

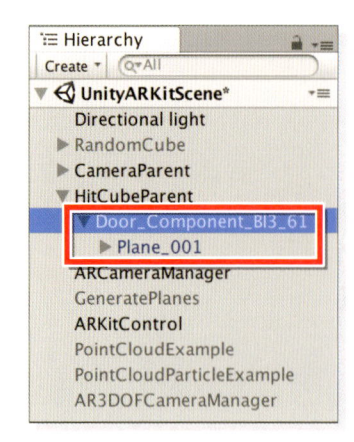

🔼 図12-08　DoorをHitCubeParenetの子として」配置する

　図12-08を見ると、Doorの下にPlane_001があると思います。これは削除してください。そうすると Doorの外枠だけの表示になります。

　次にDoorを選択して、InspectorのTransformを図12-09のように設定してください。特にDoorのPositionのZの値やRotationのXやZの値、Scaleの値を注意してみてください。

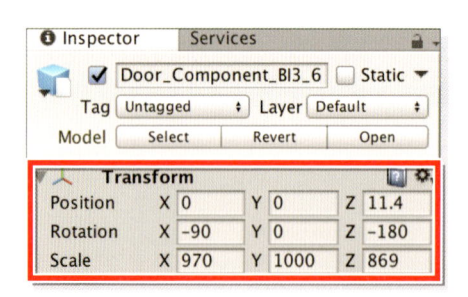

🔼 図12-09　DoorのInspectorを設定した

　するとScene画面内にDoorが図12-10のように表示されると思います。マウスのマウスホイールで拡大・縮小して適当なサイズにしてください。Doorにはダウンロードした「素材」のMaterialsフォルダにあるDoor_Cのマテリアルを適用させてください。

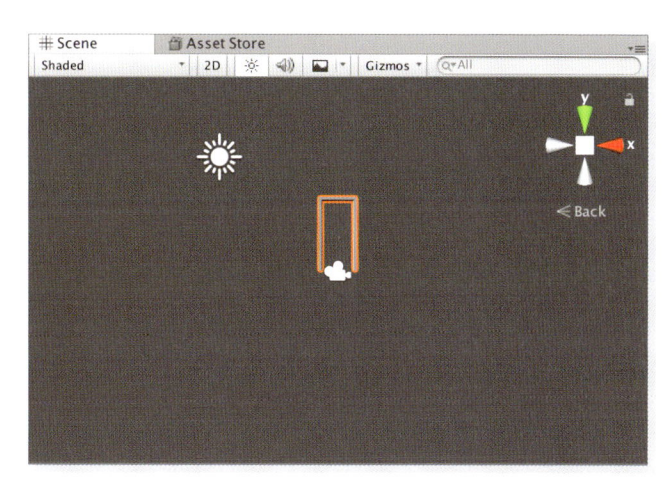

🔼 図12-10　Doorの枠組みだけが表示された

 別世界を表示させる空間を作る

　別世界はSphereを作成して、その中に表示させます。まず、Hierarchy内のDoorの下にSphereを配置してください。SphereのInspectorのTransformからScaleにはX、Y、Zともに「0.1」を指定してサイズを小さくしておきます。SphereのInspectorのTransformの値は図12-11のようになります。

　次に、Assetsフォルダの下にあるMaterialsの中に新しいMaterialを作成し、名前をInsideoutとしておいてください。このInsideoutマテリアルのInspectorを表示させます。一番上にあるShaderの横の▼アイコンをクリックして、Insideoutを選択してください（図12-12）。このInsideoutのシェーダーは、ダウンロードした「素材」フォルダのShadersフォルダの中から、Scenesフォルダの下にあるShadersフォルダに取り込んでおいたShaderです。この、マテリアルをSphereの上にドラッグ＆ドロップしてください。するとScene画面が図12-13のように変化します。SphereのInspector内は図12-14のようになっていると思います。

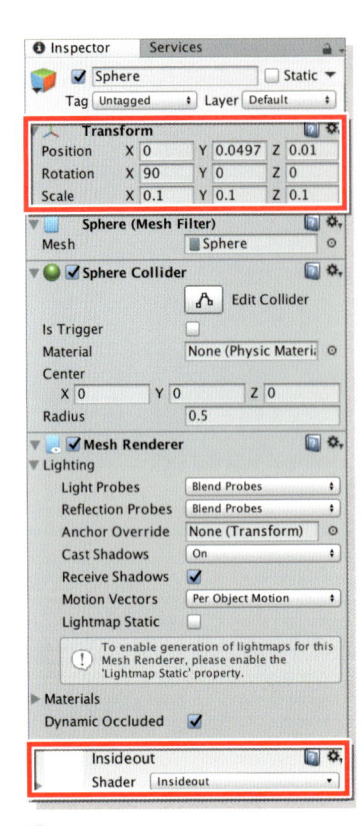

01
02
03
04
05
06
07
08
09
10
11
12
13
14
15
A

⬆ 図12-11 　SphereのInspectorの値

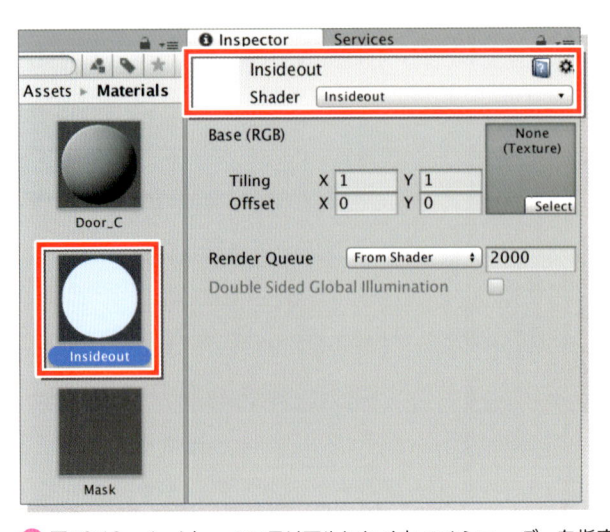

⬆ 図12-12 　InsideoutマテリアルにInsideoutシェーダーを指定した

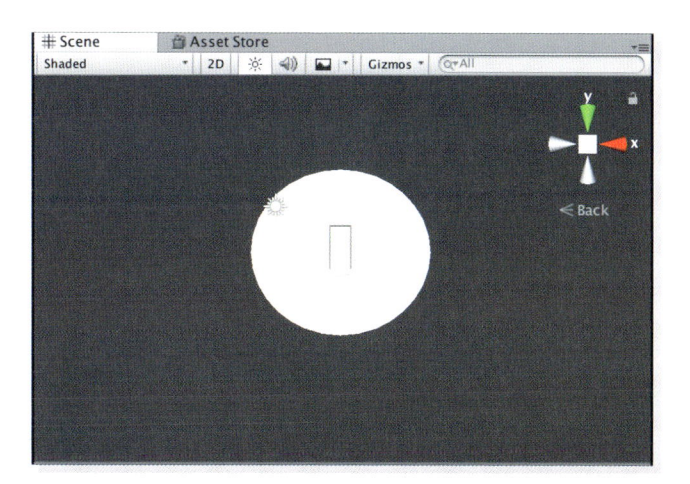

⬆ **図12-13** SphereにInsideoutマテリアルを適用させてSphereが変化した

この時点で、Hierarchy内は図12-14のような構造になっていると思います。

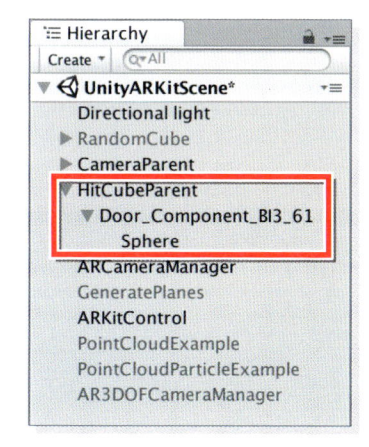

⬆ **図12-14** Hierarchyの構造

ここでは、SphereにはInsideoutのMaterialを適用すると思っておいてください。

周囲を透明化するPlaneを配置する

　Hierarchy内のSphereと同じ階層にPlaneを配置してください。Planeの InspectorのTransformのRotationのXには180を指定してPlaneを垂直に立たせます。ScaleのX、Y、Zには「0.01」を指定して、図12-15のように、ドアの横に配置してください。

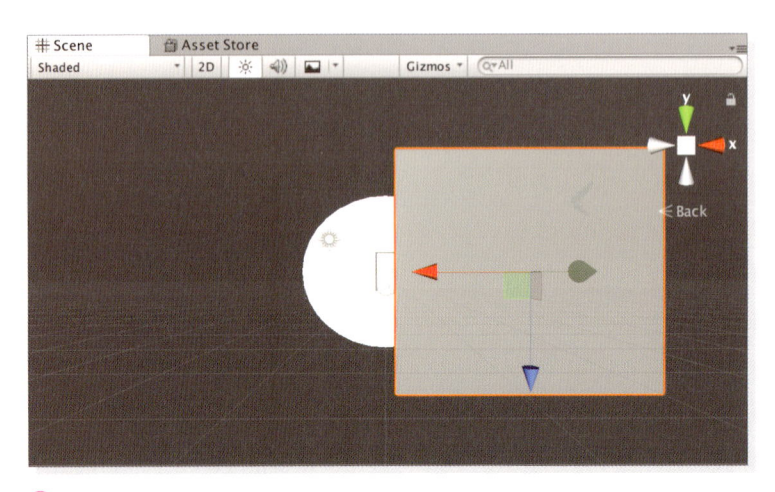

⬆ 図12-15 　Planeを配置した

　同様に、このHierarchy内のPlaneを選択して、マウスの右クリックで表示されるDuplicateから、あと3個Planeを作成して、図12-16のように配置してください。ドアを囲むように配置しています。Scene画面を拡大しながら、4つのPlaneが綺麗にドアの入り口を囲むように配置して下さい。結構難しいです。最後の一枚のPlaneはドアの入り口に配置しますので、サイズはDoorのサイズと合わせる必要があります。結構面倒ですが、ダウンロードしたプロジェクトファイルを参考にしながら設定するといいでしょう。これで、Planeは全部で5枚配置していることになります。このPlaneの配置が雑だと、入り口は表示されますが、いびつな入り口になってしまいますので、きっちりと配置してください。

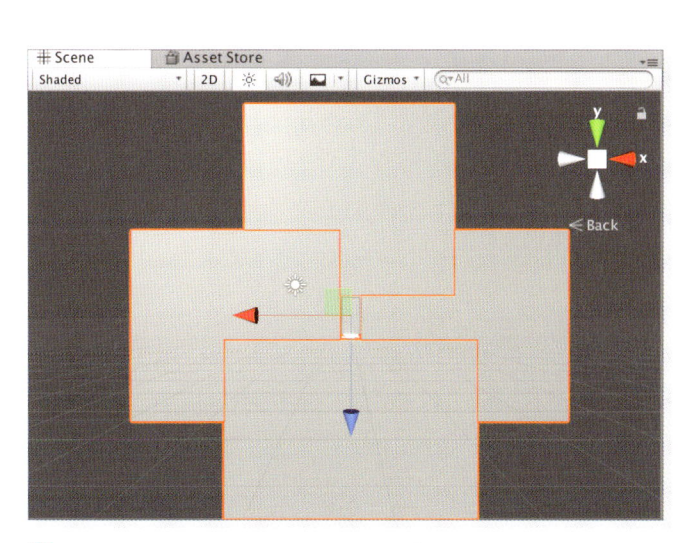

🔷 図12-16　4つのPlaneでドアを囲んだ、中心の入り口部分には、もう1枚小さなPlaneを配置している

　このPlaneに適用させるMaterialを作成します。Scenesの下のMaterialsの中に新しいNew Materialを作成し、PlaneMaterialという名前にしてください。Inspectorから、図12-17のように設定してください。「Render Queue」には必ず「1999」と指定してください。

　「Render Queue」とは、レンダリングの順番をコントロールするタグです。タグ名には表12-01のようなものがあります。

🔷 表12-01　タグ名と順番と内部のインデックス

タグ名	内部インデックス	説明
Background	1000	一番先にレンダリングされる
Geometry	2000	次にレンダリングされる。 不透明なマテリアル
AlphaTest	2450	3番目にレンダリングされる
Transparent	3000	4番目にレンダリングされる。 半透明なマテリアル用
Overlay	4000	最後にレンダリングされる

インデックスに1999を指定すると、表12-01を見るとわかりますが、Geometryは2000になっています。ここから-1をして1999にする訳ですから、タグ名はGeometry-1になり、透明化されることになります。

この辺りはShaderの分野になりますので、詳細を解説していると、とてつもなく長い解説になりますので、各自が調べるようにしてください。

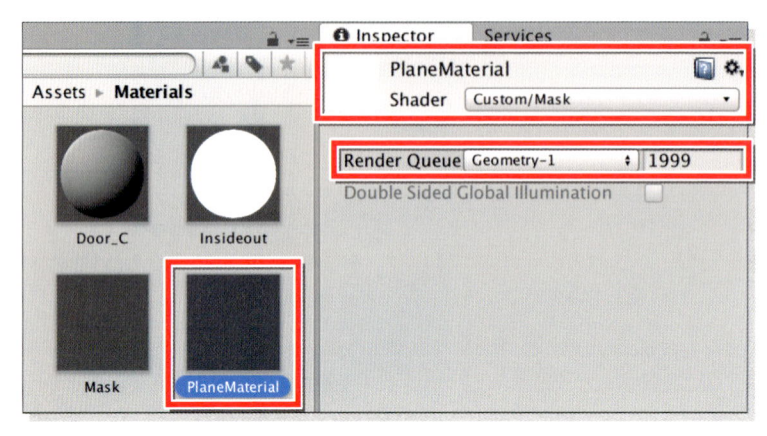

⬆ 図12-17　PlaneMaterialのInspector

次に、この5枚のPlane上に、Assetsの下にあるMaterialsの中のPlaneMaterialをドラッグ＆ドロップします。

すると、Planeが透明化されて図12-18の状態になります。

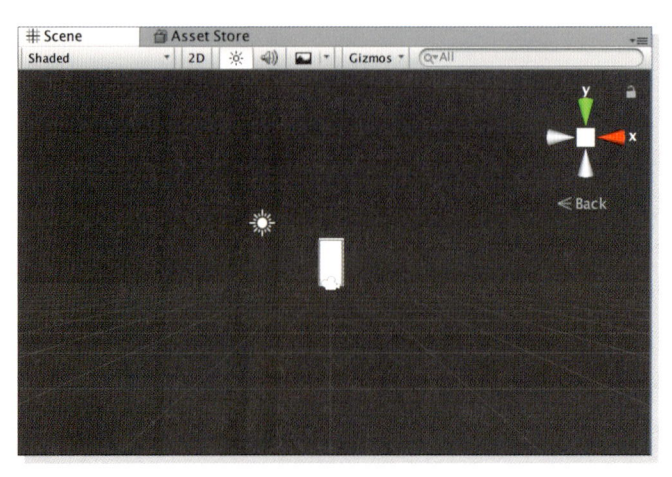

⬆ 図12-18　Planeが透明化された

配置したすべてのPlaneにはPlaneMaterialを適用すると思っておいてください。

ここまでの状態でHierarchy内は図12-19のような構造になっています。

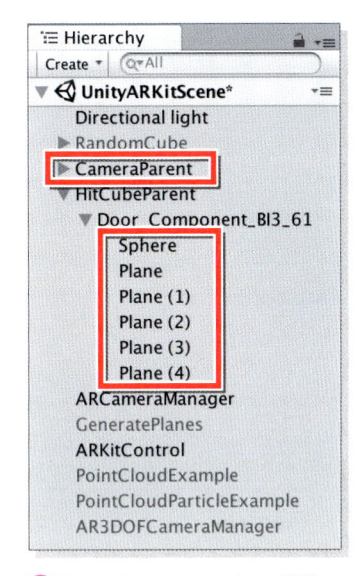

⬆ **図12-19** Hierarchyの構造

ここで一度、図12-19のHierarchy内にある、CameraParentを展開してください。中に、Main Cameraがあります。このMain Cameraを選択すると、Scene画面内に、Camera Previewが表示されます（図12-20）。この時、Camera Previewが白で表示されていると、別世界への入り口は表示されず、最初から別世界が表示されてしまいます。おそらく、この手順で作成していくと、Camera Previewは白で表示されていると思います。この状態では、最初から別世界の方が表示されて都合が悪いです。

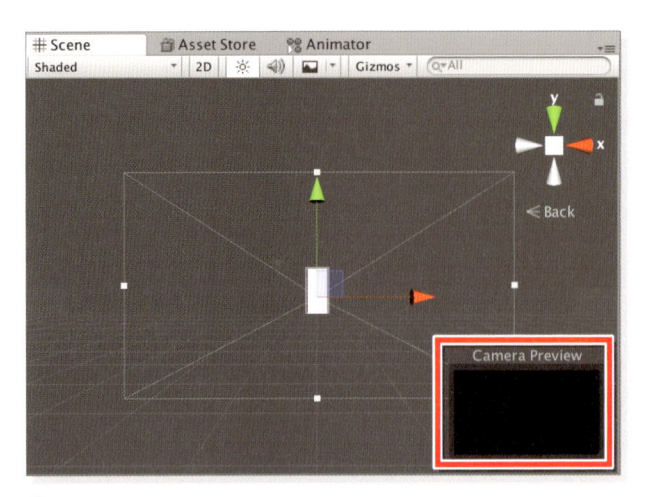

⬆ 図12-20　Camera Preview内が黒で表示されているのが正しい

　Camera Preview内が白で表示されている場合は、右隅上の座標軸を操作して、カメラの位置を確認してください。おそらく、図12-21のようにカメラがSphereの中に入っていると思います。

　最初からCamera Previewの中が黒で表示されている場合は問題ありません。しかし、黒で表示されているから別世界が表示されるかというと、そうでもありません。座表軸をいろいろ触って、Sphereをいろいろな角度から見て、Hierarchy内のHitCubeParentを選択して、5枚のPlaneがうまくSphereに接して配置されてるかも重要です。このあたりはなかなか説明が難しいので、ダウンロードしたプロジェクトファイルを参考にいろいろ試してみてください。通常なら5枚のPlaneとSphereは図12-22のように表示されているはずです。

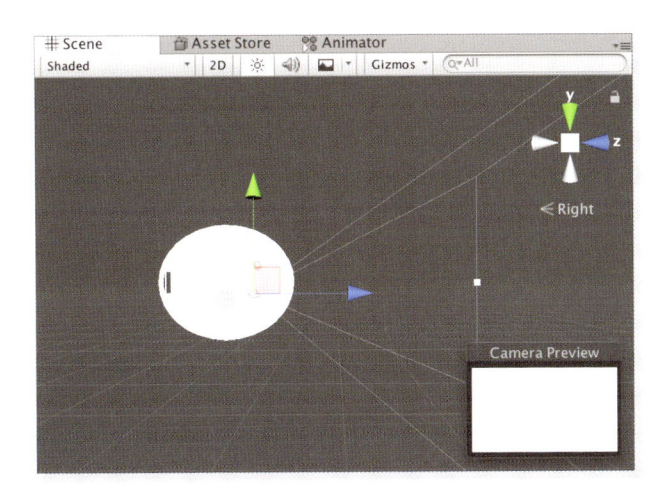

🔼 図12-21　カメラがSphereの中に入っている

　図12-21のような場合は、Main Cameraを移動してSphereの外に出すことは厳禁です。この場合は、HitCubeParentを移動させてください。Camera Preview内が黒で表示されるところまで、HitCubeParentを移動します。Main Cameraは絶対に触らないでください。

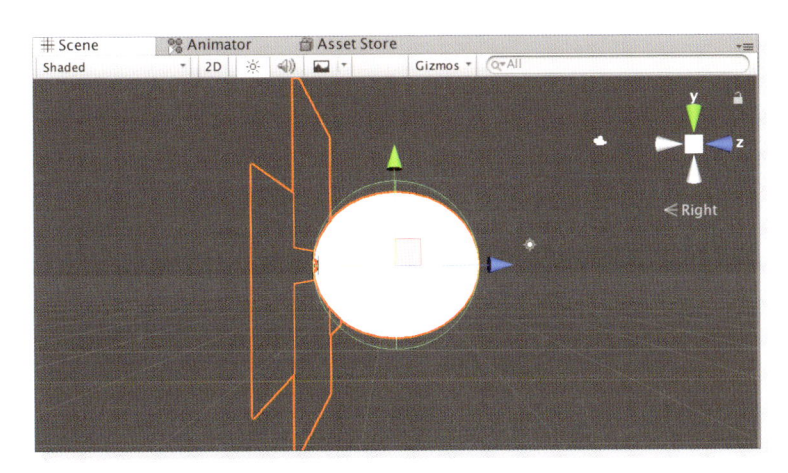

🔼 図12-22　5枚のPlaneとSphereの位置関係

 # Sphere内に.mp4動画を読み込む

　ここで使用しているのは、単なる.mp4の動画です。ユニティちゃんの
Candy Rock StarをUnityのGame画面を最大化して、動画を撮るソフ
トで撮影したものです。画像はあまり綺麗とは言えませんが、単なる動画で
も、別世界に利用することが可能です。

　ProjectのAssetsフォルダの下に作っておいたVideosフォルダ内に、
Candy Rock Starの動画ファイルを取り込んでおきました。

　次に、Hierarchy内のSphereを選択して、Inspectorを表示させます。
「Add Component」から「Video Player」を追加します（図12-23）。そ
して、Video ClipにはVideosフォルダに取り込んでおいた.mp4動画を指
定してください（図12-24）。Loopにはチェックをつけておきましょう。

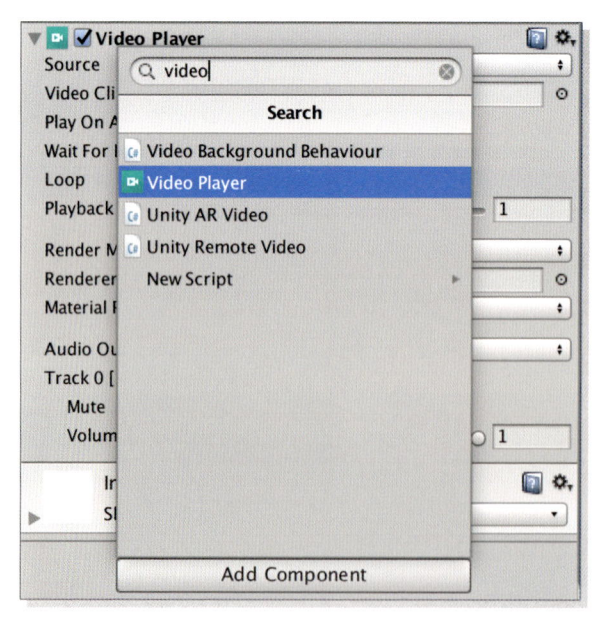

⬆ 図12-23　Video Playerを追加した

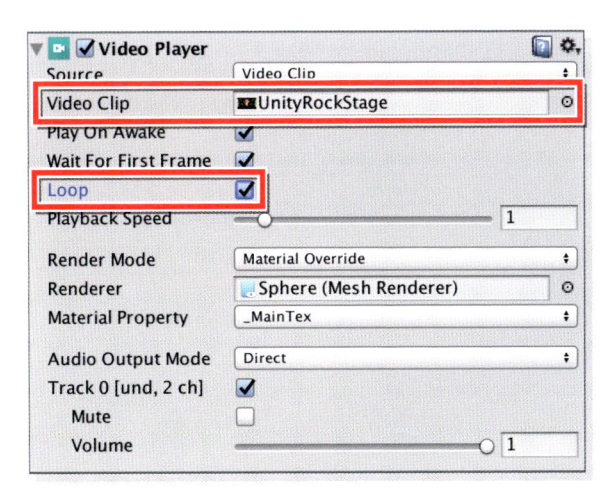

⬆ 図12-24　.mp4ファイルを指定する

　ここの部分が、この章のキモとなる部分です。別な世界は、このSphere のVideo Playerに表示させているわけです。

　最後に、Hierarchy内のDoorを選択して、Inspectorを表示させて、「Add Component」の検索欄に、Unityと入力して、「Unity AR Hit Test Example」を追加してください。「Hit Transform」には HitCubeParentを指定してください（図12-25）。

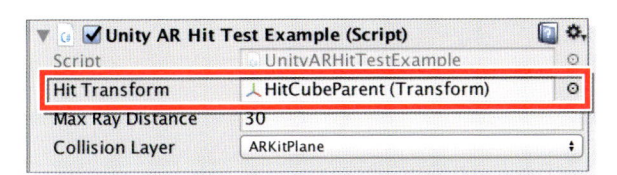

⬆ 図12-25　DoorにUnity Hit Test Exampleを追加する

　では、ここでSceneをsyuuwa_ARkit_Chapter12という名前で保存しておきましょう。

　別世界への扉が開いたのが図12-26です。

⬆ 図12-26　別世界への扉が開いた

　別世界から現実の世界への入り口が図12-27です。

⬆ 図12-27　別世界から現実の世界が見えている

02 端末にビルドする

では、このままの状態でビルドしてiPadで動かしてみましょう。

まず、Unityメニューの「File」→「Build Settings」と選択して、Scenes In Build内にたくさんのサンプルが登録されていますが、ここでは、syuuwa_ARkit_Chapter12という名前でサンプルを保存しているので、「Add Open Scenes」のボタンをクリックして、「syuuwa_ARkit_Chapter12」を表示させて、チェックをつけてください。その後、「Switch Platform」をクリックします。

次に、第2章でも解説していたように、「Switch Platform」の横にある「Player Settings」ボタンをクリックします。Other Settingsの、Bundle Identifier、Camera Usage Description、Target Device 、Target Minimum iOS Version等を設定してください。詳細については、第2章を参照してください。

ここの設定が終われば、iPadとMacを接続しておきましょう。

「Build And Run」をクリックすると、ファイル名を保存する画面が表示されるので、「syuuwa_ARkit_Chapter12」と入力して、「Save」ボタンをクリックしてください。

「Save」をクリックするとビルドが開始されます。

ビルドが完了するとXcodeの画面が起動します。

これ以後の操作は、第2章のXcodeの操作とまったく同じ手順なので、解説は割愛させていただきます。わからない方は、第2章を参照してください。

ただし、新規にプロジェクトを作成してビルドした場合、Xcodeから、アプリに信頼を与えよというメッセージが表示されることがあります。この件については、第3章で図付きで解説していますので、そちらを参照してくだ

さい。端末側で信頼を与える必要があります。

実際に動かしたのは動画12-1になります。

動画12-1 syuuwa_ARkit_Chapter12のサンプルを動かした動画

https://youtu.be/gvRm3RtqcyQ

03 Shaderとは

シェーダーの概要

簡単に言えば、「シェーダーとは3Dコンピュータグラフィックにおいて陰影処理（シェーディング）を行うこと」という意味です。3Dグラフィックの世界では昔から使われていた言葉です。

Unityで使用するシェーダーは、「サーフェースシェーダー」です。「サーフェースシェーダー」は、明るさや影の影響を受けるシェーダーで、Standard Surface Shaderとして作成します。

このサンプルで使用しているのは、主に一番扱いやすくて面白い「サーフェースシェーダー」になります。

簡単なサーフェースシェーダーを書いてみよう（光沢のあるシェーダー）

本書で使用するUnityのバージョンは2017.3.0f3（以下Unity2017）です。まず、とりあえずは「百聞は一見にしかず」といいます。ここで解説用に作成するシェーダーの結果図を先に掲載しておきましょう。

UnityのScene画面上にSphere（球体）を配置して黄色を適用します（図12-28）。これだけでは面白くないので、このSphereを黄金の輝きを持ったSphereに変化させてみましょう（図12-29）。

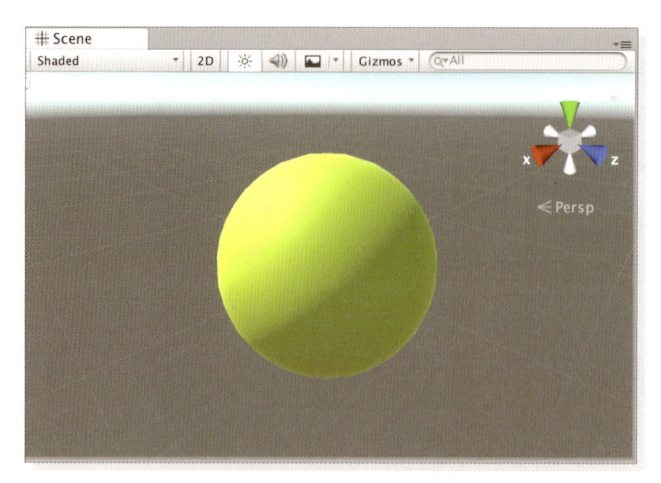

⬆ 図12-28　単に黄色を適用させたSphereのGame画面

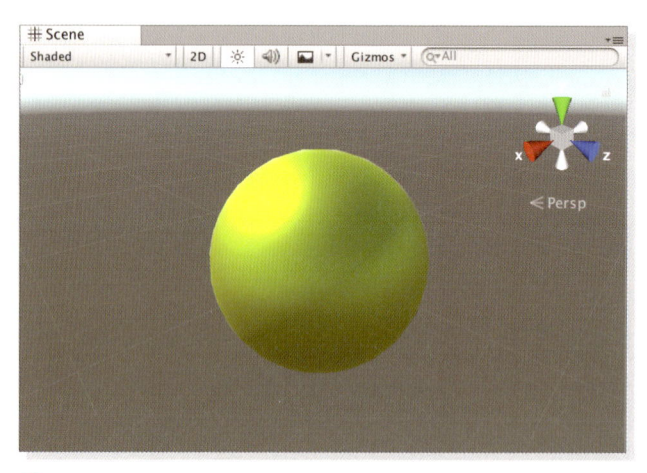

⬆ 図12-29　Sphereを黄金色に輝かせた

　図12-29を見るとSphereが光沢を持って黄金色に輝いているのがわかるでしょう。ここでは、このシェーダーを作成してみましょう。

 ## フォルダの作成

　まずは、その前にUnity2017.3を起動してAssetフォルダ内にShadersとMaterialsという2つのフォルダを作成しておいてください。作成した

ShaderはMaterialと関連付けて使用するようになるので、それぞれのファイルをフォルダ分けした中に入れておいたほうが、管理がしやすいのです。

作成したShadersフォルダを選択して、マウスの右クリックで表示されるメニューから「Create」→「Shader」→「Standard Surface Shader」と選択します（図12-30）。

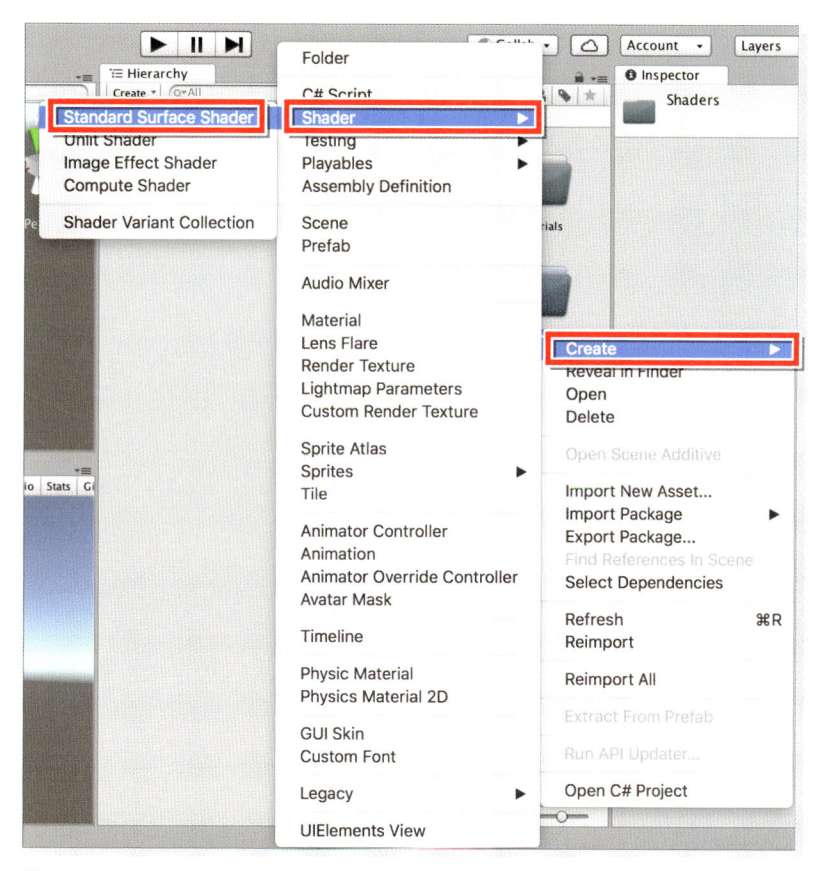

⬆ 図12-30　Standard Surface Shaderを選択した

新しく作成されたShaderには、デフォルトのままの「NewSurfaceShader」の名前にしておきましょう。

次に、作成したMaterialsフォルダを選択して、マウスの右クリックで表示されるメニューから「Create」→「Material」と選択します（図12-31）。

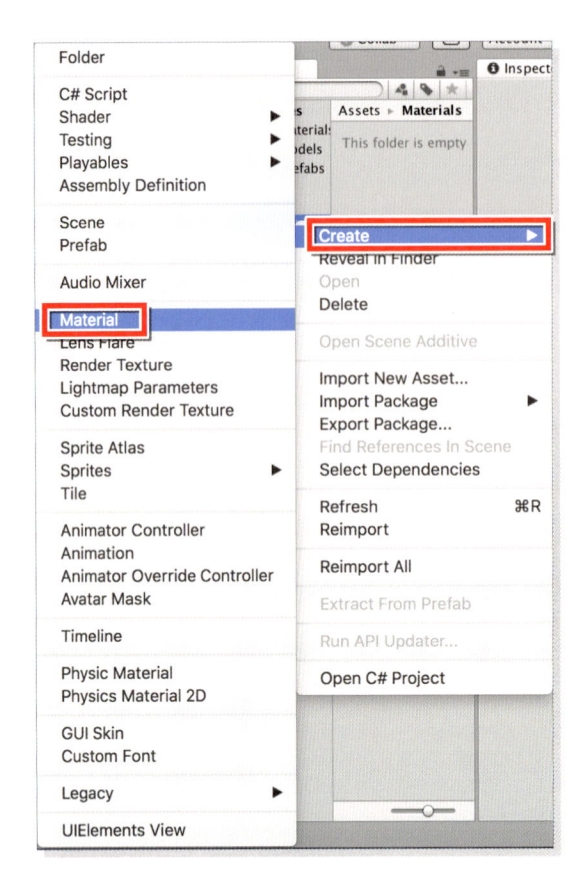

⬆ 図12-31 Materialを選択した

　新しく作成されたMaterialには「Standard Surface Material」と名前を付けておきましょう。

ShaderとMaterialの関係

　先ほど作成した、Materialsフォルダにある、「Standard Surface Material」を選択して、Inspectorを表示させてみましょう。すると図12-32のようにShaderの位置にStandardと指定されていますので、ここを先ほど作成した「Custom→NewSurfaceShader」と指定します。通常

は、Standard Surface Shaderとして作成したシェーダーは、「Custom」というグループ名に属しています。

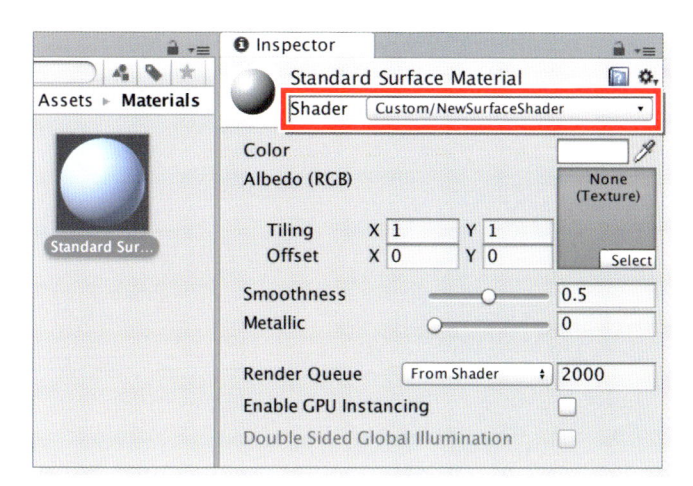

⬆ 図12-32 Standard Surface Materialに「Custom/NewSurfaceShader」を関連付けた

　では、ここで先ほど作成したNewSurfaceShaderの中身を確認してみよう。

 # NewSurfaceShaderの中身を確認

　Shadersフォルダ内にあるNewSurfaceShaderをダブルクリックします。するとVS2017が起動してコードが表示されます。このコードが、基本的にユーザが意識しないでも自動的に作成されるサーフェースシェーダーの中身のコードです（リスト12-1）。

リスト12-1　NewSurfaceShaderのコード（一部不要なコードは削除して整形している）

```
Shader "Custom/NewSurfaceShader" {
    Properties {
        _Color ("Color", Color) = (1,1,1,1)
        _MainTex ("Albedo (RGB)", 2D) = "white" {}
```

```
        _Glossiness ("Smoothness", Range(0,1)) = 0.5
        _Metallic ("Metallic", Range(0,1)) = 0.0
    }

SubShader {
        Tags { "RenderType"="Opaque" }
        LOD 200

        CGPROGRAM
        #pragma surface surf Standard fullforwardshadows
        #pragma target 3.0

        sampler2D _MainTex;

        struct Input {
            float2 uv_MainTex;
        };

        half _Glossiness;
        half _Metallic;
        fixed4 _Color;

        void surf (Input IN, inout SurfaceOutputStandard o) {
            fixed4 c = tex2D (_MainTex, IN.uv_MainTex) * _Color;
            o.Albedo = c.rgb;
            o.Metallic = _Metallic;
            o.Smoothness = _Glossiness;
            o.Alpha = c.a;
        }
        ENDCG
    }
    FallBack "Diffuse"
}
```

コードの解説

リスト12-1を参照すると、まず、全体がShader {} で囲まれているのがわかりますね。

```
Shader "グループ名/シェーダ名" {
/*・・・・・・・・・・*/
}
```

このShaderの最初にProperties {} があります。書式は下記の通りです。

```
Properties {
プロパティ変数名（"インスペクター表示名"，変数の型）= 初期値
}
```

ここで宣言したものが「インスペクター表示名」で、Inspector内に表示されることになります。

ここでは、リスト12-2のように記述されています。

リスト12-2 Propertiesの内容

```
Properties {
    _Color ("Color", Color) = (1,1,1,1)
    _MainTex ("Albedo (RGB)", 2D) = "white" {}
    _Glossiness ("Smoothness", Range(0,1)) = 0.5
    _Metallic ("Metallic", Range(0,1)) = 0.0
}
```

この中では、プロパティ変数名の、色（_Color）、テクスチャ（_MainTex）、滑らかさ（_Glossiness）、メタリック度（_Metallic）などの質感をパラメータとして利用できます。

プロパティの変数には、Unityではデフォルトでアンダースコアと大文字で始めるようになっています。この記述に従う必要があります。

この部分をInspectorで見ると図12-33のように表示されています。リスト12-2で、「インスペクター表示名」に指定した名前がInspector内に表示されているのがわかりますね。

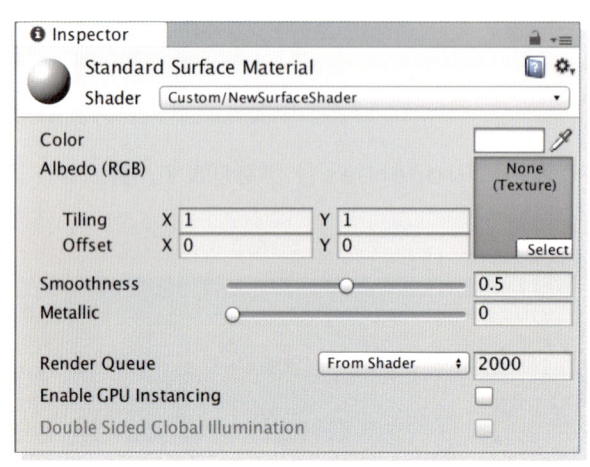

⬆ **図12-33** Propertiesで定義した内容がInspectorに表示されている

図12-32でMetallicの値を大きくすると、Sphereが金属的に輝くようになります。その前には、Colorで色を指定しておいてください。

Shaderについては、まだまだ書き足りませんが、本書ではShaderの大まかな概要の解説にとどめておきます。

13 LookAt関数を使ったモデルの追従

この章のサンプルでは、あなたが向けているスマホのカメラの方に向かって子猫が歩いてきます。Walkボタンをタップすると子猫はまっすぐに歩き始めますが、LookAtボタンをタップすると、あなたの方に向かって歩いてきます（図13-01）。

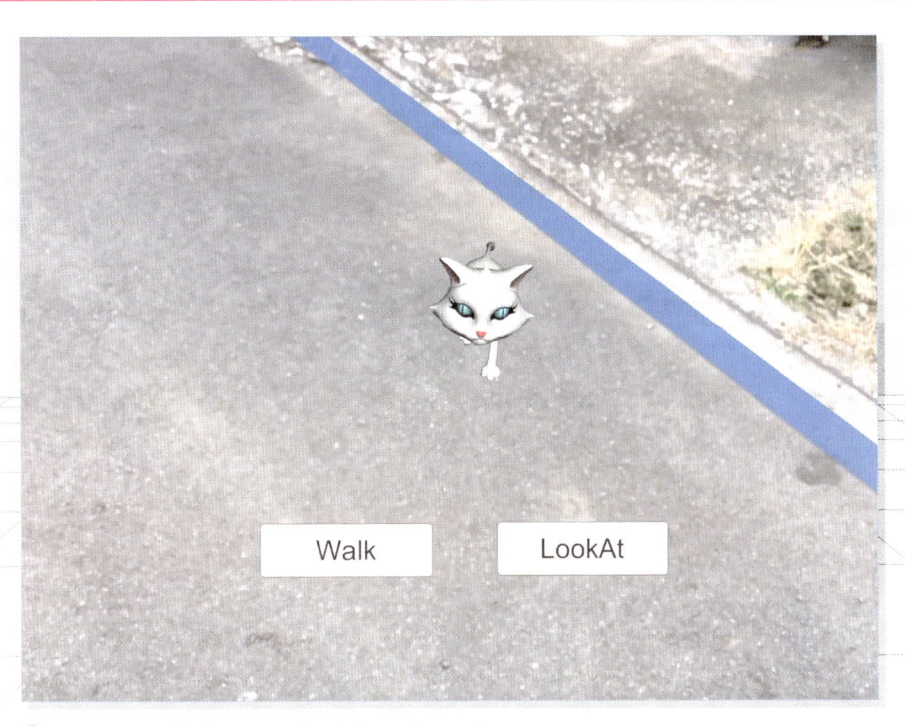

⬆ 図13-01　子猫があなたの方に向かって歩いてきている

01 プロジェクトの作成

　まずは、Unityを起動して「プロジェクト」を作成しましょう。ここでのプロジェクト名は「syuuwa_ARkit_Chapter13」というプロジェクト名にしていますが、各自がわかりやすい名前にするといいでしょう。

 ## Asset StoreからARKitのPluginを取り込む

　次に第2章で解説していますように、Asset Storeで「Unity ARKit Plugin」を「ダウンロード」→「インポート」してください（図13-02）。

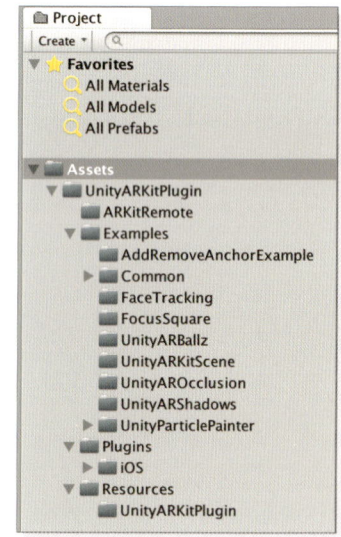

⬆ 図13-02　Unity ARKit Pluginをインポートして、プロジェクト内に取り込む

UnityARkitSceneのサンプルを開く

「Ａ ｓ ｓ ｅ ｔ ｓ」 → 「Ｕ ｎ ｉ ｔ ｙ Ａ Ｒ ｋ ｉ ｔ Ｐ ｌ ｕ ｇ ｉ ｎ」 → 「Ｅ ｘ ａ ｍ ｐ ｌ ｅ ｓ」 → 「UnityARkitScene」フォルダ内にある、UnityARkitScene.unityのサンプルを開いてください。すると図13-03のように、Hierarchy内に各種オブジェクトが表示されます。

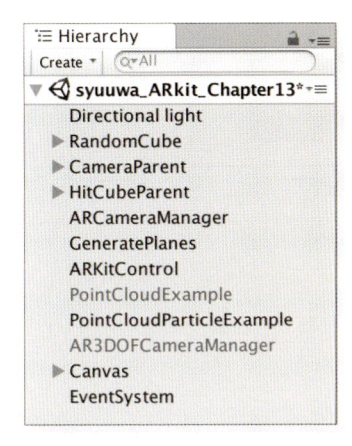

🔺 図13-03　UnityARkitSceneのサンプルで使用するオブジェクトがHierarchy内に表示された

このSceneをUnityメニューの「File」→「Save Scene as」から、「syuuwa_ARkit_Chapter13」として保存しておきましょう。

そして、HierarchyのRandomCubeとPointCloudParticleExampleのチェックをInspectorから外しておいてください。

Asset StoreからCatのモデルをダウンロードする

Asset Storeに入って、検索欄に「Cartoon Cat」と入力して虫メガネアイコンをクリックして下さい。するとFREEのCartoon Catが表示されますので、クリックして「ダウンロード」→「インポート」してください（図13-04）。

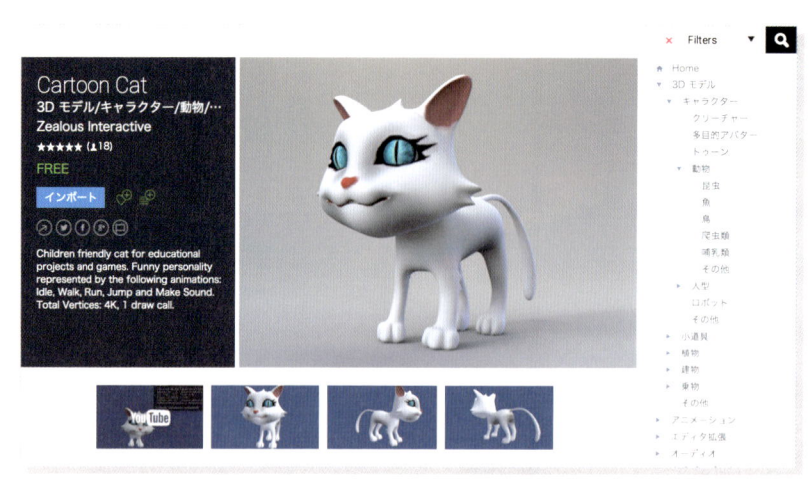

⬆ 図13-04　Cartoon Catのモデルをダウンロードする画面

インポートするとProjectのAssetsフォルダの下にCartoon Catに関するファイルが取り込まれます（図13-05）。

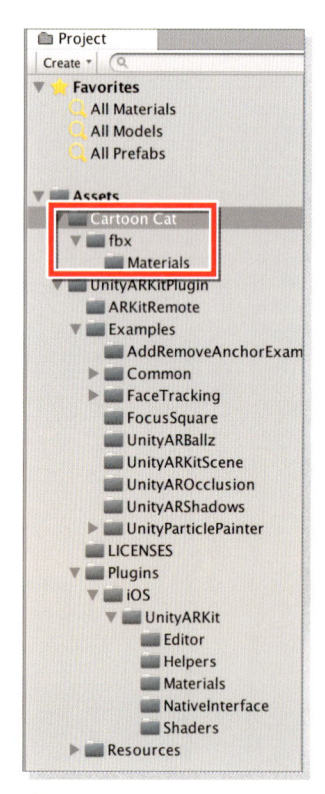

⬆ 図13-05　Cartoon Catに関するファイルが取り込まれた

図13-05の赤い矩形で囲ったfbxフォルダには図13-06のようなファイルが入っています。ここではcat_Walk.fbxを使用します。

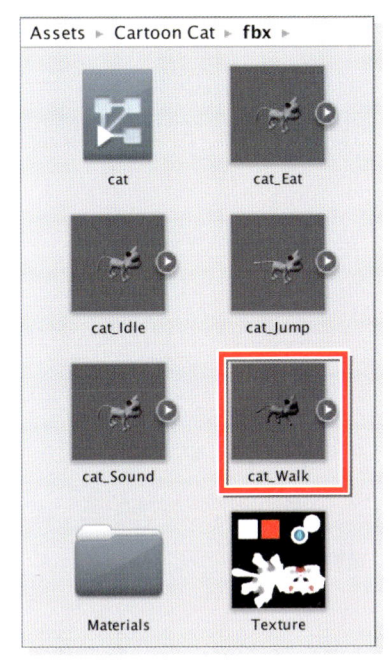

⬆ 図13-06 cat_Walk.fbxを使用する

cat_WalkのAnimation TypeをLegacyにする

cat_Walkを選択して、Inspectorを表示させ、Rigボタンをクリックして、「Animation Type」をGenericから「Legacy」に変更しておいてください（図13-07）。変更後は必ず「Apply」ボタンをクリックして下さい。Animationを使用する場合は「Legacy」を使用し、Animatorを使用する場合は、「Humanoid」を指定します。必ず、このどちらかを指定したほうが、処理がやりやすいです。

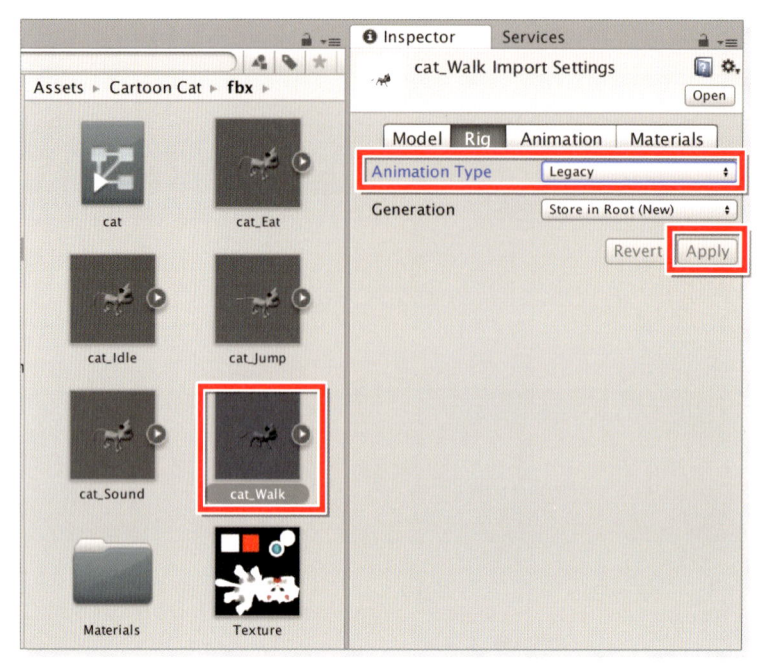

⬆ 図13-07　Animation TypeをLegacyに変更する

　次に、Rigボタンの横にあるAnimationボタンをクリックして、表示されるWrap ModeにLoopを指定してください。Wrap Modeは2箇所にありますから、2箇所共にLoopを指定してください（図13-08）。必ず、Applyボタンをクリックしておいてください。

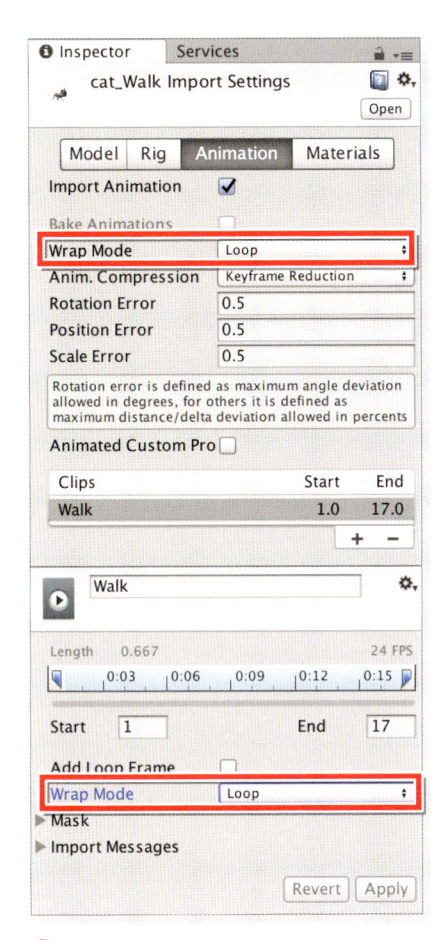

図13-08　Wrap ModeにLoopを指定する

 ## Hierarchy内にcat_Walkを配置する

　Hierarchy内のHitCubeParentを展開すると、HitCubeというのが子として存在していますので、これを選択して、マウスの右クリックで表示されるDeleteから削除してください。

　次に、図13-07のcat_WalkをHitCubeParentの上にドラッグ＆ドロップしてください。HitCubeParentの子としてcat_Walkが配置されます（図13-09）。

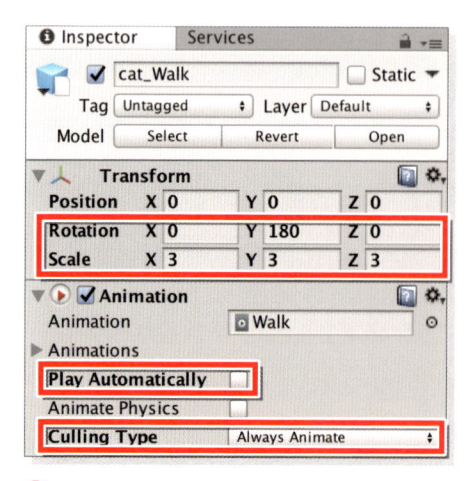

⬆ 図13-09　HitCubeParentの子としてcat_Walkが配置された

　次に、cat_WalkのInspectorを表示させて、Animationにある「Play Automatically」のチェックは外しておいてください。また、「Culling Type」にはAlways Animateを指定しておいてください。また、Transformの「Scale」の値をすべて「3」に指定して、cat_Walkのサイズを大きくしておきます。また、RotationのYにも180を指定して、最初はカメラの方を向けておきます（図13-10）。図13-10を見るとわかりますが、ここではcat_Walk.fbxを選択しましたので、Animationには、自動的にWalkが指定されているのがわかります。

⬆ 図13-10　Play Automaticallyのチェックは外し、Culling TypeにはAlways Animateを指定し、サイズを大きくした

Catが歩いてくる「Walk」ボタン、Catがカメラの方を向く「LookAt」ボタンの追加

次に、Hierarchyの「Create」→「UI」→「Button」と選択してButtonを作成します。Buttonの名前は「Walk」としてください（図13-11）。

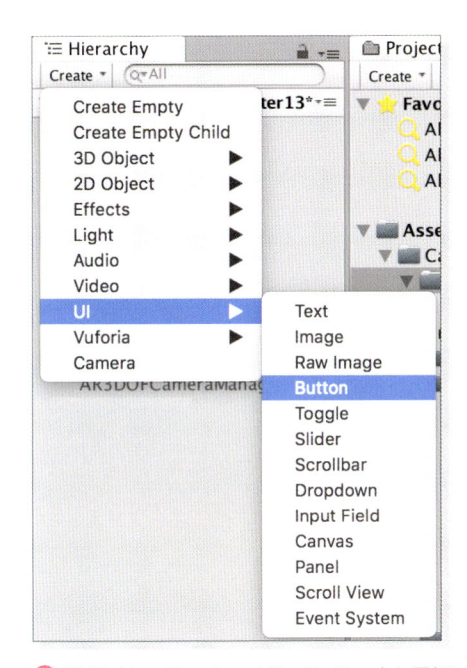

⬆ 図13-11　Create→UI→Button」と選択してButtonを作成

作成されたButtonを選択して、InspectorからRect TransformのWidthに160とHeightに50を指定してください（図13-12）。

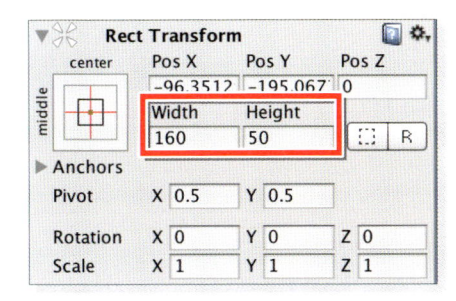

⬆ 図13-12　Rect TransformのWidthに160とHeightに50を指定する

次にCanvasを選択して、Canvas Scaler（Script）の「UI Scale Mode」を「Scale Width Screen Size」に設定してください（図14-13）。

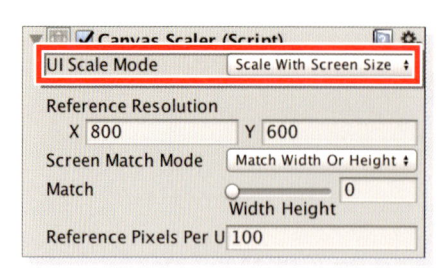

⬆図13-13　Canvas Scaler（Script）のUI Scale Modeを「Scale Width Scree Size」に設定する

作成されたButtonをWalkという名前に変更してください。次にWalkを選択して、マウスの右クリックで表示されるDuplicateから、あと、1個のButtonの複製を作ってください。名前は「LookAt」としてください（図13-14）。

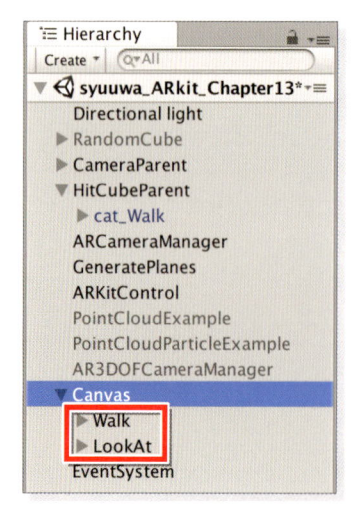

⬆図13-14　Walk、LookAtのボタンを作成した

2つのボタンが重なって表示されていますので、各ボタンが表示されるようにトランスフォームツールでボタンを移動してください。各Buttonを展開

すると、Textが表示されますので、「Text（Script）」のTextには、それぞれ「Walk」、「LookAt」と指定してください。Font Sizeは25としておきましょう（図13-15）。

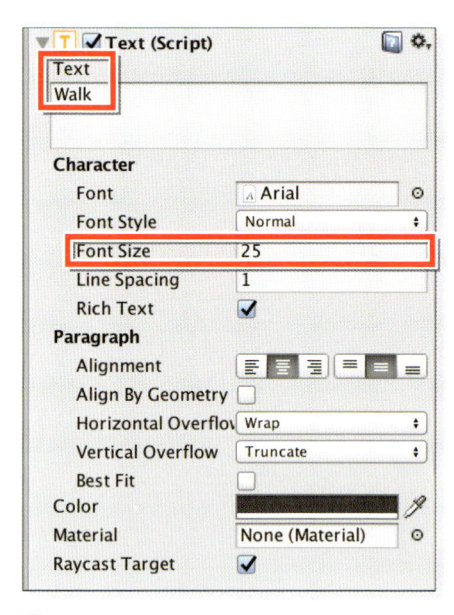

⬆ 図13-15　例としてWalkのTextとFont Sizeを指定した画面

　図13-16のような見栄えになるようにボタンを配置してください。特にこの配置でないといけないということはありません。各自が好きな場所に配置しても問題はないです。

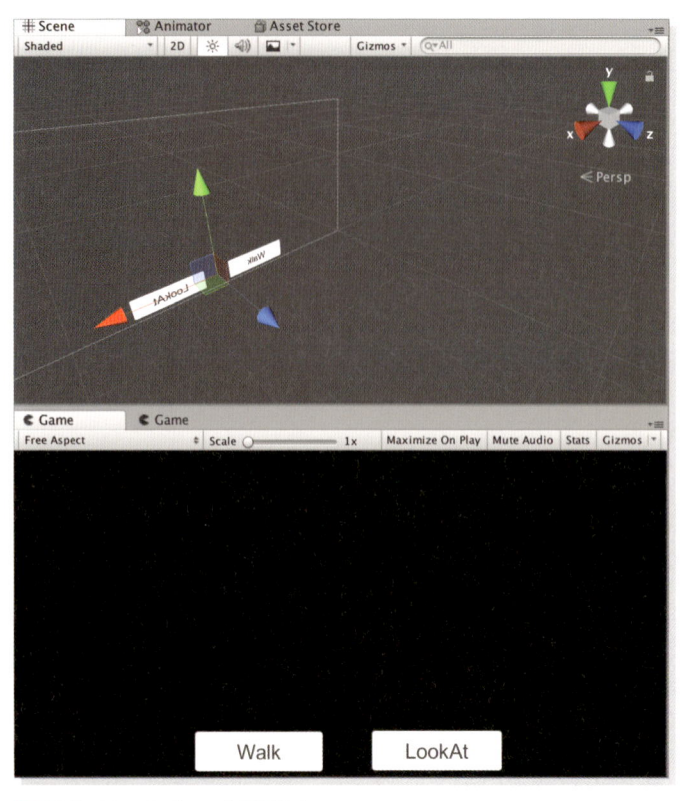

⬆ 図13-16 　各ボタンを配置した

　次に、HitCubeParentの子として配置している、cat_Walkを選択して、Inspectorを表示します。「Add Component」の検索欄に「unity」と入力して、表示された候補から、「Unity AR Hit Test Example」を選択してください。表示される、「Hit Transform」には、右横隅の ⊙ アイコンをクリックして、表示される「Select Transform」から「HitCubeParent」を指定してください。

　次に、やはり「Add Component」からNew Scriptを選択して、「Name」に、CatScript、「Language」にC Sharpを選択してください。すると、InspectorにCatScriptが追加されますので、これをダブルクリックします。するとVS2017が起動しますので、リスト13-1のコードを書いていきます。

02 プログラムを書く

プログラムを書いていきましょう。

リスト13-1 CatScript.cs

```csharp
using System.Collections;
using System.Collections.Generic;
using UnityEngine;

public class CatScript : MonoBehaviour {

    //Animation型の変数animationを宣言します
    private new Animation animation;
    //bool型の変数shouldMoveを宣言し、falseで初期化しておきます
    private bool shouldMove = false;

    void Start()
    {
    //GetComponentでAnimationコンポーネントを取得して変数animationで参照します
        animation = GetComponent<Animation>();
    }

    void Update()
    {
        //bool型の変数shouldMoveがtrueの場合の処理です
        if (shouldMove)
        {
            //Catをスピードが0.5fの速さで歩かせます
            transform.Translate(Vector3.forward * Time.deltaTime *
(transform.localScale.x * .05f));
        }
    }
    //Walkボタンがタップされたときの処理です
    public void Walk()
```

```
        {
//Animationが実行されていなかったら、Playメソッドでアニメーションを実行し、
//bool型の変数にtrueを指定します。trueを指定するとフレームごとに呼び出される
//Update関数内でCatを歩かす処理を書いていますので、Catが歩きだします
            if (!animation.isPlaying)
            {
                animation.Play();
                shouldMove = true;
            }
//アニメーションが実行されていた場合は、Stopメソッドでアニメーションを停止します
            //bool型の変数もfalseで初期化します
            else
            {
                animation.Stop();
                shouldMove = false;
            }
        }
        //LookAtボタンがタップされたときの処理です
        public void LookAt()
        {
            //Catがカメラの方を向き、カメラの方向に回転して歩いてきます
            transform.LookAt(Camera.main.transform.position);
            transform.eulerAngles = new Vector3(0, transform.eulerAngles.
y, 0);
        }
}
```

VS2017のメニューの「ビルド」→「すべてビルド」を必ず実行してください。

 ## スクリプトとボタンを関連付ける

まず、HierarchyからWalkを選択して、Inspectorを表示させ、「On Click()」の＋をクリックします。「None(Object)」の欄に、Hierarchyからcat_Walkをドラッグ＆ドロップします。そして、「No Function」から

「CatScript→Walk()」と選択してください。ほかのLookAtボタンには
「LookAt()」を指定してください（図13-17）。

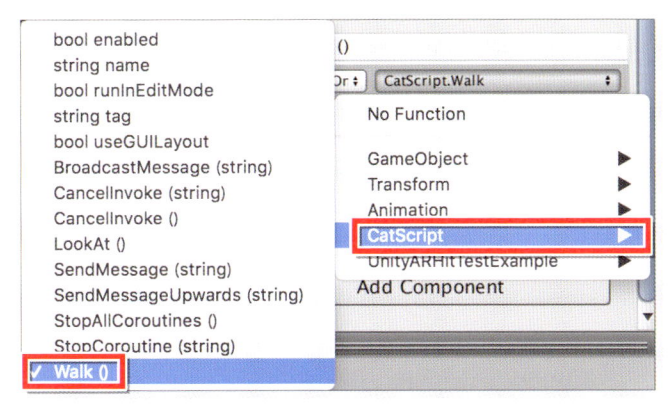

🔺 図13-17　Walkボタンとスクリプトの関連付け。ほかのボタン（LookAt）に対しても同様に関
連付ける

# UnityARHitTestExample.csにコードを追加する

　Hierarchy内のHitCubeParentの子である、cat_Walkを選択して、
UnityARHitTestExample.cs内に、ボタンをタップしたということを認識
するコードを追加します。このコードを追加していないと、ボタンをタップし
たのか、端末の画面をタップしたのか、判断がつかず、ボタンタップの処理
が実行されません。

　追加するコードは第5章で解説していますので、そちらを参照してくださ
い。ボタンタップを認識させるコードはすべてにおいて共通なので、使い回
しが可能です。

　Unity ARKit Pluginのアップデートで、UnityARHitTestExample.cs
のコードの内容が少し変更されていますが、コードを追加する箇所は同じで
すので、すぐにわかると思います。

では、ここまでの Scene を上書き保存しておきましょう。

猫が歩いているのは図13-18になります。

⬆ 図13-18　猫が歩いている

猫がカメラに向かって歩いてくるのは図13-19になります。

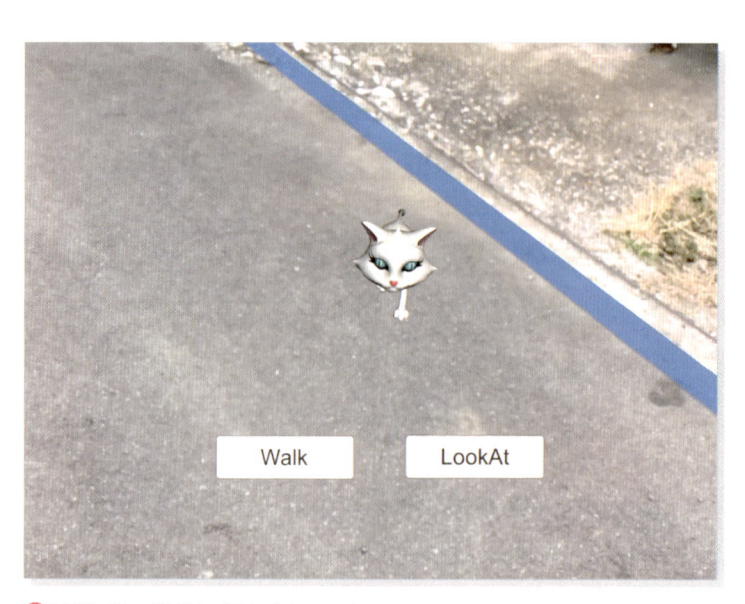

⬆ 図13-19　猫がカメラに向かってきている

03 端末にビルドする

このままの状態でビルドしてiPadで動かしてみましょう。

まず、Unityメニューの「File」→「Build Settings」と選択して、Scenes In Build内にたくさんのサンプルが登録されていますが、ここでは、syuuwa_ARkit_Chapter13という名前でサンプルを保存しているので、「Add Open Scenes」のボタンをクリックして、「syuuwa_ARkit_Chapter13」を表示させて、チェックをつけてください。その後、「Switch Platform」をクリックします。

次に、第2章でも解説していたように、「Switch Platform」の横にある「Player Settings」ボタンをクリックします。Other Settingsの、Bundle Identifier、Camera Usage Description、Target Device 、Target Minimum iOS Version等を設定してください。詳細については、第2章を参照してください。

ここの設定が終われば、iPadとMacを接続しておきましょう。

「Build And Run」をクリックすると、ファイル名を保存する画面が表示されるので、「syuuwa_ARkit_Chapter13」と入力して、「Save」ボタンをクリックしてください。

「Save」をクリックするとビルドが開始されます。

ビルドが完了するとXcodeの画面が起動します。

これ以後の操作は、第2章のXcodeの操作とまったく同じ手順なので、解説は割愛させていただきます。わからない方は、第2章を参照してください。

ただし、新規にプロジェクトを作成してビルドした場合、Xcodeから、アプリに信頼を与えよというメッセージが表示されることがあります。この件については、第3章で図付きで解説していますので、そちらを参照してくだ

さい。端末側で信頼を与える必要があります。

実際に動かしたのは動画13-1になります。

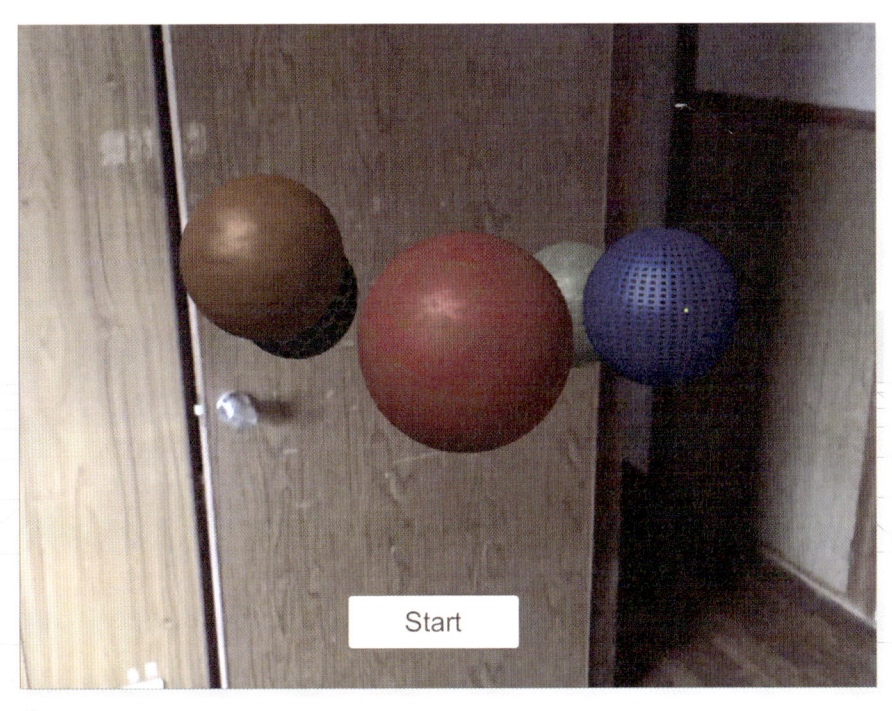

14 オブジェクトに透明な床とPhysical Materialを使う

この章では、透明な床を空中に配置して、上から球体を落としてバウンドさせます（図14-01）。バウンドさせるには、Physical Materialを使用します。Physical Material とは、衝突するオブジェクトの摩擦や跳ね返り効果を調整するのに使用されるものです。

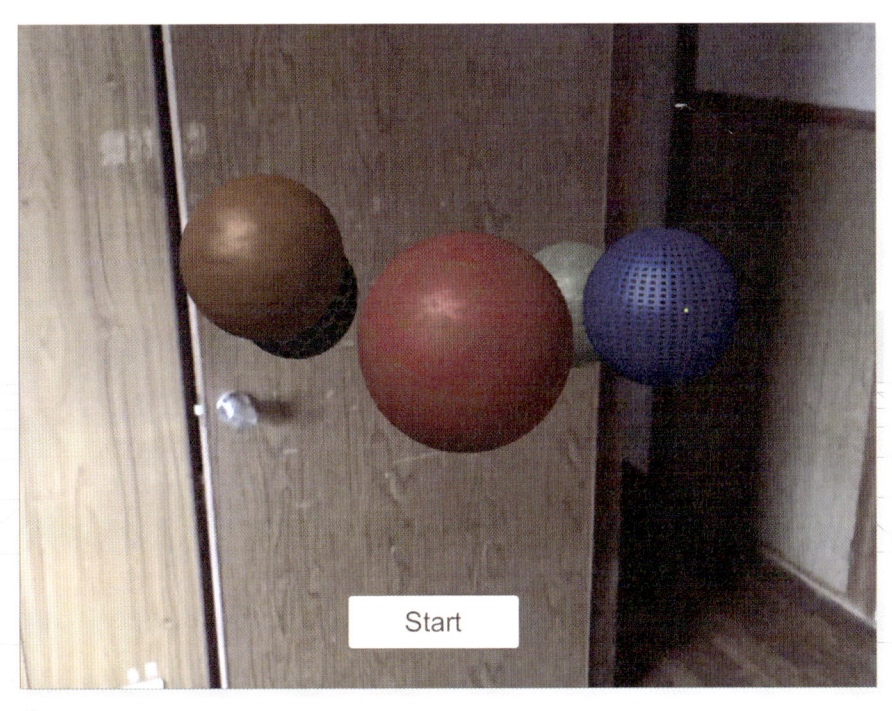

⬆ 図14-01　複数のボールが空中でバウンドしている

01 プロジェクトの作成

Unity から新しいプロジェクトを作成して開いて下さい。プロジェクト名はなんでも構わなのですが、ここでは syuuwa_ARkit_Chapter14 としました。

Asset Store から ARKit の Plugin を取り込む

Asset Store に入り、第2章で解説しているように「Unity ARKit Plugin」をインポートしておいてください（図14-02）。

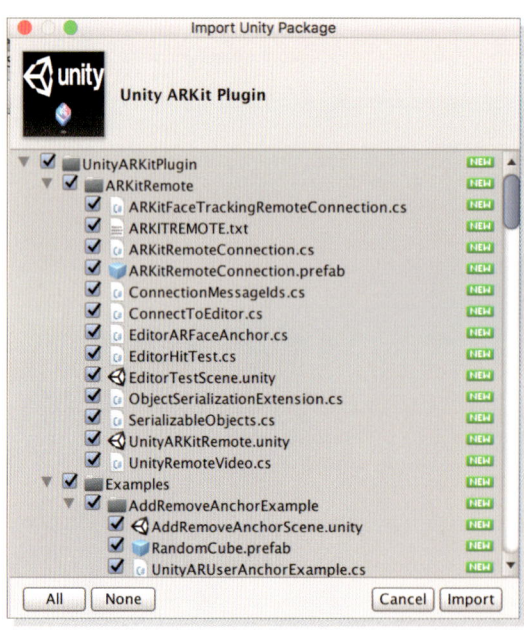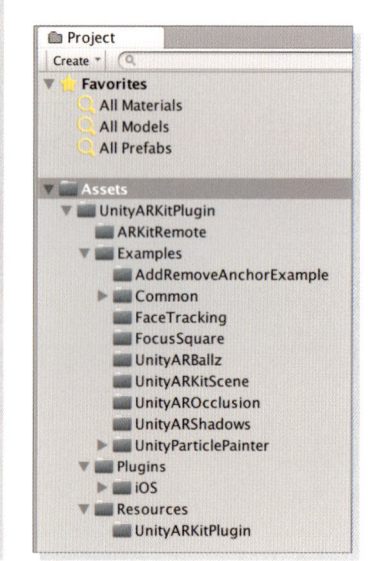

⬆ 図14-02　Unity ARKit Plugin をインポートしてプロジェクトに取り込む

サンプルの UnityARkitScene を開く

Examplesフォルダ内のUnityARkitSceneのサンプルファイルをダブルクリックすると、Hierarchy内に必要なファイルが表示されます。RandomCubeと、GeneratePlanesのチェックをInspectorから外してください。最初から外されているものもあります。チェックを外すとグレー表示に変わります（図14-03）。このチェックを外しておかないと、ボールをバウンドさせる際の障害になりますので、必ずチェックを外しておいて下さい。チェックが外されると文字色がグレー表示になります。

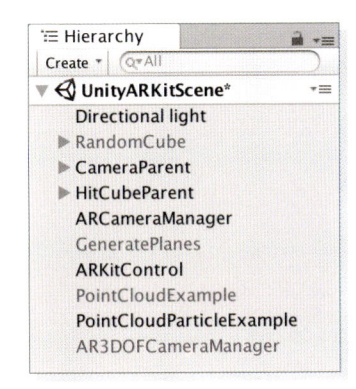

⬆ 図14-03　チェックを外した、または外されているファイル

次に、図14-03のHitCubeParentの下にあるHitCubeを削除します。次に空のGameObjectを作成して、名前を、ball_parentとして、HitCubeParentの子として配置して下さい（図14-04）。

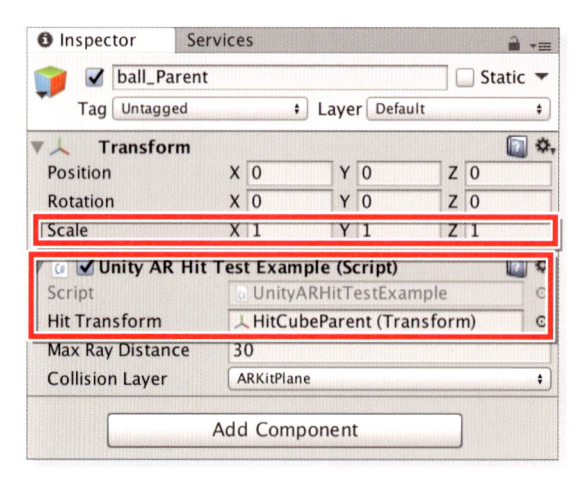

⬆図14-04 ball_parentをHitCubeParentの子として配置した

　ball_parentを選択して、Inspectorを表示させ、Transformの
positionのZに0、ScaleにはX、Y、Z共に1を指定しておきます。また、
「Add Component」から、「Unity AR Hit Test Example（Script）」を
追加します。「Hit Transform」には、HitCubeParent（Transform）を
指定しておきます（図14-05）。

⬆図14-05 ball_parentに「Unity AR Hit Test Example (Script)」を追加する

　ここまでのSceneをsyuuwa_ARkit_Chapter14として保存しておきま
しょう。

次に、Projectの「Assets」→「UnityARkitPlugin」→「Examples」→「Common」→「Prefabs」フォルダ内にあるShadowPlanePrefabをball_parentの子としてドラッグ&ドロップして下さい。そして名前は「Plane」に変更しておいて下さい（図14-06）。

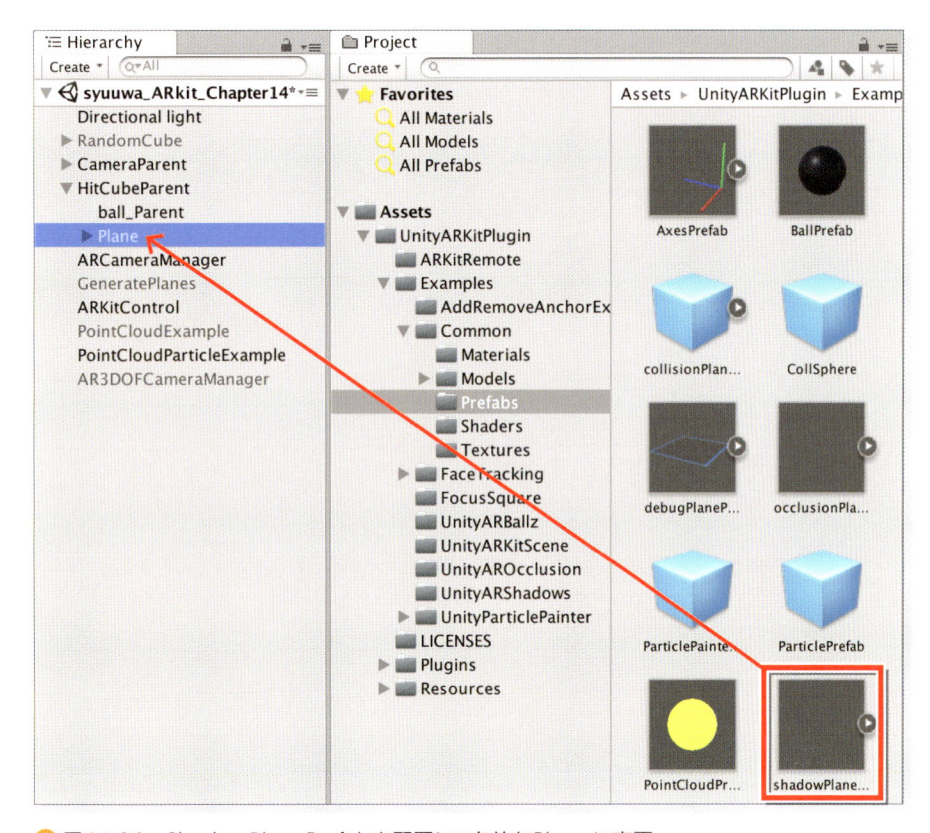

⬆ 図14-06　ShadowPlanePrefabを配置して名前をPlaneに変更

次に、図14-06のPlaneを展開すると、Planeの中に同じ名前のPlaneがもう1個入っています。一番下のPlaneフォルダをball_parentの子として下さい。この時警告が出ますが「Continue」を選択してください。空になったPlaneは削除します。図14-07のようにして下さい。

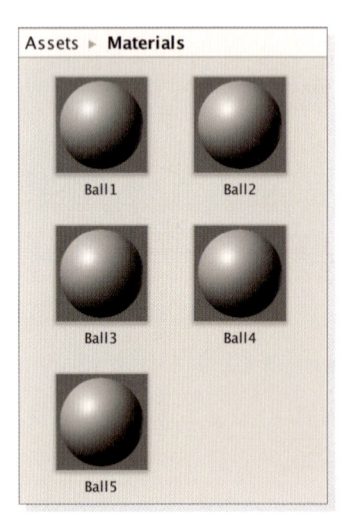

⬆ 図14-07　一番下のPlaneをball_parentの子とした

　Planeを選択してInspectorを表示させ、TransformのScaleの値をX＝2、Y＝1、Z＝2と指定しておきます。このPlaneは透明化されており、空中でボールがバウンドするのは、この透明化されたPlaneに衝突してバウンドするようになるのです。

　次に、ProjectのAssets内にMaterialsと言うフォルダを作って、5つのマテリアルを作成します。名前はBall1からBall5としておきましょう（図14-08）。

⬆ 図14-08　5つのマテリアルを作成した

このボールのマテリアルに適用するテキスチャをAsset Storeからダウンロードします。

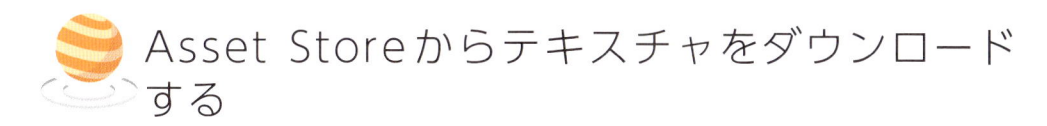

Asset Storeからテキスチャをダウンロードする

Asset Storeの検索欄に「Yughues」と入力すると、一覧の中に、Yughues Free Metal Materialsが表示されますので、「ダウンロード」→「インポート」してください（図14-09）。ファイルサイズがでかいので、取り込みには結構時間がかかります。

⬆ 図14-09 Yughues Free Metal Materialsをインポートする

すると、ProjectのAssets内にpatternが42個あるMaterial texture packが取り込まれます（図14-10）。

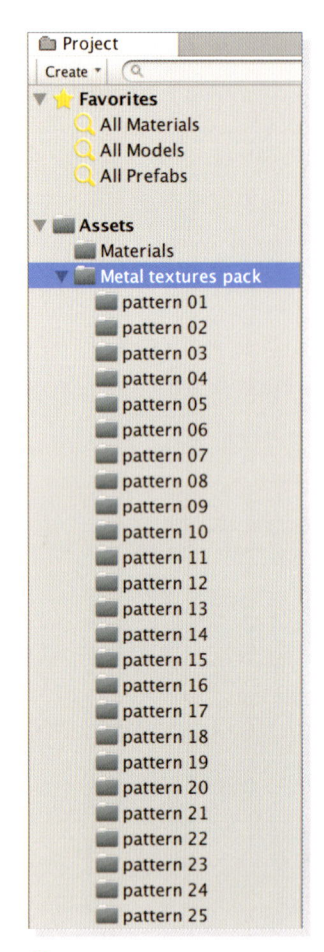

⬆ 図14-10　Material texture packが取り込まれた。全部のpatternは表示し切れていない

Sphereを作成する

　Hierarchy内のball_parent内に5個のSphereを作成し、名前は
ball1からball5としておきます。ball1のSphereを選択して、Duplicate
から残り4個のSphereを作成して、名前をball2からball5としておいて
ください。Duplicateで作成したSphereは重なって表示されますので、
Hierarchy内のPlaneを選択すると、透明化されたPlaneの位置が表示さ

れるので、そのPlaneの領域内に収まるように配置して下さい。高さは適当でかまいません。この5つのSphereに図14-10のマテリアルを適用してください。パターンは42個ありますので、各自がお好みのパターンを適用してください。Hierarchyのball1からball5を一度に選択して、Inspectorを表示させます。TransformのScaleのX、Y、Zの値に3を指定してサイズを大きくしておきます。次に「Add Component」からRigidbodyを追加しておきます。Rigidbodyは重力を意味し、Rigidbodyを追加していないとボールはPlane上に落ちてくれません。宙に浮いたままの状態になります。

　筆者は図14-11のようにマテリアルを適用して配置しました。このように配置していても、実行すると、実際にはPlaneから外れていて、ボールが奈落の底に落ちてしまいます。図14-11の右隅上にあるx、y、z軸を操作できるアイコンで、ボールが、ちゃんとPlane上に存在しているかを確認してください。また、ボールが重なっていたり、くっついたりしていると、バウンドした時に反発して、どこかに飛んでいってしまいます。図14-11の右隅上にあるx、y、z軸を操作して、図14-12のような配置にするといいでしょう。

　また、BallIを例にとると図14-13のようなInspectorになっているはずです。

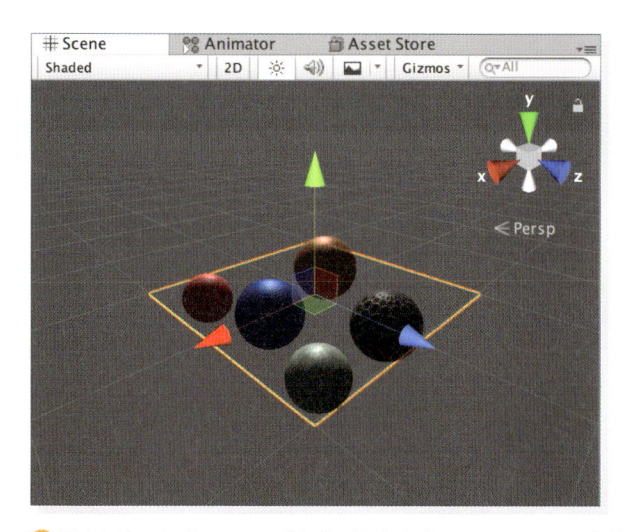

⬆ 図14-11　ball_parent内に作成したSphereにマテリアルを適用してPlaneの上空に配置した

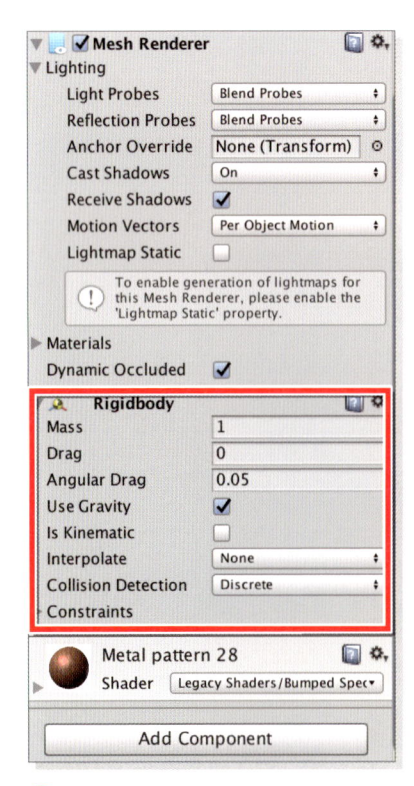

⬆️ 図14-12　x、y、z軸を操作できるアイコンで、真上から見てボールがちゃんとPlane上にあって、くっつき合っていないことを確認

⬆️ 図14-13　ball1のInspector。TransformのScaleは上の方にあるので、見えていない。すべてに「3」を指定している。重力を表すRigidbodyを追加している

ここまでのSceneをsyuuwa_ARkit_Chapter14として保存しておきましょう。

Physic Materialの作成

Physic Materialは、衝突するオブジェクトの摩擦や跳ね返りの効果を表すために使用されます。

ProjectのAssetsフォルダの上でマウスの右クリックをして「Create」→「Physic Material」と選択します（図14-14）。

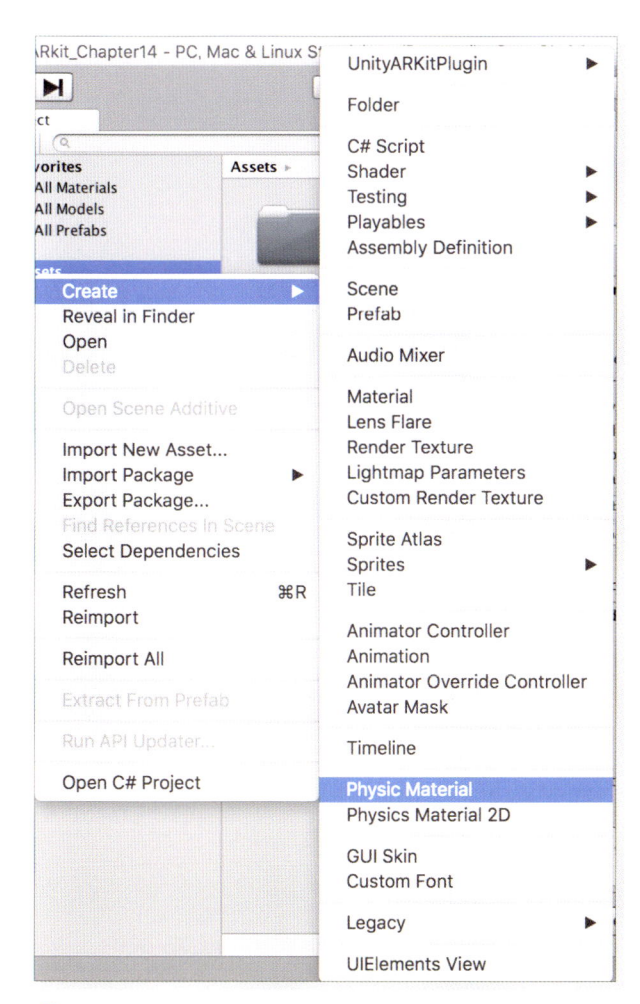

⬆ 図14-14　Physic Materialを選択する

すると、Assetsフォルダ内に「New Physic Material」が作成されます。名前はそのままにしておきましょう（図 14-15）。

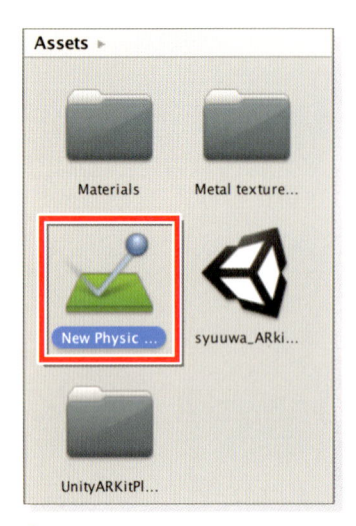

⬆ 図14-15　New Physic Materialが作成された

作成された、New Physic Materialを選択して、Inspectorを表示し、図14-16のような値を指定します。Bouncinessが0だとバウンドしないので注意して下さい。

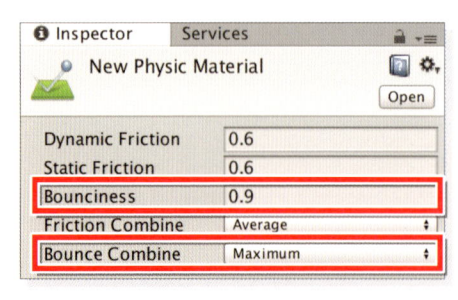

⬆ 図14-16　New Physic MaterialのInspectorを設定する

各ボールにPhysic Materialを適用する

Hierarchy内のball1を例にとって解説します。ball1のInspectorを表示させて、Sphere ColliderのMaterialにNew Physic Materialを指定します（図14-17）。

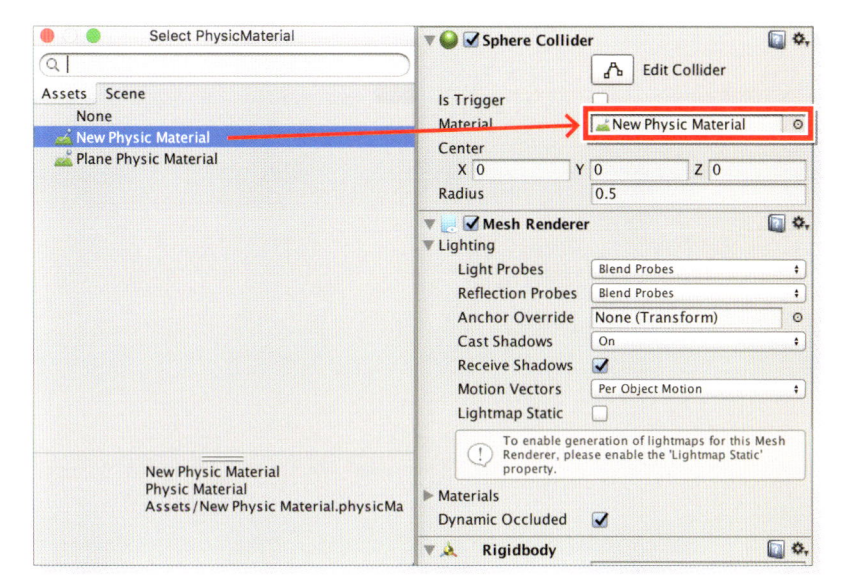

⬆ 図14-17 Sphere ColliderのMaterialにNew Physic Materialを指定する

この作業をball2からball5までに適用しておきます。

Hierarchyの内容は最終的に図14-18の構造になっています。ボールは必ずPlaneの領域上にあるように配置して下さい。Planeの位置から外れていると、ボールはバウンドすることなく、奈落の底に落ちていってしまいます。

図14-18　Hierarchyの内容

Startボタンの追加

　次に、Hierarchyの「Create」→「UI」→「Button」と選択してButton
を作成します。Buttonの名前は「Start」としておきましょう。Inspector
からRect TransformのWidthに160とHeightに50を指定します。

　次にCanvasを選択して、Canvas Scaler (Script) のUI Scale Mode
を「Scale Width Screen Size」に設定して下さい。このあたりの設定は今
までになんども登場していますので、おわかりかと思います。

　StartボタンのTextを開いて、「Text (Script)」のTextには、Startと
指定しておきます。Font Sizeは「25」としておきましょう。

　図14-19のような見栄えになるように配置したのですが、特にこの配置で
ないといけないということはありません。各自が好きな場所に配置しても問
題はありません。

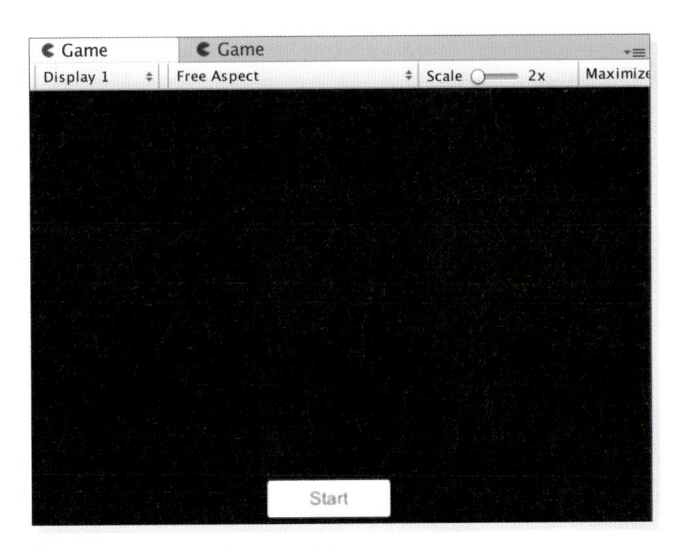

⬆ 図14-19 Startボタンを配置した

02 プログラムを書く

プログラムを書いていきましょう。

 Start ボタンでボールが空中で跳ねるスクリプト

　　Hierarchy内のball_parentを選択してInspectorを表示し、「Add Component」から新しいスクリプトを追加します。「Name」には BallScriptと指定します。LanguageにはC Sharpを選択します。 Inspectorに追加されたBallScriptをダブルクリックするとVS2017が起動するので、リスト14-1のコードを記述してください。

リスト14-1　　**BallScript.cs**

```
using System.Collections;
using System.Collections.Generic;
using UnityEngine;

public class BallScript : MonoBehaviour
{
//publicでGameOnject型の変数ball1からball5を宣言します
//publicで宣言した変数は、Inspector内にプロパティとして表示されます
    public GameObject ball1;
    public GameObject ball2;
    public GameObject ball3;
    public GameObject ball4;
    public GameObject ball5;
//float型の変数pos1からpos5の変数を宣言します
    private float pos1;
    private float pos2;
    private float pos3;
```

```
    private float pos4;
    private float pos5;

    void Start()
    {
```
//変数pos1からpos5に、ball1からball5までの yの座標を格納しておきます
//ボールは上下にバウンドするので、yの値を取得しておく必要があります
```
        pos1 = ball1.transform.position.y;
        pos2 = ball2.transform.position.y;
        pos3 = ball3.transform.position.y;
        pos4 = ball4.transform.position.y;
        pos5 = ball5.transform.position.y;
```
//ball1からball5に与えられているRigidbodyのuseGravityに
//falseを指定しておきます
//これでボールには重力が働かず宙に浮いた状態となります
```
        ball1.GetComponent<Rigidbody>().useGravity = false;
        ball2.GetComponent<Rigidbody>().useGravity = false;
        ball3.GetComponent<Rigidbody>().useGravity = false;
        ball4.GetComponent<Rigidbody>().useGravity = false;
        ball5.GetComponent<Rigidbody>().useGravity = false;
    }
```
//Startボタンがタップされた時の処理
```
    public void StartPressed()
    {
```
//isSleepingでボールが停止しているかどうかを確認し、ボールが停止していれば
//RigidbodyのuseGravityにtrueを指定して、重力を働かせます。これでボールは
//Plane上に落下します。すると透明なPlaneに衝突してバウンドを始めます
```
        if (ball1.GetComponent<Rigidbody>().IsSleeping() &&
            ball2.GetComponent<Rigidbody>().IsSleeping() &&
            ball3.GetComponent<Rigidbody>().IsSleeping() &&
            ball4.GetComponent<Rigidbody>().IsSleeping() &&
            ball5.GetComponent<Rigidbody>().IsSleeping()
        )
        {
            ball1.GetComponent<Rigidbody>().useGravity = true;
            ball2.GetComponent<Rigidbody>().useGravity = true;
            ball3.GetComponent<Rigidbody>().useGravity = true;
            ball4.GetComponent<Rigidbody>().useGravity = true;
            ball5.GetComponent<Rigidbody>().useGravity = true;
```
//ボールをバウンドさせる

```
        ball1.transform.position = new Vector3(ball1.transform.
position.x, pos1, ball1.transform.position.z);
        ball2.transform.position = new Vector3(ball2.transform.
position.x, pos2, ball2.transform.position.z);
        ball3.transform.position = new Vector3(ball3.transform.
position.x, pos3, ball3.transform.position.z);
        ball4.transform.position = new Vector3(ball4.transform.
position.x, pos4, ball4.transform.position.z);
        ball5.transform.position = new Vector3(ball5.transform.
position.x, pos5, ball5.transform.position.z);
        }
    }
}
```

VS2017メニューの「ビルド」→「すべてビルド」を忘れずに実行して下さい。

ボタンとプログラムを関連付ける

まず、HierarchyのCanvas内の、Startという名前のボタンを選択し、Inspectorを表示します。Button (Script) に「On Click ()」というイベントがあるので、これの右下にある+アイコンをクリックします。すると「On Click ()」内が変化します。このあたりも、もう何度も出てきていますので、皆さんにはおわかりだと思います。「None (Object)」とあるところに、Hierarchy内のball_parentをドラッグ&ドロップして下さい。するとグレー表示だった、「None Function」が「上下▲アイコン」で選択可能になります。

「No Function」の「上下▲アイコン」で「BallScript→StartPressed ()」と選択します。

以上でボタンの関連付けは完了です。

次に、ball_parentのInspector内にリスト14-1で宣言していた、

public変数のプロパティが表示されていますので、図14-20のように指定しておきます。右隅にある ⊙ アイコンをクリックすると、「Select GameObject」のWindowが表示されますので、Sceneタブから、ball1 〜 ball5を選択して下さい。

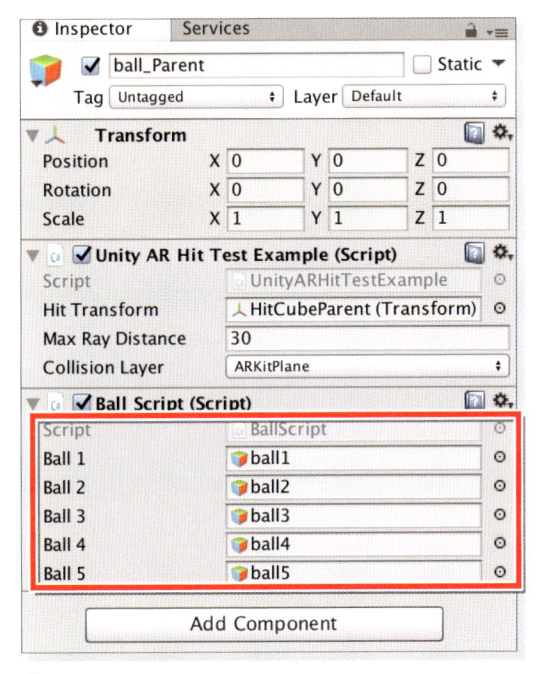

⬆ 図14-20　表示されるプロパティにHierarchyからball1からball5をドラッグ＆ドロップする

UnityARHitTestExample.csにコードを追加する

　Hierarchy内のHitCubeParentの子である、ball_Parentを選択して、UnityARHitTestExample.cs内に、ボタンをタップしたということを認識するコードを追加します。このコードを追加していないと、ボタンをタップしたのか、端末の画面をタップしたのか、判断がつかず、ボタンタップの処理

が実行されません。

　追加するコードは第5章で解説していますので、そちらを参照してください。ボタンタップを認識させるコードはすべてにおいて共通なので、使い回しが可能です。

　Unity ARKit Pluginのアップデートで、UnityARHitTestExample.csのコードの内容が少し変更されていますが、コードを追加する箇所は同じですので、すぐにわかると思います。

　ここまでのSceneを上書き保存しておきましょう。

　ボールが空中でバウンドしているのは図14-21になります。

⬆ 図14-21　ボールが空中でバウンドしている

端末にビルドする

このままの状態でビルドしてiPadで動かしてみましょう。

まず、Unityメニューの「File」→「Build Settings」と選択して、Scenes In Build内にたくさんのサンプルが登録されていますが、ここでは、syuuwa_ARkit_Chapter14という名前でサンプルを保存しているので、「Add Open Scenes」のボタンをクリックして、「syuuwa_ARkit_Chapter14」を表示させて、チェックをつけてください。その後、「Switch Platform」をクリックします。

次に、第2章でも解説していたように、「Switch Platform」の横にある「Player Settings」ボタンをクリックします。Other Settingsの、Bundle Identifier、Camera Usage Description、Target Device 、Target Minimum iOS Version等を設定してください。詳細については、第2章を参照してください。

ここの設定が終われば、iPadとMacを接続しておきましょう。

「Build And Run」をクリックすると、ファイル名を保存する画面が表示されるので、「syuuwa_ARkit_Chapter14」と入力して、「Save」ボタンをクリックしてください。

「Save」をクリックするとビルドが開始されます。

ビルドが完了するとXcodeの画面が起動します。

これ以後の操作は、第2章のXcodeの操作とまったく同じ手順なので、解説は割愛させていただきます。わからない方は、第2章を参照してください。

ただし、新規にプロジェクトを作成してビルドした場合、Xcodeから、アプリに信頼を与えよというメッセージが表示されることがあります。この件については、第3章で図付きで解説していますので、そちらを参照してくだ

さい。端末側で信頼を与える必要があります。

実際に動かしたのは動画14-1になります。

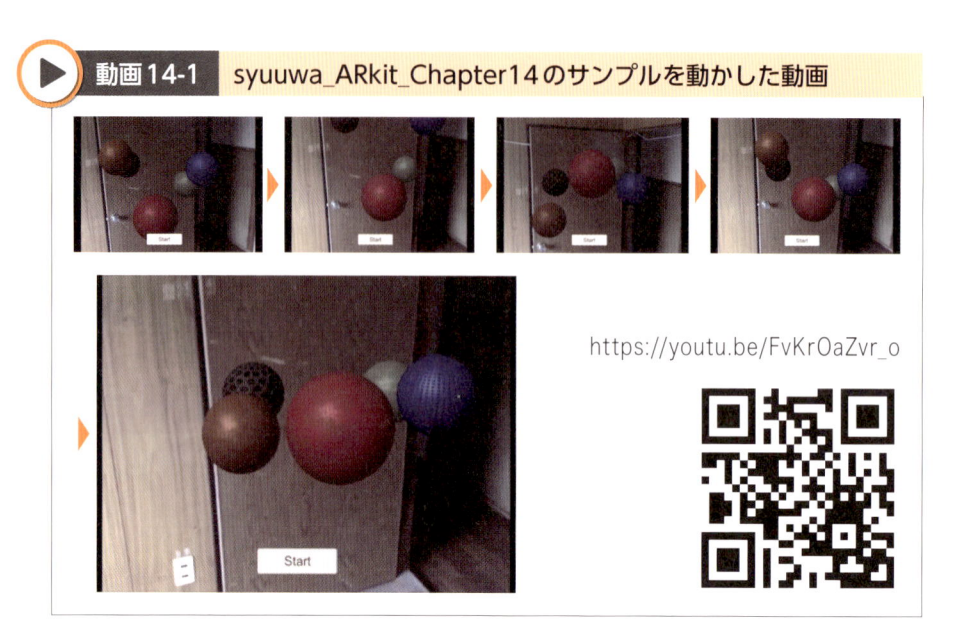

動画14-1 syuuwa_ARkit_Chapter14のサンプルを動かした動画

https://youtu.be/FvKrOaZvr_o

このように、ボールを透明化された床の上でバウンドさせることで、何もない空中でバウンドしているように見せることができます。

15 モデルを拡大・縮小、回転させる

本書最後となるこの章では、配置したモデルの拡大・縮小、回転、移動を行ってみましょう。ここではオフィス用の椅子を使ってみました（図15-01）。椅子などでは回転はできるのですが、ソファーを使った場合は回転できませんでした（原因は不明です）。

⬆ 図15-01　椅子を配置した

01 プロジェクトの作成

Unityを起動して新しくプロジェクトを作成します。プロジェクト名はなんでも構いませんが、ここではsyuuwa_ARkit_Chapter15としました。

 Asset StoreからARKitのPluginを取り込む

Asset Storeに入り、第2章目で解説しているように「Unity ARKit Plugin」をインポートしておきましょう（図15-02）。

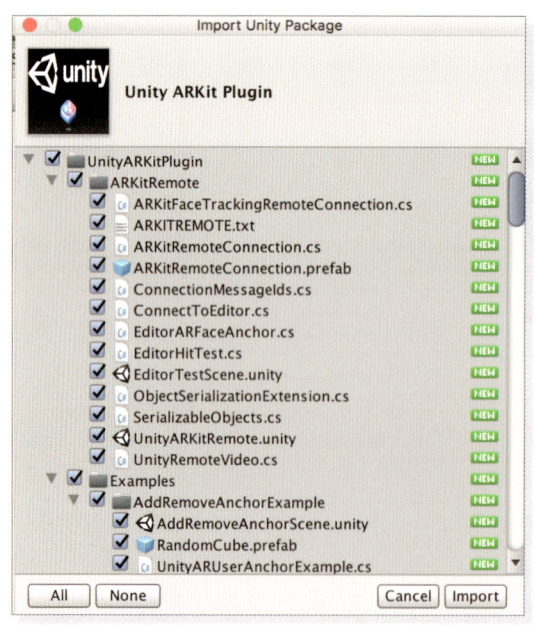
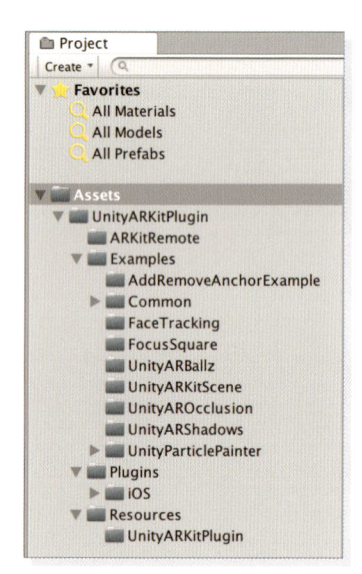

⬆ 図15-02　Unity ARKit Pluginをインポートしてプロジェクトに取り込む

家具のモデルをダウンロードする

　下記のページに入って、検索欄に「Chair」と入力します。すると図15-03のようにChairのモデルが表示されますので、赤い矩形で囲ったモデルをクリックします。Priceという項目がありますので、そこでFreeを指定してください。Freeを指定しないと有料のモデルばかりが表示されてしまいます。

https://www.turbosquid.com/Search/Index.cfm?FuseAction=SEOTokenizeSearchURL&stgURIFragment=3D-Models/free

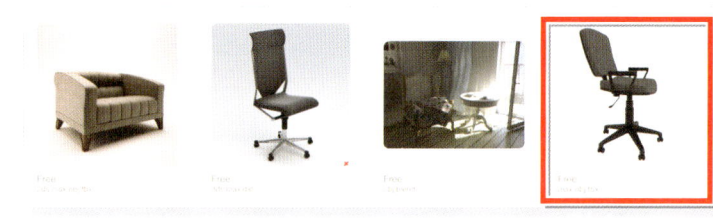

⬆ 図15-03　Chairのモデルが表示された

　すると、図15-04のページが表示されますので、「Download」ボタンをクリックします。サインインを求められましたら、先にアカウントを作成し、ログインしてからダウンロードしてください。

⬆ 図15-04　Chairのダウンロードページが表示されるのでDownloadボタンをクリックする

すると、図15-05の画面が表示されますので、赤い矩形で囲ったfbx
ファイルをクリックしてダウンロードして下さい。

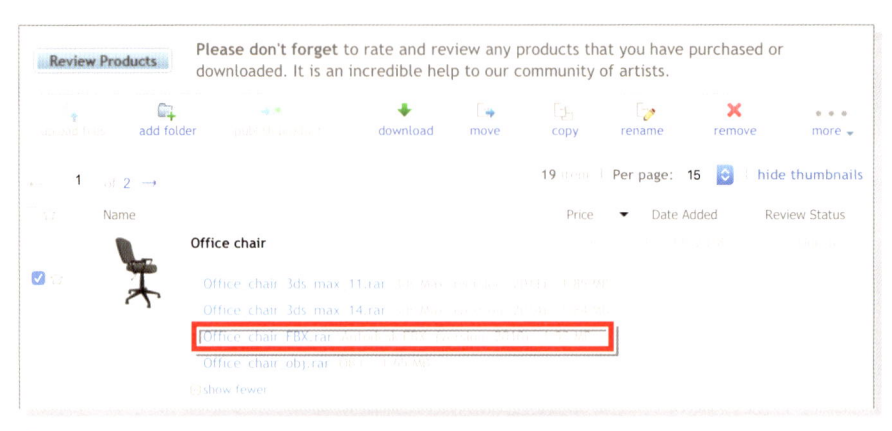

⬆ 図15-05　Office chair FBX.rarファイルをクリックしてダウンロードする

ダウンロードしましたら、一度Finderに表示させて、あとは適当なフォル
ダに保存して、解凍しておいてください。

 Office_chair.FBXを取り込む

Assetsフォルダの下にChairというフォルダを作成して、このフォルダの
中にダウンロードしたOffice_chair.FBXのファイルを取り込んでおいて下さ
い。この椅子の正式名称は、「Office_chair.FBX」といいますが、この文
章の中ではChair_FBXと呼ばせていただきます。Chairフォルダに取り込
んだのが図15-06になります。

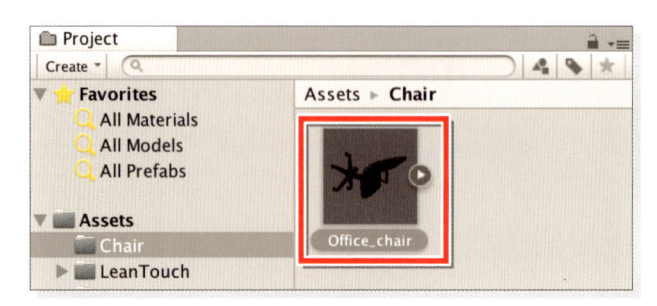

⬆ 図15-06　Chair_FBXを取り込んだ

UnityARkitSceneのサンプルファイルを開く

Examplesフォルダ内のUnityARkitSceneのサンプルファイルをダブル
クリックすると、Hierarchy内に必要なファイルが表示されます。

ここでは、最初からチェックが外れているものの他に、RandomCube
のチェックを外しておいてください。

Chair_FBXをHierarchyに配置する

まず、Hierarchy内のHitCubeParent内に子としてHitCubeが配
置されていますので、これを削除してください。代わりにSofa_FBXを、
HitCubeParentの上にドラッグ＆ドロップしてください。図15-07のように
HitCubeParentの子としてChair_FBXが配置されます。

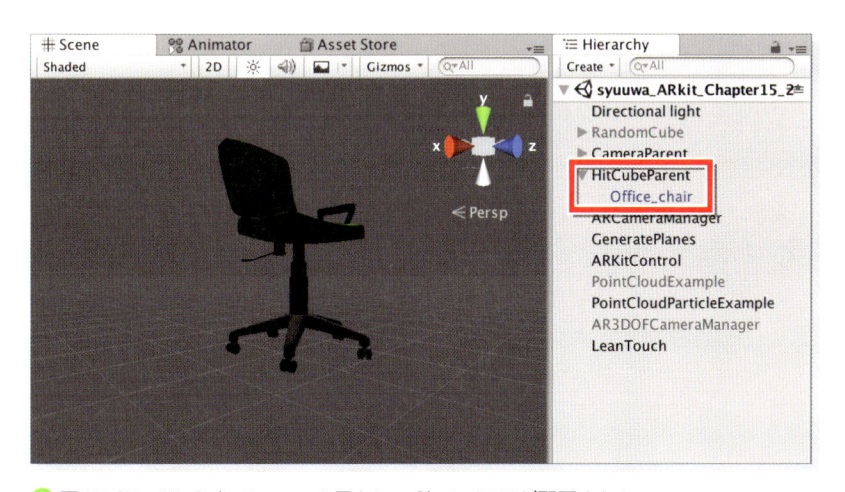

🔼 図15-07　HitCubeParentの子としてChair_FBXが配置された

Hierarchy内のOffice_chairを選択して、Inspectorを表示して、
TransformのScaleにはすべて1を指定しておいてください。拡大・縮小を
行いますので、サイズは少々小さくても問題ないです。

ここで、一度Sceneを、Unityメニューの「File」→「Save Scene as」
から、syuuwa_ARkit_Chapter15として保存しておきましょう。

shadowPlanePrefabをHierarchyに配置する

「Assets」→「UnityKitPlugin」→「Examples」→「Common」→「Prefabs」フォルダ内にある、shadowPlanePrefabをHierarchyのHitCubeParentの上にドラッグ＆ドロップして下さい（図15-08）。

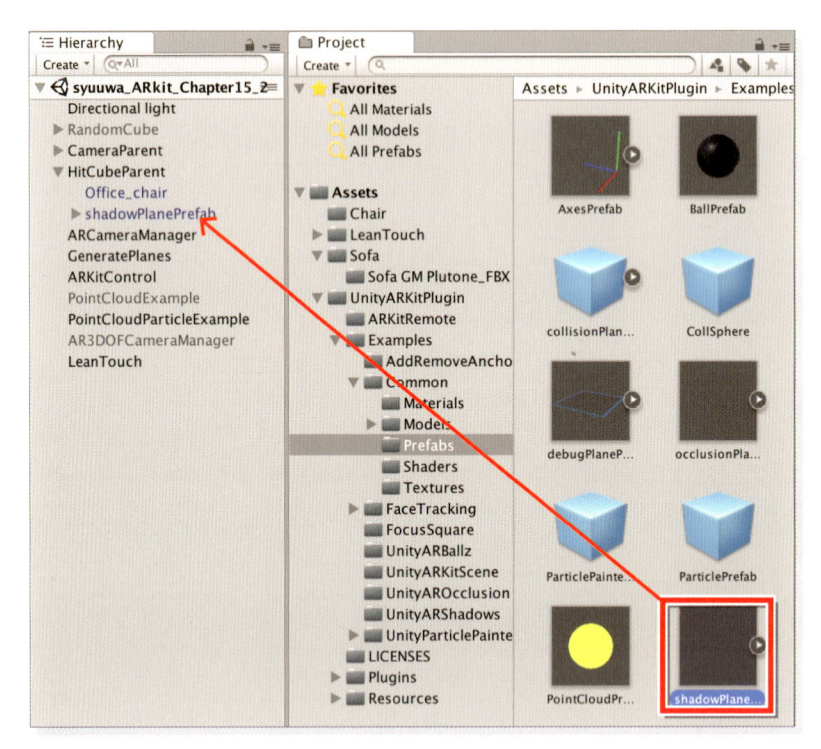

⬆ 図15-08　shadowPlanePrefabをHierarchyのHitCubeParentの上にドラッグ＆ドロップした

shadowPlanePrefabのInspectorを設定する

Hierarchy内のshadowPlanePrefabを選択して、Inspectorを表示します。TransformのScaleのXに100、Yに1、Zに100と指定して下さい。その他のPositionやRotationの値はすべて0です。

次に、「Add Component」の検索欄に」Unityと入力して表示される、

「Unity AR Hit Test Example」を追加して下さい。「Hit Transform」にはHitCubeParentを指定します（図15-09）。

この、shadowPlanePrefabは、椅子の影を写すために使用します。

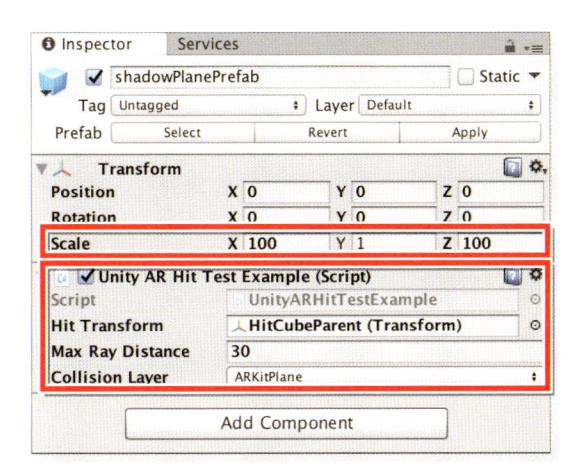

🔼 図15-09　shadowPlanePrefabのInspectorを設定した

次に、shadowPlanePrefabと同じ階層にChair_FBXが存在することになります。ここで間違って、shadowPlanePrefabの子としてChair_FBXを配置すると、実行した際に非常に不安定で画像が乱れますので注意してください（図15-10）。

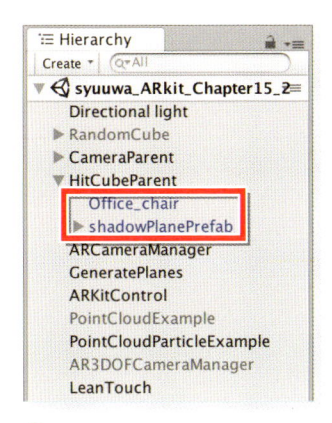

🔼 図15-10　Office_chairをshadowPlanePrefabと同じ階層に配置する

shadowPlanePrefabの子であるPlaneのInspectorを設定する

shadowPlanePrefabの子であるPlaneのInspectorを表示すると、中にMesh Colliderがありますので、これを削除して、図15-11のようなInspectorの内容にしておいて下さい。

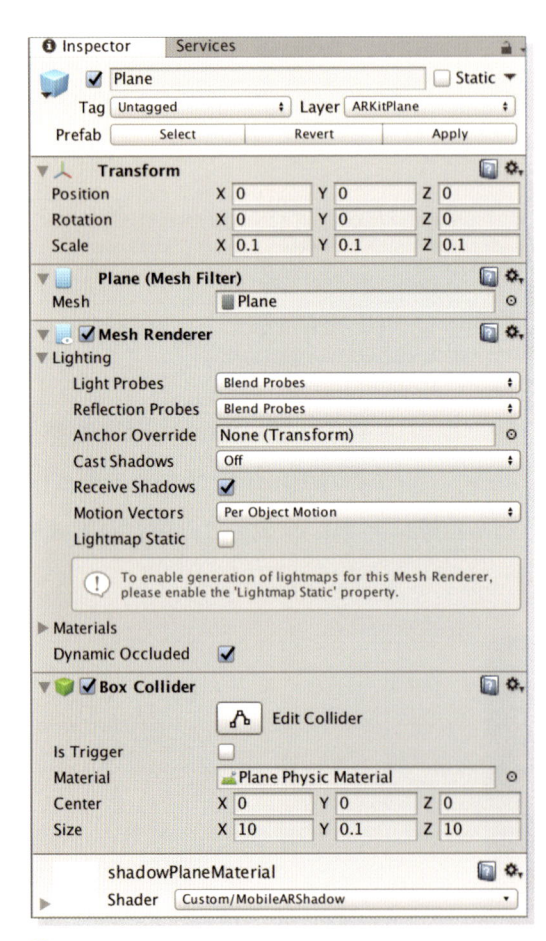

⬆ 図15-11　Mesh Colliderを削除している

次にAsset StoreからLean Touchをダウンロードします。

Lean Touch をインポートする

　Asset Storeの検索欄に、Lean Touchと入力すると、図15-12の画面が表示されますので、ここから「ダウンロード」→「インポート」して下さい。このAssetはモデルを拡大・縮小、回転、移動をさせることのできるAssetです。

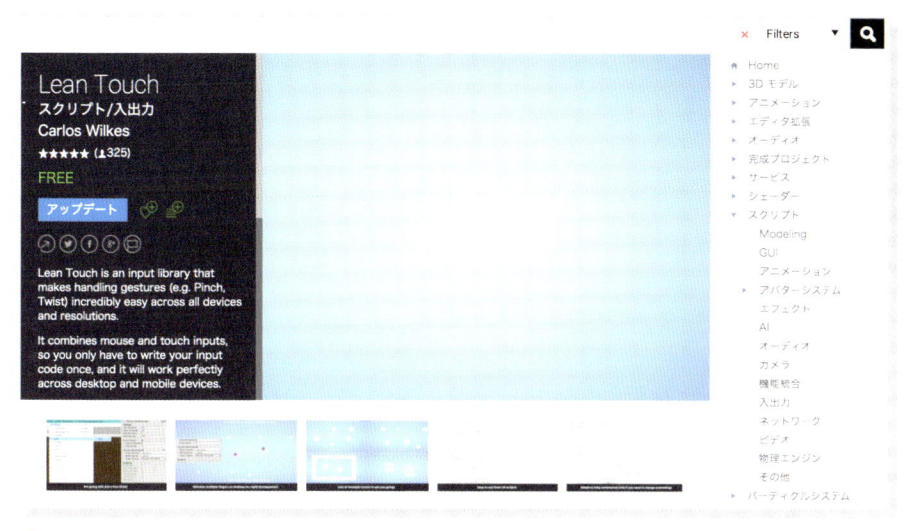

🔼 図15-12　Lean Touchをインポートする

　「ダウンロード」→「インポート」とたどると、このAssetがプロジェクト内に取り込まれます。今回「ダウンロード」しようとしたら、「アップデート」されていました。このまま、「アップデート」して「インポート」してください。

Lean Touchの設定

　Hierarchyの上でマウスの右クリックをして表示されるメニューから「Lean→Touch」と選択して下さい（図15-13）。

Copy
Paste

Rename
Duplicate
Delete

Select Prefab

Create Empty
3D Object ▶
Lean ▶   Touch
2D Object ▶
Effects ▶
Light ▶
Audio ▶
Video ▶
UI ▶
Vuforia ▶
Camera

⬆ 図15-13　「Lean」→「Touch」と選択した

　すると、LeanTouchがHierarchyに追加されます。追加するだけで、Inspectorも触る必要はありません。そのままにしておいて下さい（図15-14）。

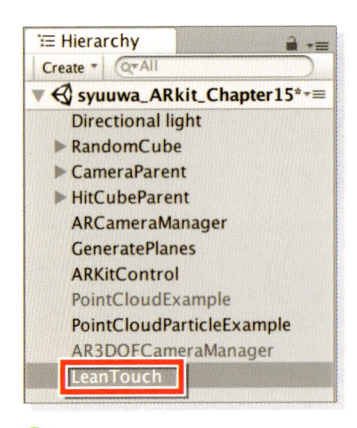

⬆ 図15-14　HierarchyにLeanTouchが追加された

　次に、Chair_FBXのInspectorを設定します。

Chair_FBXのInspectorを設定

Hierarchy から Chair_FBX（正式名は Office_chair.FBX）を選択して、Inspector を表示します。「Add Component」の検索欄に Scale と入力すると、図15-15 のように、Lean Scale が表示されますので、これを選択して下さい。

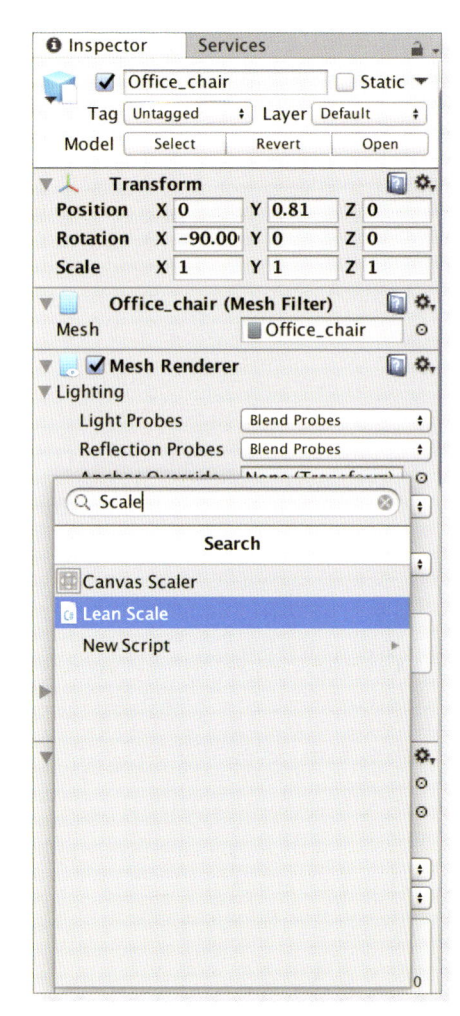

🔼 図15-15　Lean Scaleを追加する

　同様に、今度は検索欄にRotateと入力すると、Lean Rotateが表示されますので、これを選択して追加して下さい。現時点では、Chair_FBXのInspectorは図15-16のようになっています。TransformのRotationのYには-90が自動的に設定されて、椅子が立つように表示されます。また、前述もしていましたが、Scaleには、Xに1、Yに1、Zに1を指定しておきます

　また、Animatorという項目も、Inspector内に存在していますが、ここでは不要ですので削除しておいてください（削除しなくても特に問題はありません）。

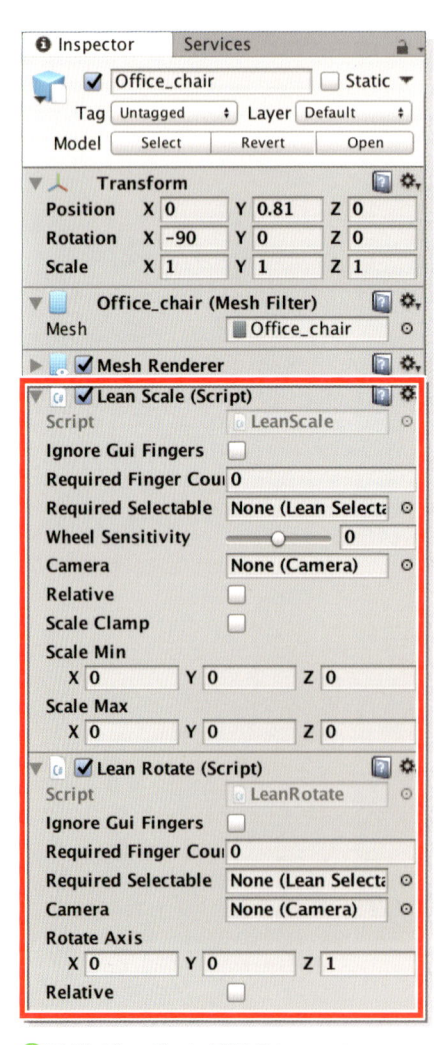

⬆ 図15-16　Chair_FBXのInspector

次に、RigidbodyとBox Colliderも追加しておいて下さい（図15-17）。

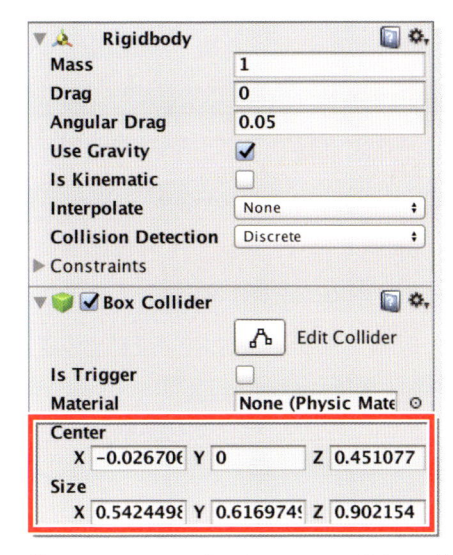

⬆ 図15-17　RigidbodyとBox Colliderも追加した

　Box Colliderを追加すると、自動的にScene内の Chair_FBXが薄い緑色の枠で囲まれます（図15-18）。図15-17を見るとわかりますが、Box ColliderのCenterやSizeの値が自動的に設定されています。

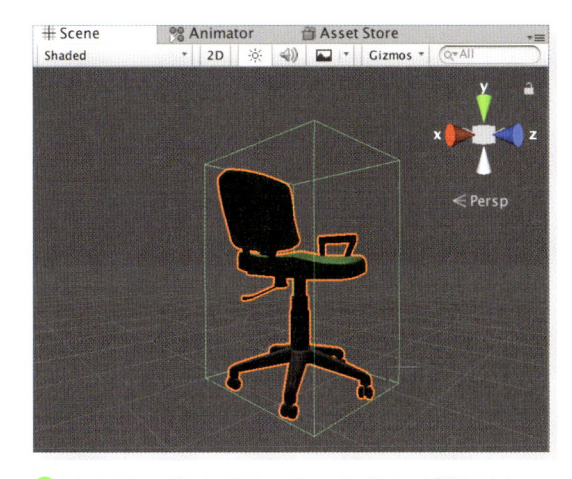

⬆ 図15-18　Chair_FBXにBox Colliderが適用されている

　次に、椅子の影が床（shadowPlanePrefab）に映るようにしましょう。

椅子の影が映るように設定する

　Hierarchyから Directional lightを選択して、Inspectorを表示します。Lightの中に、Shadow Typeがありますので、Soft Shadowを指定しておきます。Strengthのバーを少し動かして、影を少し薄くしておきましょう。図15-19のように設定すると、図15-20のように表示されます。

　shadowPlanePrefabと同じ階層上にOffice_chairを配置していますので、Office_chairの影はshadowPlanePrefab上に落ちることになるのです。椅子の場合は綺麗に影がつきますが、例えばソファーのような床と直接密着するものでは、あまり綺麗に影はつきません。

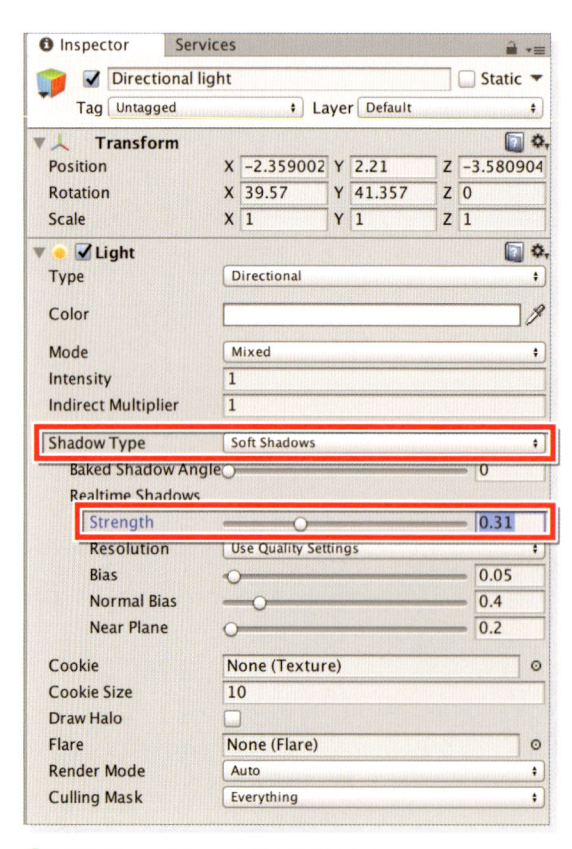

🔼 図15-19　ソファーの影の設定をした

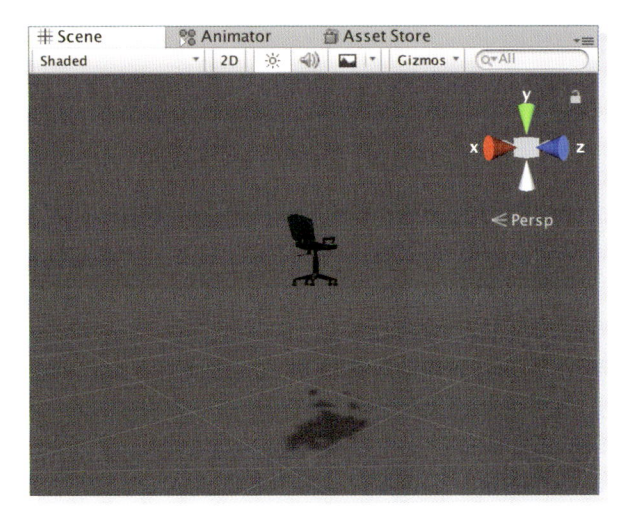

⬆ 図15-20　椅子の影が床に落ちている

ここまでのSceneを上書き保存しておきましょう。

この章ではコードを書いたり、触ったりする必要はありません。

椅子を拡大したのが図15-21です。

⬆ 図15-21　椅子を拡大した

椅子を縮小したのが図15-22です。

⬆ 図15-22　椅子を縮小した

椅子を回転させたのが図15-23です。

⬆ 図15-23　椅子を回転させた

02 端末にビルドする

このままの状態でビルドしてiPadで動かしてみましょう。

まず、Unityメニューの「File」→「Build Settings」と選択して、Scenes In Build内にたくさんのサンプルが登録されていますが、ここでは、syuuwa_ARkit_Chapter15という名前でサンプルを保存しているので、「Add Open Scenes」のボタンをクリックして、「syuuwa_ARkit_Chapter15」を表示させて、チェックをつけてください。その後、「Switch Platform」をクリックします。

次に、第2章でも解説していたように、「Switch Platform」の横にある「Player Settings」ボタンをクリックします。Other Settingsの、Bundle Identifier、Camera Usage Description、Target Device、Target Minimum iOS Version等を設定してください。詳細は、第2章を参照してください。

ここの設定が終われば、iPadとMacを接続しておきましょう。

「Build And Run」をクリックすると、ファイル名を保存する画面が表示されるので、「syuuwa_ARkit_Chapter15」と入力して、「Save」ボタンをクリックしてください。

「Save」をクリックするとビルドが開始されます。

ビルドが完了するとXcodeの画面が起動します。

これ以後の操作は、第2章のXcodeの操作とまったく同じ手順なので、解説は割愛させていただきます。わからない方は、第2章を参照してください。

ただし、新規にプロジェクトを作成してビルドした場合、Xcodeから、アプリに信頼を与えよというメッセージが表示されることがあります。この件については第3章で図付きで解説していますので、そちらを参照してくださ

い。端末側で信頼を与える必要があります。

実際に動かしたのは動画15-1になります。

▶ **動画 15-1**　syuuwa_ARkit_Chapter15のサンプルを動かした動画

https://youtu.be/m-iGo-6rljs

本書のサンプル解説はこれで終わりです。本書では端末にiPadを使用しましたのでPlayerSettings内では、「iPad only」を指定していますが、iPhoneをお使いの場合はiPhoneに変更して下さい。または、iPhoneとiPadのどちらでも使用可能なように、iPhone＋iPadの選択も可能ですので、これを選択しておくと間違いはないでしょう。PlayerSettingsの内容は、各自の環境に合わせて変更して下さい。

Appendix 巻末資料

巻末資料

A Unityの画面構成

ここでは、Unityの画面構成について触れておきます。

本書で筆者が使用しているレイアウトは「2 by 3」というレイアウトですので、ここではこのレイアウトで解説しておきます。Unityの画面構成は図A-01のようになっています。

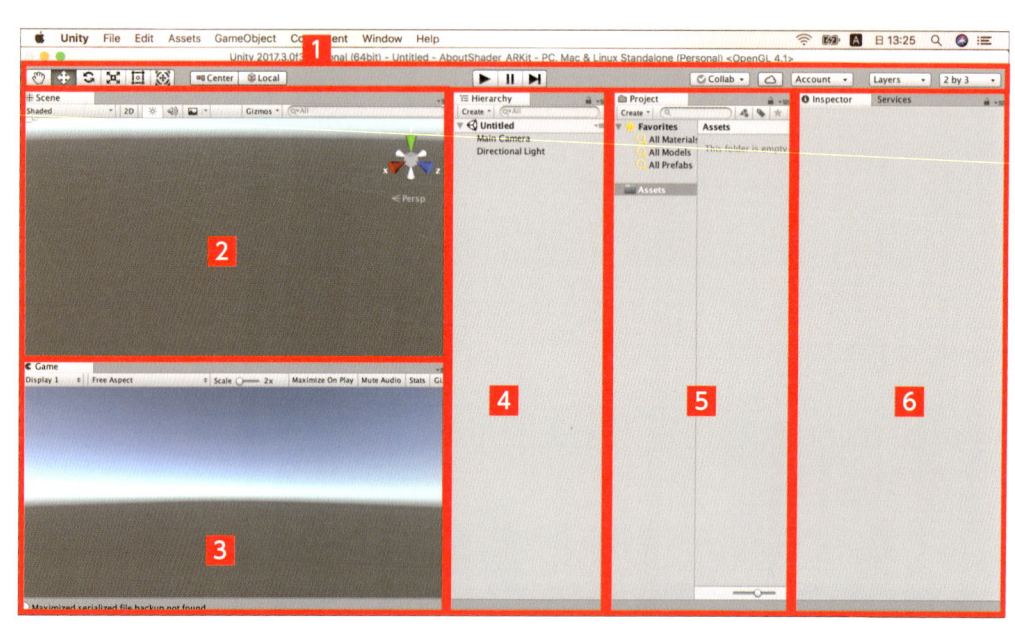

⬆ 図A-01　Unityの画面構成

1 ツールバー

ツールバーは、図A-02の構成になっています。

🔼 図A-02　ツールバーの構成

Ⓐ トランスフォームツール

配置したモデル（部品）を移動させたり、回転させたりする場合に使用します。左から、「ビュー」「移動」「回転」「スケールツール」「サイズ変更ツール」となっています。この中で、よく使うのは、「ビュー」「移動」「回転」「スケールツール」です。各自がいろいろ触ってみて、どんな変化が起きるかを実際に試してみてください。実際に手を動かして試すことが、ツールに慣れる一番の近道です。

Ⓑ トランスフォームギズモトグルボタン

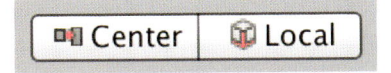

「Center」表示は、クリックすると「Pivot」表示に切り替わります。親子関係にあるモデルを移動させたり、回転させたりする場合、基準点をどこに置くかを決めます。「Center」の場合は、親子関係のあるモデルの真ん中に基準点が置かれ、「Pivot」の場合は、親モデルに基準点が置かれます。

「Global」ボタンはクリックすると「Local」に切り替わります。「Local」の場合は、モデル自身の座標軸が表示されます。「Global」の場合は、シーン全体から見た座標軸が表示されます。

C プレー、ポーズ、ステップボタン

ゲームを動作させたり停止したりする場合に使用します。

D コラボレイトボタン

Unity上でDropboxみたいにクラウドにアップできるサービスです。

E クラウドボタン

Unity Serviceウィンドウを開く際に使用します。

F Accountドロップダウンボタン

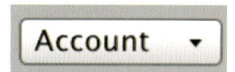

Unityアカウントにアクセスする場合に使用します。

G レイヤードロップダウンボタン

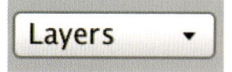

シーンビューの中でどのオブジェクトを表示するか管理します。

H Layoutドロップボタン

2 by 3　▼

　開発環境の画面のレイアウトを変更する際に使用します。通常はDefault
のレイアウトですが、今回は「2 by 3」のレイアウトを使用しました。

2 Scene画面

　各種部品（Asset）を配置する画面です。

3 Game画面

　Scene画面で配置した部品（Asset）が、どのように見えているかを確
認できる画面です。Scene画面で配置した部品を、ツールバーのトランス
フォームツールを使って、移動や拡大・縮小したものが、リアルタイムに反
映されます。

4 Hierarchy（ヒエラルキー）

　現在選択されているシーン内に配置された、全てのゲームオブジェクト
（GameObject）が格納されています。それらの階層構造を確認したり、編
集したりすることができます。

　キャラクターやモデルを「Hierarchy」ビューに配置することで、シーン内
にキャラクターやモデルを配置できます。

5 プロジェクト／コンソール

「プロジェクト（Project）」ビュー内には、現在作成しているゲームのプロジェクト内に配置されている、モデルやテクスチャ、グラフィックスやサウンドデータ、スクリプトなど、ゲームを形成する要素が格納されています。また、フォルダ構造を階層的なリストで表示できます。

6 Inspector（インスペクター）

「インスペクター（Inspector）」ビューでは、現在選択されているGameObjectの属性を表示・編集できます。GameObjectに対してコンポーネントを追加すると、「Inspectorビュー」にその情報が表示され、コンポーネントの追加、削除が可能になります。

以上がUnityの画面構成です。実際問題として、画面構成だけを見ても、実際に自分が触って操作してみないと、その機能はわかりません。このARCoreの書籍をより理解するには、Unityの入門書を1冊は読破しておくことをおすすめします。

おわりに

　本書では、iOS 11で動作するARKitのコンテンツの作成方法を解説しました。

　世界的に見て、iPhoneやiPadの普及率は日本が一番のようですので、今後、ARKitの需要はますます増えるものと予想されます。また今春には、iOS 11.3がリリースされ、ARKitも1.5にバージョンアップするようです。現在では、iOS 11.3のβ版が提供されており、XcodeからSwiftを使ってARKitの新機能を確かめることができるようです。新機能として、今までは平面の床しか認識できなかったのが、壁や室内に配置されている物の認識も可能になりました。コンテンツ作成の幅が大いに広がり期待したいところです。2018年2月末現在では、UnityのAsset Storeからはまだダウンロードできませんが、Unity ARKit 1.5 Pluginも公開されています。

　しかし、Unityを使った場合は、Asset Storeで公開されている、Unity ARKit PluginがiOS 11.3やARKit1.5に対応してバージョンアップしてくれない以上は、ARKit 1.5の新機能も使えません。早急にバージョンアップしてくれることを望むばかりです。2018年2月末現在では、Asset Storeからではありませんが、下記のURLからUnity ARKit 1.5 Pluginがダウンロードできるようです。

https://blogs.unity3d.com/jp/2018/02/16/developing-for-arkit-1-5-update-using-unity-arkit-plugin/

　しかし、iOS 11.3がβ版であるため、iPhoneやiPadなどの端末へのインストールは考えたほうがいいかもしれません。興味のある方は自己責任において試してみるといいでしょう。

　今後、ARKitはますます進化して、スマホのカメラをかざすだけで、すべての情報を取得できるようになるかもしれません。いや、きっとそうなるのだろうと思います。今の時点で、ARKitに取り組んでおくことは、プログラマーとしては必須条件ではないでしょうか。

　この書籍が、ARKitコンテンツ作成への足がかりとなってくれることを願っています。

2018年2月吉日
薬師寺国安

Index 索引

記号・数字

.mp4 動画 221
2 by 3 28
2D 画像 185

A

Android Studio 18
Animation 73,79
Animation Type 79
Animator 79,99
Animator Controller 106
Apple Developer Program 14
AR 8
AR3DOFCameraManager 43
ARCore 9
ARKit 8
Asset Store 29,42,56,74,100,124,144,166,186,204,220,248,266,288
Augmented Reality 8

B

BallScript.cs 280
Build Settings .. 32,48,69,97,121,141,163,183,201,217,237,263,285,303
Button (Script) 67,90

C

Cam 67
Camera Usage Description 34
Canvas Scaler (Script) 86
Car 167
Cartoon Cat 249
Cat 249
cat_Walk 249
CatScript.cs 259
ChangeColor.cs 175
Cube 38

D

DanceController 108
DanceScript.cs 117
DragonsCollection 206
Duplicate 86

F

Fly () 138
Font Size 86

G

Game 31
GameObject 203
Game 画面 309
Generic 79
Google 8

H

Height 86
Hierarchy 31309
HitCube 62,83
HitCubeParent 62,83
Humanoid 79

I

Inspector 43310
iOS 8
iOS デバイス 10
iPad 8

iPhone 8

iPhone X 10

J

JDK 12

K

Kyle 101

L

Lamborghini_Aventador.fbx 169

Layout ドロップボタン 309

Lean Touch 295

Legacy 79

Lights.cs 179

Little Dragon:Sea 205

LookAt 関数 247

Loop 80

Low_poly_ufo_FBX 127

M

Main Camera 67

Materials 224

MonoDevelop 12

Motion 102

O

Office_chair.FBX 290

On Click () 67,90

P

ParticleSystemScript.cs 196

Physic Material 275

Physical Material 265

Plane 228

Platform 33

Player Settings 33,70

Plugin 27

PointCloudExample 43

Prefab 化 210

Properties {} 245

public 変数 67

R

RandomCube 43

Rect Transform 86

Rotation 83

RunAction () 91

S

Scale Width Screen Size 86

Scene 31

Scene 画面 309

SeatAction () 92

Shader 85219

Shader {} 245

shadowPlanePrefab 292

Sphere 221271

StandingAction () 160

StartPressed () 282

Switch Platform 33,69

T

Target Device 34

Target Minimum iOS Version 34

Team 36

Text 86

ThrowCube () 68

Transform 83

Transition 108

TrueDepth カメラ 10

U

UFO 125

UFO_script.cs 135

uGUI ボタン 55

UI Scale Mode 86

Unity 17

01
02
03
04
05
06
07
08
09
10
11
12
13
14
15
A

Unity AR Hit Test Example 47

Unity AR Hit Test Example（Script）. 62

Unity ARKit Plugin 29,42,56,74,100,124,
144,166,186,204,220,
248,266,288

Unity ID. 24

Unity Mask Man 186

Unity-chan!. 45

UnityARHitTestExample. 64

UnityARHitTestExample.cs
. . . . 92,119,139,161,199,200

UnityARkitScene . . . 31,43,57,82,104,129,152,
169,189,206,221,249,267,
291

V

Video Player. 221

Visual Studio for Mac. 16

W

Walk Action（）. 92

Width. 86

Wolf. 73

Wolf_Skeleton|Wolf_seat_ 80

Wolf_Skeleton|Wolf_Walk_cycle_. 80

Wolf.unitypackage 77

WolfScript.cs 89

Wrap Mode 80

X. 83

X

Xcode 13

Y

Y. 83

Z

Z. 83

Zombie_Character. .153

ZombieScript.cs 158

あ行

明るさ 9

アクションファイル 99

アニメーション 73,79,143

アニメーター 99

アバターシステム 79

アプリの信頼 50

アンダーバー 34

位置 9

イベント 67

色 174

陰影処理 239

インスペクター 310

インポート 29,74

狼 73

オブジェクト 265

か行

回転 287

開発環境 7

家具 289

拡大 287

拡張現実 8

影 300

カスタマイズ 171

カメラ 8

画面構成 306

画面タップ 72

画面レイアウト 28

環境光 9

関連付け . . . 90,118,137,160,177,196,260,282

クラウドボタン 308

現実空間 9

光源 11

コラボイトボタン .308

コンソール 310

コントローラー 122

さ行

サーフェースシェーダー 239
サンプルファイル 31
シェーダー 239
シェーディング 239
縮小 287
信頼 50
水平面 11
スケール 9
ステップボタン 308
遷移 108
センサ情報 9
空 123
ゾンビ 145

た行

タグ名 229
追従 247
ツールバー 307
テキスチャ 271
デベロッパープログラム 15
ドア 219
動画 71,98,142,164,184,202,218,238,264,
　　　　286,304
透明 265
トランスフォームギズモトグルボタン 307
トランスフォームツール 307

な行

内部インデックス 229

は行

パーツ 165
パーティクルシステム 185
ハードウェア 10
配列 203
バウンド 283

跳ね返り 265
ヒエラルキー 309
非ヒューマノイドアニメーション 79
ビルド 32,48,69,97,121,141,163,183,201,
　　　　217,237,263,285,303
フェイストラッキング 10
プレーボタン 308
プログラム 62,89,117,135,158,174,196,
　　　　211,259,280
プロジェクト 28,42,56,74,100,124,144,
　　　　166,186,204,220,248,266,
　　　　288,310
プロパティ 67
平面 8,41
別世界 219
ポーズボタン 308
ポジショントラッキング 9
ボタン . .58,85,114,131,155,171,192,255,278
ボタンタップ 72

ま行

摩擦 265
マテリアル 224
向き 9
モデル . . . 73,75,99,123,143,165,185,247,287

や行

床 41,265
床の認識 42
ユニティちゃん 45

ら行

レイヤードロップダウンボタン 308
レンダリング 229
ロボット 101

著者プロフィール

薬師寺 国安（やくしじ　くにやす）

事務系のサラリーマンだった40歳から趣味でプログラミングを始め、1996年より独学でActiveXに取り組む。1997年に薬師寺聖（相方）とコラボレーション・ユニット「PROJECT KySS」を結成。その後、一人でPROJECT KySSで活動するようになる。2003年よりフリーになり、PROJECT KySSの活動に本格的に従事。.NETやRIAに関する書籍や記事を多数執筆する傍ら、受託案件のプログラミングも手掛ける。現在はScratch、Unity、Unreal Engine 4、AR、MR、Excel VBAについて執筆活動中。Microsoft MVP for Development Platforms-Windows Platform Development（Oct 2003-Sep 2015）。

ARKitとUnityではじめる ARアプリ開発

発行日	2018年　4月　1日		第1版第1刷
著　者	薬師寺　国安		

発行者	斉藤　和邦
発行所	株式会社　秀和システム

〒104-0045
東京都中央区築地2丁目1−17　陽光築地ビル4階
Tel 03-6264-3105（販売）　Fax 03-6264-3094

印刷所　図書印刷株式会社

©2018 Kuniyasu Yakushiji　　　　　　Printed in Japan

ISBN978-4-7980-5436-0 C3055